21世纪高等学校规划教材 | 计算机应用

U0305147

# Web标准网页设计原理与前端开发技术

崔敬东 徐雷 编著

清华大学出版社
北 京

# 内 容 简 介

本书重点讲解基于 XHTML、div+CSS、JavaScript 和 jQuery 的 Web 标准网页设计原理与前端开发技术，内容包括网站与网页、使用 Fireworks 制作图片、使用 Flash 制作动画、超文本标记语言、CSS 基础、可扩展超文本标记语言、应用 div+CSS 布局网页、使用 Dreamweaver 设计和制作网页、使用 Dreamweaver 建设网站、JavaScript 基础、JavaScript 内置对象、处理和验证表单数据、BOM 和 DOM、DHTML、jQuery 基础等。

本书以 HTML 4.01、XHTML 1.0、CSS 2.1 和 ECMA-262 5.1 等技术规范为基础，不仅注重原理、技术与应用三者的结合，而且具有概念简洁、深入浅出、代码规范、前后呼应、面向应用和范例典型等特点。通过学习本书，可以了解基于"内容、结构、表现和行为"层次模型的 Web 标准网页设计原理，掌握 XHTML、div+CSS、JavaScript、JSON 和 jQuery 等主流的 Web 前端开发技术，为学习动态网页设计原理与制作技术做好准备。本书主要面向教学（应用）型大学的电子商务、信息管理与信息系统、计算机科学与技术、软件工程等相关专业，可作为"网页设计与制作"和"互联网前端开发技术"课程的教材。此外，本书还可用作相关培训教材或教学参考书，也可供网站开发与管理人员参考。

**图书在版编目（CIP）数据**

Web 标准网页设计原理与前端开发技术 / 崔敬东，徐雷编著. —北京：清华大学出版社，2018
（21 世纪高等学校规划教材·计算机应用）

ISBN 978-7-302-48425-7

Ⅰ. ①W… Ⅱ. ①崔… ②徐… Ⅲ. ①网页-设计 Ⅳ. ①TP393.092.2

中国版本图书馆 CIP 数据核字（2017）第 220456 号

责任编辑：闫红梅　李　晔
封面设计：傅瑞学
责任校对：胡伟民
责任印制：刘海龙

出版发行：清华大学出版社
　　　　网　　　址：http://www.tup.com.cn, http://www.wqbook.com
　　　　地　　　址：北京清华大学学研大厦 A 座　　　邮　　编：100084
　　　　社 总 机：010-62770175　　　　　　　　　　邮　　购：010-62786544
　　　　投稿与读者服务：010-62776969，c-service@tup.tsinghua.edu.cn
　　　　质 量 反 馈：010-62772015，zhiliang@tup.tsinghua.edu.cn
印 装 者：三河市铭诚印务有限公司
经　　销：全国新华书店
开　　本：185mm×260mm　　　印　张：19.25　　　字　数：466 千字
版　　次：2018 年 5 月第 1 版　　　　　　　　　　印　次：2018 年 5 月第 1 次印刷
印　　数：1～1500
定　　价：49.00 元

产品编号：072328-01

# 出版说明

随着我国改革开放的进一步深化，高等教育也得到了快速发展，各地高校紧密结合地方经济建设发展需要，科学运用市场调节机制，加大了使用信息科学等现代科学技术提升、改造传统学科专业的投入力度，通过教育改革合理调整和配置了教育资源，优化了传统学科专业，积极为地方经济建设输送人才，为我国经济社会的快速、健康和可持续发展以及高等教育自身的改革发展做出了巨大贡献。但是，高等教育质量还需要进一步提高以适应经济社会发展的需要，不少高校的专业设置和结构不尽合理，教师队伍整体素质亟待提高，人才培养模式、教学内容和方法需要进一步转变，学生的实践能力和创新精神亟待加强。

教育部一直十分重视高等教育质量工作。2007 年 1 月，教育部下发了《关于实施高等学校本科教学质量与教学改革工程的意见》，计划实施"高等学校本科教学质量与教学改革工程（简称'质量工程'）"，通过专业结构调整、课程教材建设、实践教学改革、教学团队建设等多项内容，进一步深化高等学校教学改革，提高人才培养的能力和水平，更好地满足经济社会发展对高素质人才的需要。在贯彻和落实教育部"质量工程"的过程中，各地高校发挥师资力量强、办学经验丰富、教学资源充裕等优势，对其特色专业及特色课程（群）加以规划、整理和总结，更新教学内容、改革课程体系，建设了一大批内容新、体系新、方法新、手段新的特色课程。在此基础上，经教育部相关教学指导委员会专家的指导和建议，清华大学出版社在多个领域精选各高校的特色课程，分别规划出版系列教材，以配合"质量工程"的实施，满足各高校教学质量和教学改革的需要。

为了深入贯彻落实教育部《关于加强高等学校本科教学工作，提高教学质量的若干意见》精神，紧密配合教育部已经启动的"高等学校教学质量与教学改革工程精品课程建设工作"，在有关专家、教授的倡议和有关部门的大力支持下，我们组织并成立了"清华大学出版社教材编审委员会"（以下简称"编委会"），旨在配合教育部制定精品课程教材的出版规划，讨论并实施精品课程教材的编写与出版工作。"编委会"成员皆来自全国各类高等学校教学与科研第一线的骨干教师，其中许多教师为各校相关院、系主管教学的院长或系主任。

按照教育部的要求，"编委会"一致认为，精品课程的建设工作从开始就要坚持高标准、严要求，处于一个比较高的起点上；精品课程教材应该能够反映各高校教学改革与课程建设的需要，要有特色风格、有创新性（新体系、新内容、新手段、新思路，教材的内容体系有较高的科学创新、技术创新和理念创新的含量）、先进性（对原有的学科体系有实质性的改革和发展，顺应并符合 21 世纪教学发展的规律，代表并引领课程发展的趋势和方向）、示范性（教材所体现的课程体系具有较广泛的辐射性和示范性）和一定的前瞻性。教材由个人申报或各校推荐（通过所在高校的"编委会"成员推荐），经"编委会"认真评审，最后由清华大学出版社审定出版。

目前，针对计算机类和电子信息类相关专业成立了两个"编委会"，即"清华大学出版社计算机教材编审委员会"和"清华大学出版社电子信息教材编审委员会"。推出的特色精品教材包括：

（1）21 世纪高等学校规划教材·计算机应用——高等学校各类专业，特别是非计算机专业的计算机应用类教材。

（2）21 世纪高等学校规划教材·计算机科学与技术——高等学校计算机相关专业的教材。

（3）21 世纪高等学校规划教材·电子信息——高等学校电子信息相关专业的教材。

（4）21 世纪高等学校规划教材·软件工程——高等学校软件工程相关专业的教材。

（5）21 世纪高等学校规划教材·信息管理与信息系统。

（6）21 世纪高等学校规划教材·财经管理与应用。

（7）21 世纪高等学校规划教材·电子商务。

（8）21 世纪高等学校规划教材·物联网。

清华大学出版社经过三十多年的努力，在教材尤其是计算机和电子信息类专业教材出版方面树立了权威品牌，为我国的高等教育事业做出了重要贡献。清华版教材形成了技术准确、内容严谨的独特风格，这种风格将延续并反映在特色精品教材的建设中。

清华大学出版社教材编审委员会
联系人：魏江江
E-mail:weijj@tup.tsinghua.edu.cn

前 言

  计算机专业知识的讲授需要在一系列相关课程中循序渐进地进行，同时需要特别注重相关知识点的前后顺序——只有在学生了解和掌握前期知识点的前提下，才有可能更有效地讲授后期知识点。例如，以网站开发与管理为例，所涉及的专业知识点既包括 HTML、XHTML、div+CSS、JavaScript、JSON 以及 jQuery 等 Web 前端开发技术，又包括数据库、ASP.NET、PHP、C#以及 Java 等网站后台开发技术和编程语言。其中，Web 前端开发技术相对独立于网站后台开发技术——在不涉及网站后台开发技术的情况下，即可全面地讲授 Web 前端开发技术。另一方面，讲授 Web 前端开发技术所需的教学和实验平台易于搭建，不需要安装过于复杂和大型的专业软件。因此，Web 前端开发技术适宜作为前期知识点，而将网站后台开发技术作为后期知识点。此外，还应该为各个知识点的讲授分配必要的时间资源。如果在短期内密集地讲授较多的知识点，容易增加学生理解和掌握知识点的难度，甚至造成学生的专业知识学习只是一个"囫囵吞枣"的经历。

  本书内容并不覆盖网站开发与管理所涉及的所有知识点，而是从面向应用的角度出发，集中并详细讲解基于"内容、结构、表现和行为"层次模型的 Web 标准网页设计原理与前端开发技术。全书共分 15 章，内容包括网站与网页、使用 Fireworks 制作图片、使用 Flash 制作动画、超文本标记语言、CSS 基础、可扩展超文本标记语言、应用 div+CSS 布局网页、使用 Dreamweaver 设计和制作网页、使用 Dreamweaver 建设网站、JavaScript 基础、JavaScript 内置对象、处理和验证表单数据、BOM 和 DOM、DHTML、jQuery 基础等。

  本书的编著力求遵循以下原则。

  （1）注重理论、技术与应用的紧密结合，尤其突出技术的应用。

  （2）章节之间前后呼应。前面章节的知识点、例题及习题为后面章节的知识点学习进行铺垫，后面章节的例题及习题既针对本章的知识点，又结合和复习前面章节的相关知识点。

  （3）重点突出，内容紧凑。精选各章关键知识点和核心技术，并围绕关键知识点和核心技术深入展开，从而避免面面俱到和"蜻蜓点水"式的介绍。

  本书中使用的 Dreamweaver 软件提供了可视化编程功能，通过菜单命令、对话框以及鼠标操作能够自动生成很多 XHTML 和 CSS 代码，但建议学习者在上机练习时尽量使用记事本（Notepad）软件编写 XHTML、CSS 和 JavaScript 代码，因为"手写代码"是很多用人单位对"Web 前端开发"相关职位的基本要求之一。更重要的是，通过"手写代码"能够使学习者更好地掌握相关知识点。

  通过本书的学习，读者能够了解和掌握 HTML、XHTML、div+CSS、JavaScript、JSON 和 jQuery 等主流的 Web 前端开发技术，并为学习动态网页设计原理与制作技术做好准备。

  本书主要面向教学（应用）型大学的电子商务、信息管理与信息系统、计算机科学与技术、软件工程等相关专业，可作为"网页设计与制作"和"互联网前端开发技术"课程的教材。此外，本书还可用作相关培训教材或教学参考书，也可供网站开发与管理人员参考。

本书由西华大学的崔敬东、徐雷共同编著。其中，崔敬东负责第 4～15 章，徐雷负责第 1～3 章。此外，本书的出版还得到清华大学出版社有关工作人员的大力支持。在此向他（她）们表示诚挚的感谢！

欢迎高校老师、同学和其他读者选用本书，并敬请各位对书中内容提出批评意见或改进建议。如果授课教师在本书的使用过程中还有其他需求，可通过出版社与作者联系。

崔敬东

2017 年 12 月于成都

# 目 录

# 网站与网页

随着信息通信技术（Information and Communication Technology，ICT）的快速发展和广泛应用，人类社会对信息资源共享和信息交换的需求越来越强烈。同样，计算机网络尤其是互联网技术的发展和应用，也是为了更好地实现信息资源共享和信息交换。

## 1.1 互联网与万维网

互联网（Internet）又称因特网，意为"互相连接在一起的计算机网络"。在互联网中利用专门的技术和协议（例如 TCP/IP 和 FTP），能够将全球的计算机连接在一起，从而实现信息资源共享和信息交换。而万维网（World Wide Web，WWW）则建立在互联网基础之上。

万维网的核心包括三个部分。

（1）超文本标记语言（HyperText Markup Language，HTML），其主要作用是定义 HTML 文档（即网页）的内容和结构。对于信息资源的创建者和提供者而言，使用网页，能够将互联网中的信息资源以结构化和可视化的形式进行有效组织。而在信息资源的需求方，使用 Web 浏览器（Web Browser）打开网页，能够轻松识别和访问互联网中的信息资源。

（2）超文本传送协议（HyperText Transfer Protocol，HTTP）负责 Web 浏览器和服务器之间的信息交换。

（3）统一资源标识符（Uniform Resource Identifier，URI）是用于标识互联网中信息资源的字符串。URI 可被视为统一资源名称（Uniform Resource Name，URN）、统一资源定位符（Uniform Resource Locator，URL）或两者兼备。URN 如同一个人的姓名，而 URL 则如同一个人的住址。如果说，URN 是对互联网中某一信息资源的命名，那么，URL 则定义信息资源在互联网中的位置。因此，URL 能够提供在互联网中查找该信息资源的路径。

URL 的标准格式如下：

协议类型://服务器地址（必要时需加上端口号）/路径/文件名

例如，统一资源定位符 http://www.sina.com 表示使用 HTTP 访问新浪网。

在万维网的推广和发展过程中，万维网联盟（World Wide Web Consortium，W3C）发挥着重要作用。W3C 是于 1994 年 10 月在麻省理工学院计算机科学实验室成立的，发起者是万维网的创建者 Tim Berners-Lee。W3C 是一个专门负责制定 WWW 技术规范和标准的非营利性组织，像HTML、XHTML、CSS、XML等技术标准就是由W3C制定的，这些技术标准公开发布在 W3C 网站（www.w3.org）上。W3C 会员包括生产技术产品及服务的厂商、内容供应商、团体用户、研究实验室、标准制定机构和政府部门，会员们协同工作，致力于在 WWW 发展方向上形成共识。

## 1.2　服务器、客户机和 Web 浏览器

在互联网中实现信息资源共享，主要采用浏览器/服务器（Browser/Server）的网络结构模式。

在如图 1-1 所示的 B/S 结构中，服务器是提供信息资源的计算机。制作网页并在网页中使用超链接对信息资源进行可视化的标记和定位，是在服务器上组织信息资源的常见形式。客户机是需要信息资源的计算机，在客户机上安装有 Web 浏览器软件（如微软 Internet Explorer、谷歌 Chrome 或 Mozilla Firefox）。在客户机上使用 Web 浏览器软件，即可访问或获取服务器中的信息资源。

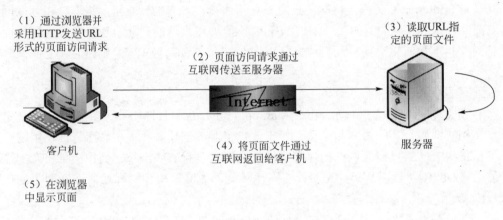

图 1-1　B/S 结构

以访问常用网站为例，在客户机上获取服务器中的信息资源的整个过程可以分解如下：

（1）在客户机上，通过 IE 浏览器的地址栏输入网址（如 www.sina.com），然后按回车（Enter）键，即可将 URL 形式的页面访问请求发往互联网。

（2）从客户机发出的页面访问请求通过互联网传送至服务器。

（3）在接收到来自客户机的页面访问请求后，服务器按照 HTTP 的约定，并根据其中的 URL 读取相应的页面文件，然后将页面文件发往互联网。

（4）从服务器发出的页面文件通过互联网传送至客户机。

（5）在接收到来自服务器的页面文件后，客户机按照 HTTP 的约定，并通过 IE 浏览器显示网页。在网页中单击超链接，客户机可以将页面访问请求再次发往互联网。

根据 StatCounter 公司 **2017 年 10** 月的统计数据，在全球使用的 Web 浏览器中，市场份额从高到低依次是 Chrome（54.57%）、Safari（14.59%）、UC Browser（7.86%）、Firefox（6.08%）、Opera（3.89%）、IE（3.74%）。

而在中国市场，不同桌面浏览器（Desktop Browser）的市场份额从高到低依次是 Chrome（61.62%）、IE（11.83%）、QQ Browser（7.08%）、Sogou Explorer（5.98%）、Firefox（4.61%）、Edge（2.31%）。

## 1.3 网页与 HTML

所谓网页（Web page），通常是指使用超文本标记语言（HyperText Markup Language，HTML）编写的、具有特定结构和格式的电子文件。因此，网页又称 HTML 文档。

HTML 文档是由元素（Element）定义和组成的，元素的基本格式是：

<元素名> 内容 </元素名>

其中，<元素名>称为开始标签（Start Tag），</元素名>称为结束标签（End Tag）。在开始标签和结束标签之间是内容（Content）。开始标签、内容和结束标签共同构成了一个元素。

在 HTML 文档中，有些元素只有开始标签，而没有对应的结束标签，也没有内容。这类元素称为空元素（Void Element）。

记事本（Notepad）是编写 HTML 文档的最简单软件。使用 Web 浏览器可以打开 HTML 文档并浏览对应的网页。

【例 1-1】 使用 Notepad 软件编写 HTML 文档。具体步骤如下：

（1）启动 Notepad 软件。在 Windows 界面左下角，选择"开始"|"所有程序"|"附件"|"记事本"命令，打开 Notepad 软件。

（2）在 Notepad 软件中输入以下 HTML 代码。

```
<!--使用 html 元素定义 HTML 文档-->
<html>
  <!--使用 head 元素定义头部-->
  <head>
    <!--使用 title 元素定义标题-->
    <title>标题：HTML 文档</title>
  </head>
  <!--使用 body 元素定义主体-->
  <body>
    Hello, World!
  </body>
</html>
```

在以上代码中，开始标签<html>和结束标签</html>构成了 html 元素。html 元素定义了一个 HTML 文档。一个 HTML 文档只有一个 html 元素，并称为根元素（Root Element）。

开始标签<head>和结束标签</head>构成了 head 元素。开始标签<body>和结束标签</body>构成了 body 元素。每个 HTML 文档包含一个头部（Head）和一个主体（Body）。头部由 head 元素定义，主体由 body 元素定义。

开始标签<title>和结束标签</title>构成了 title 元素。title 元素出现在 head 元素的开始标签和结束标签之间。使用 title 元素可以定义网页的标题。

"Hello, World!"是 body 元素的内容。

为了增强可读性，可以在 HTML 文档中添加注释（Comment），其格式是：<!--注释内容-->。

如图 1-2 所示，html、head、body 和 title 等元素定义了 HTML 文档的基本结构（Structure）。因此，html、head、body 和 title 等元素也称为结构性元素（Structural Element）。

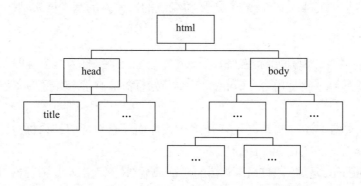

图 1-2　使用父元素和子元素定义 HTML 文档的树形层次结构

其中，html 元素是根元素，每个 HTML 文档必须且只能有一个 html 根元素。

在 HTML 文档中，每个元素都可能有多个子元素（Child）和后代元素（Descendant）。html 元素有两个子元素：一个是 head 元素，另一个是 body 元素。title 元素既是 head 元素的子元素，又是 html 元素的后代元素。通常，head 元素和 body 元素还有其他的子元素。

在 HTML 文档中，除 html 元素外，每个元素必须且只能有一个父元素（Parent）。html 元素既是 head 元素的唯一父元素，也是 body 元素的唯一父元素。title 元素的唯一父元素是 head 元素。作为根元素，html 元素没有父元素。

因此，HTML 文档也是一个由相关的父元素和子元素构成的树形层次结构。

（3）保存 HTML 文档。在 Notepad 软件的菜单栏中选择"文件"|"保存"命令，会弹出"另存为"对话框。如图 1-3 所示，在"另存为"对话框中首先选定相应的文件夹，然后将 HTML 文档命名为 1-1.html，最后单击"保存"按钮，即可保存 HTML 文档。

注意：HTML 文档的扩展名为.html 或.htm。

图 1-3　保存 HTML 文档

（4）使用 Web 浏览器（如 Internet Explorer）打开 HTML 文档 1-1.html。如图 1-4 所示，在网页中可以看到文字内容"Hello, World!"。

图 1-4　使用 IE 浏览器打开 HTML 文档

**注意：**

① Web 浏览器的主要作用是读取 HTML 文档，并以网页的形式显示 HTML 文档内容。Web 浏览器不显示 HTML 文档中的标签，而是使用标签解释 HTML 文档的结构及内容。

② 注释中的文字可以增加 HTML 代码的可读性，但并不通过 Web 浏览器显示出来。

③ 由于在 HTML 文档头部使用 title 元素定义了网页标题，所以，在 IE 浏览器的顶部（即网页标题中）会显示"标题：HTML 文档"。

（5）显示文件的扩展名。如果在"Windows 资源管理器"窗口中没有显示 HTML 文档或其他文档的扩展名，则可以执行如下操作。

① 双击桌面上的"计算机"图标，可以打开"Windows 资源管理器"窗口。如图 1-5 所示，在窗口的左上方选择"组织"｜"布局"｜"菜单栏"命令，可以在窗口上方显示菜单栏。

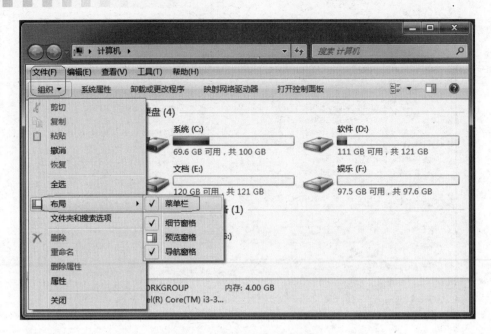

图 1-5　在窗口中显示菜单栏

② 在菜单栏中选择"工具"|"文件夹选项"命令,可以打开"文件夹选项"对话框。如图 1-6 所示,在该对话框中选择"查看"选项卡,然后在"高级设置"列表框中取消选中"隐藏已知文件类型的扩展名"复选框。最后,单击"确定"按钮。

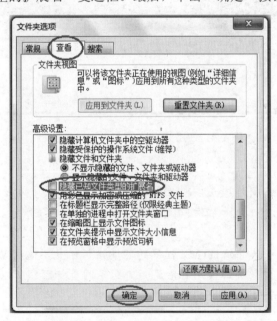

图 1-6　取消选中"隐藏已知文件类型的扩展名"复选框

如图 1-7 所示,这时即可在"Windows 资源管理器"窗口中显示 HTML 文档或其他文档的扩展名。

图 1-7　显示 HTML 文档或其他文档的扩展名

# 1.4　网页素材

　　除文字外，网页中还包含大量的图片和动画。在网页中使用文字，能够向网页浏览者提供明确的信息。但如果网页中只有文字，则缺少生动性和活泼性，也会影响视觉效果和整个网页的美观。因此，在网页的制作过程中经常需要插入一些图片和动画。所以，文字、图片和动画是制作网页的最基本素材。

　　此外，还可以为网页增加背景音乐。这样，在使用 Web 浏览器打开网页时，即可同时播放背景音乐。为此，需要为网页制作准备音频文件。

# 1.5　静态网页、动态网页和网站

　　网页（Webpage）是一种可以在互联网中传输、能被 Web 浏览器认识和翻译成页面并显示出来的文件。根据访问和浏览网页时所能获取的信息及其特性，网页可以分为静态网页（Static Webpage）和动态网页（Dynamic Webpage）两种。

　　静态网页具有如下一些特性：

　　（1）每次浏览静态网页时，其内容不会发生变化，除非网页设计者修改了网页的内容。

　　（2）静态网页无法实现与网页浏览者之间的互动。信息流动是单向的，即信息只能从服务器流向网页浏览者。

　　（3）静态网页的 HTML 文档大都以.html 或.htm 为文件扩展名。

　　动态网页的一般特性如下：

　　（1）使用动态网页，能够为网页浏览者定制内容。随不同客户、不同时间，动态网页会返回不同的内容。

（2）动态网页中的某些内容来自数据库中的业务数据。

（3）动态网页往往以.cgi、.asp、.php 和.jsp 等为文件扩展名。

**注意：**

在静态网页中经常会出现一些动画（Animation），如交替切换的图片、缩放自如的文字等。但动画只能产生画面变化的视觉效果，与动态网页中变化的内容是不同的概念。

网站（Website）又称站点，由存储在服务器上的一系列相关文件组成。这些文件既可以是相关的网页、各种形式的文档，也可以是数据库、数据库管理系统以及处理数据的程序。

在一个网站中，通常既有静态网页，也有动态网页。

在网页中使用超链接（Hyperlink），既可以将当前网页与其他相关网页链接在一起，又可以指向互联网中的特定文档，例如 Word 文档、PPT 幻灯片文档、压缩文件或多媒体文件。

此外，通过动态网页，还可以访问存储在服务器数据库中的数据。

##  1.6　小结

超文本标记语言、超文本传送协议和统一资源标识符构成了万维网的核心。

万维网联盟通过制定 WWW 技术规范和标准推动了万维网的发展。

常见的 Web 浏览器软件有微软 Internet Explorer、Mozilla Firefox 和谷歌 Chrome。

网页主要是使用超文本标记语言编写的。因此，网页又称 HTML 文档。

HTML 文档至少包含 html、head、body 和 title 四个元素，这四个元素构成了 HTML 文档的基本结构。在 HTML 文档中，html 元素是唯一的根元素，并包含 head 和 body 两个元素，title 元素又是 head 元素的子元素。

文字、图片和动画是制作网页的基本素材。

## 1.7　习题

1. 访问前程无忧（www.51job.com）或中华英才网（www.chinahr.com）等招聘网站，输入关键词"网页设计"或"前端开发"，了解相关职位的任职要求，需要掌握哪些关键知识、主流技术或基本技能？

2. 静态网页和动态网页有哪些区别？

3. 阅读以下 HTML 代码，找出其中的 HTML 元素并分析相关元素的父子关系，然后参照图 1-2 画出由相关的父元素和子元素构成的树形层次结构图。

```
<html>
  <head><title></title></head>
```

```
    <body>
        <p><em>互联网（Internet）</em>，又称<strong>因特网</strong>，意为"互相连接
```
在一起的计算机网络"。在互联网中利用专门的技术和协议（例如 TCP/IP 和 FTP），能够将全球的计算
机连接在一起，从而实现信息资源共享和信息交换。而万维网（World Wide Web，WWW）则建立在互
联网基础之上。`</p>`

　　　　`<p>`万维网的核心包括三个部分。**`<br>`**1．超文本标记语言（HyperText Markup Language，
HTML），其主要作用是定义 HTML 文档（即网页）的内容和结构。对于信息资源的创建者和提供者而言，
使用网页，能够将互联网中的信息资源以结构化和可视化的形式进行有效组织。而在信息资源的需求方，
使用 Web 浏览器（Web Browser）打开网页，能够轻松识别和访问互联网中的信息资源。**`<br>`**2．超文
本传送协议（HyperText Transfer Protocol，HTTP），负责 Web 浏览器和服务器之间的信息交换。
**`<br>`**3．统一资源标识符（Uniform Resource Identifier，URI）。URI 是用于标识互联网中信息
资源的字符串。URI 可被视为统一资源名称（Uniform Resource Name，URN）、统一资源定位符
（Uniform Resource Locator，URL）或两者兼备。URN 如同一个人的姓名，而 URL 则如同一个人
的住址。如果说，URN 是对互联网中某一信息资源的命名，那么，URL 则定义信息资源在互联网中的位
置。因此，URL 能够提供在互联网中查找该信息资源的路径。`</p>`

```
    </body>
</html>
```

# 第2章 使用 Fireworks 制作图片

Fireworks 是一款较为流行的网页图片设计软件，它大大降低了网页图片的制作难度。无论是专业设计人员还是业余爱好者，使用 Fireworks 都能轻松地设计精美图片，还可以制作 GIF 动画。借助 Fireworks，可以在直观、可定制的环境中创建和优化用于网页的图片并对图片进行精确控制，还能在最佳图像品质和最小压缩大小之间达到平衡。

## 2.1 Fireworks 软件的工作界面

熟悉 Fireworks 软件的工作界面及其组成部分，可以提高使用 Fireworks 制作图片的工作效率。如图 2-1 所示，Fireworks 软件的工作界面主要包括以下几个部分。

图 2-1 Fireworks 软件的工作界面

### 1. 菜单栏

菜单栏位于 Fireworks 窗口的上方，包括"文件""编辑""视图""选择""修改""文本""命令""滤镜""窗口"和"帮助"菜单。每个菜单又包含一组功能相关的命令。

选择"窗口"菜单中的命令,可以显示或隐藏相应的面板。例如,在菜单中选择"窗口"|"对齐"命令,可以显示"对齐"面板;再次选择"窗口"|"对齐"命令,将隐藏"对齐"面板。

### 2．舞台

舞台位于 Fireworks 窗口的中央,占据了整个 Fireworks 窗口的大半部分。

### 3．画布

画布位于舞台的中间,在画布中可以添加所需的图像元素。画布之外的图像元素在图片浏览器中将无法显示。

### 4．"工具"面板

"工具"面板位于 Fireworks 窗口的左边,由"选择""位图""矢量""Web"和"颜色"等区域组成。使用"工具"面板中的相应工具,可以将所需的图像元素插入到画布中。

### 5．"属性"面板

"属性"面板位于 Fireworks 窗口的下方,用来设置画布中图像元素的相关属性。

## 2.2　制作网站标题

网站标题是许多网页都有的内容。有时候,网站标题可以加深访问者对网站的印象。

【例 2-1】　制作网站的文字标题。制作步骤如下:

（1）创建新画布。进入 Fireworks 后,在菜单栏中选择"文件"|"新建"命令。如图 2-2 所示,在弹出的"新建文档"对话框中将画布的宽度和高度分别设置为 800 像素和 30 像素,并设置画布颜色。然后单击"确定"按钮,即可在舞台中创建新画布。

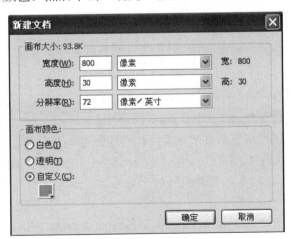

图 2-2　创建新画布

（2）添加文本。在"工具"面板的"矢量"区域中选择"文本"工具,然后在画布中插入一个"文本"对象,最后在"文本"对象的编辑区中输入"基于 Web 标准的网页设计原理与制作"。

（3）设置文本的属性。如图 2-3 所示，在 Fireworks 窗口下方的"属性"面板中将文本的宽、高、X 和 Y 等属性分别设置为 500、26、150 和 2，可以使文本位于画布的中央位置。此外，在"属性"面板中还可以设置文本的字体、大小和颜色。

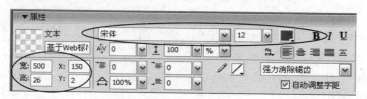

图 2-3　设置文本的属性

（4）保存.png 文件。在菜单栏中选择"文件"|"保存"命令，在弹出的"另存为"对话框中选定相应的文件夹，将文件命名为 2-1.png。然后单击"保存"按钮，即可将图像设计结果保存在.png 格式的文件中。

（5）设置导出文件的.gif 格式。在 Fireworks 窗口中单击舞台或画布，确定在 Fireworks 窗口下方显示画布的"属性"面板。如图 2-4 所示，在"属性"面板的"默认导出选项"下拉列表框中确认或选择"GIF 网页 216"选项，即可设置导出文件的.gif 格式。

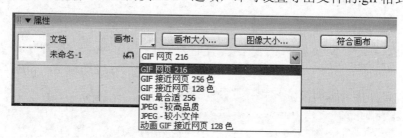

图 2-4　设置导出文件的.gif 格式

（6）生成.gif 文件。在菜单栏中选择"文件"|"导出"命令，在弹出的"导出"对话框中单击"导出"按钮，即可根据.png 文件生成同名的.gif 格式的文件。

**注意：**

① 与 Fireworks 软件有关的图像及文件格式有 PNG、GIF 和 JPEG 三种。

② 便携式网络图像（Portable Network Graphics，PNG）和图像交换格式（Graphics Interchange Format，GIF）都是采用无损压缩技术的图像格式。但比较.png 文件和.gif 文件的大小，可以发现.gif文件占用更少的存储空间。因此，在网络中传输.gif文件所需的时间开销更小，能够使网站访问者体会到较快的浏览速度，但.gif 文件不能处理和存储真彩的图像。

③ 联合图像专家小组（Joint Photographic Experts Group，JPEG）是一种采用失真压缩技术的图像格式，但能够处理和存储真彩的图像。

④ 使用 Fireworks，可以对.png 文件中的图像进行修改和重新加工，还能根据.png 文件导出并生成.gif 格式和.jpeg 格式的文件。

⑤ GIF 格式的图像文件的扩展名为.gif，JPEG 格式的图像文件的扩展名为.jpg 或.jpeg。

## 2.3　制作导航栏按钮图片

导航栏是网页的重要组成部分，通常由一组具有按钮功能的图片组成。单击导航栏中的按钮图片，可以打开新的网页。

【例 2-2】　制作"课程简介"按钮图片。制作步骤如下：

（1）创建新画布。进入 Fireworks 后，在菜单栏中选择"文件"|"新建"命令。在弹出的"新建文档"对话框中将画布的宽度和高度分别设置为 200 像素和 20 像素。然后单击"确定"按钮，即可在舞台中创建新画布。

（2）添加矩形。在"工具"面板的"矢量"区域中选择"矩形"工具，然后在画布中插入一个"矩形"对象。如图 2-5 所示，以画布的宽度和高度为标准，在"属性"面板中设置"矩形"的宽度和高度，并将"矩形"的 X 和 Y 均设置为 0，这样可以使"矩形"的大小和位置与画布完全吻合。最后设置矩形的填充类别。

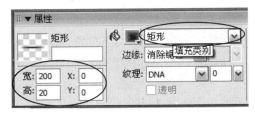

图 2-5　设置"矩形"的属性

（3）添加文本。在"工具"面板的"矢量"区域中选择"文本"工具，然后在画布中插入一个"文本"对象，并在其中输入文本"课程简介"。如图 2-6 所示，参照画布的宽度和高度，在"属性"面板中将"文本"的宽度和高度分别设置为 160 和 16，再将"文本"的 X 和 Y 分别设置为 20 和 2，这样可以使"文本"的中心与画布的中心完全一致。最后设置文本的颜色。

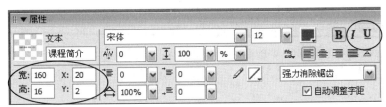

图 2-6　设置"文本"的属性

（4）保存.png 文件。将图像设计结果保存在.png 格式的文件中，并将文件命名为 2-2.png。

（5）生成.gif 文件。在菜单栏中选择"文件"|"导出"命令，根据.png 文件生成同名的.gif 文件。

## 2.4　将文本附加到路径

在 Fireworks 的"工具"面板中，使用"矢量"区域中的工具可以绘制直线、圆、椭圆、正方形和矩形等矢量图形，并且这些图形是以路径定义形状的计算机图形。此外，将文本附加到矢量图形的路径上，还可以达到沿特定路径排列文字的特殊效果。

【例 2-3】　环绕文字效果。制作步骤如下：

（1）创建新画布。进入 Fireworks 后，在菜单栏中选择"文件"|"新建"命令。在弹出的"新建文档"对话框中将画布的宽度和高度分别设置为 300 像素和 300 像素，并将画布颜色设置为白色。然后，单击"确定"按钮，即可在舞台中创建新画布。在菜单栏中选择"视图"|"缩放比率"命令，放大画布的尺寸。

（2）绘制圆形。在"工具"面板的"矢量"区域中选择"椭圆"工具，在画布中央绘制一个直径为 160 像素的圆形，将其"填充类别"设置为无，将其"描边种类""笔尖大小"和"颜色"分别设置为实线、1 像素和黑色。

（3）切割圆形路径。确认已选中圆形路径，否则在"工具"面板的"选择"区域中选择"指针"工具，然后再单击圆形。在"工具"面板的"矢量"区域中选择"刀子"工具。然后，绘制一条通过圆形路径左右两个节点的直线，即可将整个圆形路径切割为上、下两个半圆形路径。

（4）在画布中添加文本。在"工具"面板的"矢量"区域中选择"文本"工具，然后在画布中输入文本 www.tup.com.cn，并将文本的字体、大小、颜色分别设置为 Arial Black、25 磅、红色。

（5）将文本附加到上半圆形路径。在"工具"面板的"选择"区域中选择"部分选定"工具，然后按住鼠标左键，并移动鼠标在画布中选择一个包括文本 www.tup.com.cn 和上半圆形路径的矩形区域，即可同时选中文本和上半圆形路径。在菜单栏中选择"文本"|"附加到路径"命令，即可将文本 www.tup.com.cn 附加到上半圆形路径。

（6）沿路径均匀排列文本。确认已选中文本 www.tup.com.cn，然后在菜单栏中选择"文本"|"对齐"|"两端对齐"命令，即可将文本沿上半圆形路径均匀排列。

（7）将文本附加到下半圆形路径。按照步骤（4）～（6）的方法，将文本"清华大学出版社"附加到下半圆形路径，并沿路径均匀排列文本。

（8）设置文本样式。确认选中文本"清华大学出版社"，将其字体、大小、颜色分别设置为华文彩云、30 磅、红色。

（9）翻转文本。在菜单栏中选择"文本"|"倒转方向"命令，可以将文本沿路径翻转。

（10）下沉文本。在菜单栏中选择"文本"|"编辑器"命令，会弹出"文本编辑器"对话框。如图 2-7 所示，在对话框中将"基线调整"设置为-10，可以使文本下沉。

也可以选中全部文本，然后在"属性"面板中设置"基线调整"。

至此，完成了最终的环绕文字效果。

（11）保存.png 文件。将图像设计结果保存在.png 格式的文件中，并将文件命名为2-3.png。

图 2-7 环绕文字的最终效果

（12）生成.gif 文件。在菜单栏中选择"文件"|"导出"命令，根据.png 文件生成同名的.gif 文件。

## 2.5 制作图片交替的 GIF 动画

在浏览网页时，经常遇到在同一区域中几张图片交替切换和显示的情况。使用 Fireworks 制作 GIF 动画图片，可以达到这种视觉效果。

【例 2-4】 制作图片交替的 GIF 动画。制作步骤如下：

（1）创建新画布。进入 Fireworks 后，在菜单栏中选择"文件"|"新建"命令。在弹出的"新建文档"对话框中将画布的宽度和高度分别设置为 400 像素和 100 像素，并将画布颜色设置为白色。然后，单击"确定"按钮，即可在舞台中创建新画布。

（2）准备素材。在菜单栏中选择"帮助"|"关于 Fireworks"命令，显示 Fireworks 标志图片。按下键盘右上角的屏幕打印键（PrintScreen 键或 prtSc 键），即可将包含 Fireworks 标志图片的整个屏幕图像复制到 Windows 剪贴板中。

在 Windows 界面左下角，选择"开始"|"所有程序"|"附件"|"画图"命令，打开"画图"软件。按 Ctrl+V 组合键，可以从 Windows 剪贴板中粘贴包含 Fireworks 标志图片的屏幕图像。如图 2-8 所示，在"画图"软件上方选择"选择"|"矩形选择"命令，按住鼠标左键并移动鼠标，选择一个包含 Fireworks 标志图片的区域，然后释放鼠标左键。按 Ctrl+C 组合键，即可将 Fireworks 标志图片复制到 Windows 剪贴板中。

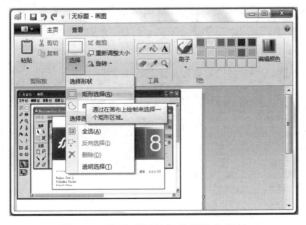

图 2-8 使用"画图"软件准备素材

（3）在画布中添加 Fireworks 标志图片。切换回 Fireworks 软件，然后按 Ctrl+V 组合键，从 Windows 剪贴板中粘贴 Fireworks 标志图片。

（4）将 Fireworks 标志图片与画布吻合。在菜单栏中选择"窗口"|"对齐"命令，打开"对齐"面板。如图 2-9 所示，在"对齐"面板中依次选择"到画布""匹配宽度""匹配高度""水平居中"和"垂直居中"，即可将 Fireworks 标志图片的大小和位置与画布完全吻合。

（5）设置帧延时。在菜单栏中选择"窗口"|"帧"命令，会在 Fireworks 窗口的右边展开并显示"帧"面板。如图 2-10 所示，双击在第 1 帧所在行右边的单元格，将该帧的延时设置为 100/100 秒（即 1 秒），表示该帧中的画面将持续显示 1 秒钟，并确认选中"导出时包括"复选框。

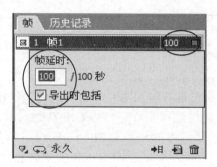

图 2-9　使用"对齐"面板将 Fireworks
　　　　标志图片与画布吻合

图 2-10　设置帧延时

（6）制作其他两帧画面。在"帧"面板右下角，单击"新建/重制帧"按钮 2 次，增加第 2 帧和第 3 帧。然后，采用步骤（2）～（5）中的方法，在第 2 帧和第 3 帧中分别添加 Dreamweaver 标志图片和 Flash 标志图片。

（7）测试 GIF 动画。如图 2-11 所示，在舞台下方单击"播放/停止"按钮，即可测试 GIF 动画。在该 GIF 动画中，将依次显示第 1 帧中的 Fireworks 标志、第 2 帧中的 Dreamweaver 标志和第 3 帧中的 Flash 标志画面，且每个标志画面延时 1 秒钟。

图 2-11　测试 GIF 动画

（8）保存.png 文件。将 GIF 动画的设计结果保存在.png 格式的文件中，并将文件命名为 2-4.png。

（9）生成 GIF 动画。如图 2-12 所示，在 Fireworks 窗口下方的"属性"面板中，选择并确认"动画 GIF 接近网页 128 色"。

图 2-12　设置导出选项

在菜单栏中选择"文件"|"导出"命令，将根据.png 文件导出并生成 GIF 动画文件，并将 GIF 动画保存在名为 2-4.gif 的.gif 文件中。

（10）查看 GIF 动画。在 Windows 资源管理器中用 IE 浏览器打开文件 2-4.gif，即可查看 GIF 动画效果。

**注意：**

① 在第（9）步中，必须选择并确认"动画 GIF 接近网页 128 色"，否则在 IE 浏览器中将看不到 GIF 动画效果。

② 在第（10）步中，如果使用 Fireworks 打开 GIF 动画文件 2-4.gif，只能修改该 GIF 动画文件，而不能查看该 GIF 动画文件的动画效果。

## 2.6　制作滚动字幕效果的 GIF 动画

滚动字幕是在电视剧结尾经常看到的一种动画效果。在 Fireworks 中使用蒙版，可以制作能够产生滚动字幕效果的 GIF 动画。

**【例 2-5】** 使用蒙版制作滚动字幕效果的 GIF 动画。制作步骤如下：

（1）创建新画布。进入 Fireworks 后，在菜单栏中选择"文件"|"新建"命令。在弹出的"新建文档"对话框中将画布的宽度和高度分别设置为 800 像素和 100 像素，并将画布颜色设置为黑色。然后，单击"确定"按钮，即可在舞台中创建新画布。

（2）制作文本内容的图形元件。

① 设置文本属性。在"工具"面板的"矢量"区域中选择"文本"工具。如图 2-13 所示，在"属性"面板中将文本的字体、大小、颜色分别设置为 Arial Black、60 像素、绿色。

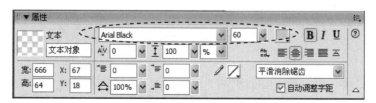

图 2-13　设置文本属性

② 在画布中添加文本。在画布中添加并输入文本"使用蒙版制作的滚动字幕"。

③ 将文本转换为图形元件。在菜单栏中选择"修改"|"元件"|"转换为元件"命令，会弹出"元件属性"对话框。如图 2-14 所示，在"名称"文本框中输入"文本图形元件"，然后单击"确定"按钮，即可将画布中的文本"使用蒙版制作的滚动字幕"转换为一个图形元件，同时该图形元件被添加到"库"面板中。

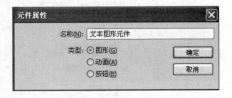

图 2-14　将文本转换为图形元件

④ 使图形元件在画布中居中。在"属性"面板中，将"文本图形元件"的宽、高、X 和 Y 分别设置为 650、60、75 和 20，则可以使"文本图形元件"居于画布的正中央。

（3）制作第 1 个元件和矢量蒙版组合。

① 在图形元件上方绘制矩形。在"工具"面板的"矢量"区域中选择"矩形"工具，然后在画布中添加一个与"文本图形元件"大小相同的矩形，并使"矩形"恰好覆盖"文本图形元件"。如图 2-15 所示，在"属性"面板中将矩形的填充类别和颜色依次设置为"渐变|线性"和"黑色-白色-黑色"。

图 2-15　设置矩形属性

② 制作蒙版。如图 2-15 所示，在"层"面板中单击"层 1"，可以同时选中"矩形"和"图形元件"。在菜单栏中选择"修改"|"蒙版"|"组合为蒙版"命令，可以基于"矩形"生成一个"矢量蒙版"，并将该"矩形矢量蒙版"和"文本图形元件"组合并链接在一起。

③ 重新命名层。将"层"面板中的"层 1"改名为"蒙版层"。此时，"层"面板如图 2-16 所示。在蒙版层中包含了第 1 个元件和矢量蒙版组合。

文本图形元件 ————

矩形矢量蒙版

图 2-16　矢量蒙版和元件组合

④　在元件和矢量蒙版组合中移动"文本图形元件"。单击元件和矢量蒙版之间的铁链图标，可以将"文本图形元件"和"矩形矢量蒙版"分开。单击左边的"文本图形元件"，使用右方向键（→）在画布中将"文本图形元件"移动到"矩形矢量蒙版"的右边，直至使"文本图形元件"中的文本看不见。在"属性"面板中将"文本图形元件"的 X 设置为 750，也可以直接将"文本图形元件"移动到"矩形矢量蒙版"的右边。

（4）制作第 2 个元件和矢量蒙版组合。在"层"面板中单击第 1 个元件和矢量蒙版组合，然后依次使用 Ctrl+C 组合键和 Ctrl+V 组合键，可以复制并生成第 2 个元件和矢量蒙版组合。在第 2 个元件和矢量蒙版组合中，单击左边的"文本图形元件"，使用左方向键（←）在画布中将"文本图形元件"移动到"矩形矢量蒙版"的左边，直至使"文本图形元件"中的文本看不见。在"属性"面板中将"文本图形元件"的 X 设置为-600，也可以直接将"文本图形元件"移动到"矩形矢量蒙版"的左边。

（5）制作补间动画。如图 2-17 所示，在"层"面板中，分别单击两个元件和矢量蒙版组合中的铁链图标，分别将两个组合中的"文本图形元件"和"矩形矢量蒙版"重新链接起来。

如图 2-18 所示，在"帧"面板中将"帧延时"设置为 30/100 秒。

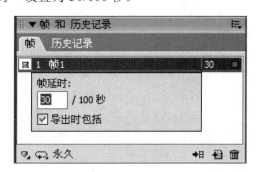

图 2-17　重新链接"元件"和"矢量蒙版"

图 2-18　设置帧延时

在"层"面板中单击"蒙版层"，可以同时选中两个元件和矢量蒙版组合。然后，在菜单栏中选择"修改"|"元件"|"补间实例"命令，会弹出"补间实例"对话框。如图 2-19 所示，在"步骤"文本框中输入 25，并选中"分散到帧"复选框。然后，单击"确定"按钮，即可制作补间动画。

图 2-19　设置补间动画属性

此时，在"帧"面板中可以看到共有 27 帧。其中，第 2 帧至第 26 帧（共 25 帧）是根据"蒙版层"中的两个元件和矢量蒙版组合生成的。

（6）测试 GIF 动画。在舞台下方单击"播放/停止"按钮，即可测试 GIF 动画文件。在该 GIF 动画中，文本"使用蒙版制作的滚动字幕"在蒙版下将从左向右滚动。

（7）保存.png 文件。将 GIF 动画的设计结果保存在.png 格式的文件中，并将文件命名为 2-5.png。

（8）生成 GIF 动画。如图 2-20 所示，在 Fireworks 窗口下方的"属性"面板中，选择并确认"动画 GIF 接近网页 128 色"。

图 2-20　设置导出选项

在菜单栏中选择"文件"|"导出"命令，将根据.png 文件导出并生成 GIF 动画文件，并将 GIF 动画保存在名为 2-5.gif 的.gif 文件中。

（9）查看 GIF 动画。在 Windows 资源管理器中用 IE 浏览器打开文件 2-5.gif，即可查看 GIF 动画效果。

## 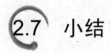 2.7　小结

除 Fireworks 外，Photoshop、Illustrator 和 CorelDRAW 也都是流行的图像处理和平面设计软件。

网页中所使用的图像及其文件格式主要有 GIF 和 JPEG 两种格式。

使用.gif 格式的文件，可以同时存储若干幅静止图像进而生成连续播放若干幅静止图像的 GIF 动画。

在 Fireworks 软件中，还可以使用元件、蒙版、补间等技术制作 GIF 动画。

GIF 图像文件的扩展名为.gif，JPEG 图像文件的扩展名为.jpg 或.jpeg。

## 2.8　习题

1．网页中主要使用哪两种格式的图像文件？两者有哪些相似点和不同点？

2．在【例 2-1】和【例 2-2】中导出.jpeg 格式的图像文件。

# 第3章 使用 Flash 制作动画

Flash 是一款设计和制作动画的专业软件。它能使网页设计人员充分发挥其创新性和想象力，随心所欲地设计各种动画标志和广告条。使用 Flash 软件，网页设计人员还可以制作动感十足的动画短片。

## 3.1 Flash 软件的工作界面

如图 3-1 所示，Flash 软件的工作界面主要由菜单栏、动画场景编辑区、"时间轴"面板、"工具"面板、"库"面板和"属性"面板组成。

图 3-1 Fireworks 软件的工作界面

### 1. 菜单栏

菜单栏位于 Flash 窗口的上方，包括文件、编辑、视图、插入、修改、文本、命令、控制、窗口和帮助等菜单。每个菜单又包含一组功能相关的命令。

选择"窗口"菜单中的命令，可以显示或隐藏"时间轴""工具""库"和"属性"等面板。例如，在菜单栏中选择"窗口"|"库"命令，可以显示"库"面板；再次选择"窗口"|"库"命令，则将隐藏"库"面板。

**2．动画场景编辑区**

动画场景编辑区位于 Flash 窗口的中央，是一个放置图形内容的矩形区域，这些图形内容包括矢量插图、文本框、按钮、导入的位图图形或视频剪辑等。

**3．"时间轴"面板**

"时间轴"面板位于舞台上方，用于组织和控制 Flash 文档内容在一定时间内播放的帧数和图层数。与胶片一样，Flash 文档也将时长分为帧。图层就像堆叠在一起的多张幻灯胶片，每个图层都包含一个显示在舞台中的不同图像。

**4．"工具"面板**

"工具"面板位于 Flash 窗口的左边，由"工具""查看""颜色"和"选项"四个区域组成。使用"工具"面板中的工具可以绘图、上色、选择和修改插图，并可以更改舞台的视图。

**5．"库"面板**

"库"面板位于 Flash 窗口的右边，是存储和组织在 Flash 中创建的各种元件的地方，它还用于存储和组织导入的文件，包括位图图形、声音文件和视频剪辑。

**6．"属性"面板**

"属性"面板位于 Flash 窗口的下方，使用"属性"面板可以设置在舞台或时间轴上当前选定项的属性，从而简化 Flash 文档的创建过程。

## 3.2　制作缩放自如的文字

在"时间轴"面板中，可以在不同帧中设置不同的画面。这样，不同帧中的画面连续播放，即可产生动画效果。

【例 3-1】　利用时间轴制作缩放自如的文字。制作步骤如下：

（1）新建 Flash 文档。进入 Flash 后，在菜单栏中选择"文件"|"新建"命令。在弹出的"新建文档"对话框中选择"Flash 文档"类型。然后单击"确定"按钮，即可新建 Flash 文档，并打开动画场景编辑区。

（2）设置 Flash 文档及动画场景的属性。在菜单栏中选择"修改"|"文档"命令，则会弹出"文档属性"对话框。如图 3-2 所示，在"文档属性"对话框中将动画场景的"尺寸"设置为 800px（宽）×80px（高），设置动画场景的"背景颜色"，并将"帧频"设置为 12fps。

（3）创建图形元件。在菜单栏中选择"插入"|"新建元件"命令。如图 3-3 所示，在弹出的"创建新元件"对话框中输入新元件的名称"欢迎文字"，并选择"图形"类型。然后，单击"确定"按钮，即可创建一个图形元件，并将该图形元件添加到 Flash 窗口右边的"库"面板中。同时，在 Flash 窗口的中间打开元件编辑区。

（4）添加文本。在"工具"面板的"工具"区域中选择"文本工具"，然后在元件编辑区中输入文本"网页设计与制作"。

图 3-2　设置 Flash 文档及动画场景的属性　　　　　　　图 3-3　创建新元件

（5）设置文本的属性。在"工具"面板的"工具"区域中选择"选择工具"可以选中"网页设计与制作"整个文本串。如图 3-4 所示，在"属性"面板中设置字体、字体大小、宽、高、X 和 Y 等属性，使文本位于元件编辑区的正中央。

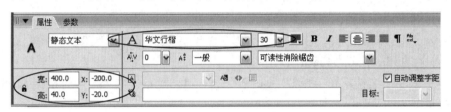

图 3-4　设置文本的属性

（6）分离文字并设置单个文字的颜色。在菜单栏中选择"修改"|"分离"命令，即可将整个文本串分离成单个的文字。分别选中每个文字，通过"属性"面板设置单个文字的颜色。

（7）切换回动画场景编辑区。在 Flash 窗口上方有"时间轴"面板，在该面板的左上方选择"场景 1"，可以从元件编辑区切换回动画场景编辑区。

（8）在场景中添加元件。从 Flash 窗口右边的"库"面板中，将"欢迎文字"元件拖曳到"场景 1"编辑区，可以在场景中添加元件。

（9）在第 1 帧中设置元件的大小及其在场景中的位置。如图 3-5 所示，在"属性"面板中设置宽、高、X 和 Y 等属性，使元件位于动画场景编辑区的正中央。此外，还可以设置元件的亮度。此时，该元件及其画面就出现在"场景 1"的第 1 帧中。

图 3-5　设置元件的大小及其在场景中的位置

（10）在关键帧中复制元件及其画面。在"时间轴"面板中右击第 20 帧，在弹出的快捷菜单中选择"插入关键帧"命令，即可将第 1 帧中的元件及其画面复制到第 20 帧中。

（11）在第 20 帧中设置元件的大小及其在场景中的位置。在"属性"面板中，将元件的宽、高、X 和 Y 等属性分别设置为 700、70、50 和 5。

（12）指定中间帧中画面的生成方式。在"时间轴"面板中选择第 1 帧，然后在"属性"面板中将"补间"设置为"动画"，选中"缩放"复选框，并将"旋转"设置为"自动"，如图 3-6 所示。这样，可以指定从第 1 帧到第 20 帧之间的每帧中画面的生成方式。

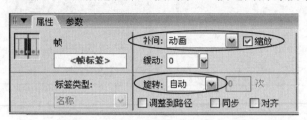

图 3-6 "属性"面板

（13）观察动画效果。在菜单栏中选择"控制"|"测试影片"命令，可以观察从第 1 帧到第 20 帧每帧画面的连续播放效果。

（14）保存 Flash 文档。在菜单栏中选择"文件"|"保存"命令，在弹出的"另存为"对话框中选定相应的文件夹，将文档命名为 3-1.fla。然后单击"保存"按钮，即可将动画设计结果保存在.fla 格式的 Flash 文档中。

（15）生成.swf 文件。在菜单栏中选择"文件"|"发布"命令，即可根据 Flash 文档生成同名的.swf 文件。

（16）播放 SWF 动画。使用 Macromedia Flash Player 软件打开文件 3-1.swf，即可播放 SWF 动画。

**注意：**

① 使用Flash，可以对.fla 文件中的动画及其中的元件进行重新处理和加工，但不能对.swf 文件进行重新处理和加工。此外，还可以使用其他的视频软件播放.swf 文件中的动画，而且.swf 文件有很好的动画效果。

② 比较.fla 文件和.swf 文件的大小，可以发现：.swf 文件占用更少的存储空间。因此，在网络中传输.swf 格式的动画文件所需的时间开销更小，可以使网站访问者体会到较快的浏览速度。

## 3.3　制作运动渐变的动画

在开始关键帧中设置文字的属性，比如大小、颜色和亮度等，然后在结束关键帧中改变这些属性，可以产生运动渐变的动画效果。

**【例 3-2】** 制作运动渐变的动画。制作步骤如下：

（1）新建 Flash 文档。进入 Flash 后，在菜单栏中选择"文件"|"新建"命令。在弹

出的"新建文档"对话框中选择"Flash 文档"类型。然后单击"确定"按钮，即可新建
Flash 文档，并打开动画场景编辑区。

（2）设置 Flash 文档及动画场景的属性。在菜单栏中选择"修改"|"文档"命令，则
会弹出"文档属性"对话框。如图 3-7 所示，在"文档属性"对话框中将动画场景的"尺
寸"设置为 600px（宽）×200px（高），设置动画场景的"背景颜色"，并将"帧频"设
置为 1fps。

图 3-7　设置 Flash 文档及动画场景的属性

如图 3-8 所示，也可以通过 Flash 窗口下方的"属性"面板设置 Flash 文档及动画场景
的属性。

图 3-8　通过"属性"面板设置 Flash 文档及动画场景的属性

（3）在动画场景编辑区输入文本并设置文本属性。首先，在"工具"面板中选择"文
本工具"，在动画场景编辑区输入文本"欢迎光临"。然后，在"工具"面板中选择"选
择工具"，可以选中"欢迎光临"整个文本串。如图 3-9 所示，在"属性"面板中将文本
串的"字体""字体大小"和"颜色"分别设置为"楷体"、70 和黑色，再通过设置
"宽""高"、X 和 Y 属性将文本调整到动画场景编辑区的中央。

图 3-9　在"属性"面板上设置文本属性

（4）在图层之间复制、粘贴帧。在"时间轴"面板中双击"图层 1"，将其名称修改为 FLASH。在菜单栏中选择"插入"|"时间轴"|"图层"命令，可以新建"图层 2"。右击 FLASH 图层的第 1 帧，在弹出的快捷菜单中选择"复制帧"命令。然后，右击"图层 2"的第 1 帧，在弹出的快捷菜单中选择"粘贴帧"命令。这样，可以将 FLASH 图层第 1 帧中的文本"欢迎光临"复制到"图层 2"的第 1 帧。

（5）将分离的文字分散到多个图层中。在"图层 2"的第 1 帧中选中文本"欢迎光临"，在菜单栏中选择"修改"|"分离"命令，可以将文本"欢迎光临"拆分为四个单独文字。然后，在菜单栏中选择"修改"|"时间轴"|"分散到图层"命令，可以将"图层 2"第 1 帧中的四个单独文字分散到四个新建图层的第 1 帧中。此时，在"时间轴"面板中，图层分布如图 3-10 所示。

（6）删除多余的图层。在上一步中，已经将"图层 2"第 1 帧中的四个单独文字分散到四个新建图层的第 1 帧中。这样，在"图层 2"第 1 帧中不再有任何文本。因此，可以删除"图层 2"。在"时间轴"面板中右击"图层 2"，在弹出的快捷菜单中选择"删除图层"命令，即可删除多余的"图层 2"。

（7）将文本转换成图形元件。单击"欢"图层中的第 1 帧，即可自动选中文本"欢"。在菜单栏中选择"修改"|"转换为元件"命令，在弹出的"转换为元件"对话框中选中"图形"单选按钮，将元件名称设置为"欢"，单击"确定"按钮，可以将"欢"图层第 1 帧中的文本"欢"转换为图形元件。采用类似的操作方法，将"迎""光"和"临"图层第 1 帧中的文本分别转换成名称为"迎""光"和"临"的图形元件。此时，"库"面板如图 3-11 所示。

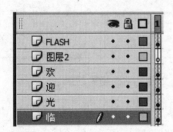

图 3-10　将分离的文字分散到多个图层中

图 3-11　库面板中的图形元件

（8）在图层中拖放帧。在"时间轴"面板的"欢"图层中，用鼠标左键选中第 1 帧，按住鼠标左键不放，同时将鼠标移动到第 3 帧，然后释放鼠标左键，可以将第 1 帧拖放到第 3 帧。采用类似的操作方法，将"迎"图层的第 1 帧拖放到第 4 帧，将"光"图层的第 1 帧拖放到第 5 帧，将"临"图层的第 1 帧拖放到第 6 帧。此时，在"时间轴"面板中，图层分布如图 3-12 所示。

（9）在图层中插入结束关键帧。在"欢"图层中右击第 7 帧，然后在弹出的快捷菜单中选择"插入关键帧"命令，可以在第 7 帧插入结束关键帧。采用类似的操作方法，分别在"迎"图层的第 8 帧、"光"图层的第 9 帧和"临"图层的第 10 帧插入结束关键帧。

（10）在开始关键帧中移动并放大元件。单击"欢"图层中的第 3 帧，也就是开始关

键帧，再按左方向键两次，使元件"欢"向左移动两个位置。然后，在菜单栏中选择"窗口"|"变形"命令，打开"变形"面板。如图 3-13 所示，在"变形"面板上选中"约束"复选框，在"宽度"和"高度"文本框中输入 150%，可以将"欢"图层第 3 帧中的元件"欢"放大到原来的 1.5 倍。

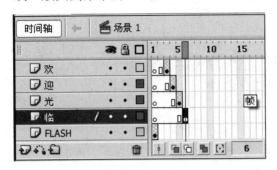

图 3-12　在图层中拖放帧

图 3-13　设置"变形"属性

采用类似的操作方法，分别在"迎"图层第 4 帧、"光"图层第 5 帧和"临"图层第 6 帧中向左移动元件"迎""光"和"临"，并使用"变形"面板将元件"迎""光"和"临"放大到原来的 1.5 倍。

（11）在结束关键帧中设置元件的亮度。单击"欢"图层的第 7 帧，也就是结束关键帧，单击元件"欢"。然后，在"属性"面板的"颜色"下拉列表框中选择"亮度"选项，在右侧的文本框中输入 100%。采用类似的操作方法，分别在"迎"图层第 8 帧、"光"图层第 9 帧和"临"图层第 10 帧中依次设置元件"迎""光"和"临"的亮度。

（12）创建补间动画。在"欢"图层中右击第 3 帧，也就是开始关键帧，然后在弹出的快捷菜单中选择"创建补间动画"命令，即可在第 3 帧和第 7 帧之间创建补间动画。采用类似的操作方法，分别在"迎"图层的第 4 帧和第 8 帧之间、"光"图层的第 5 帧和第 9 帧之间、"临"图层的第 6 帧和第 10 帧之间创建补间动画。此时，在"时间轴"面板中，图层分布如图 3-14 所示。

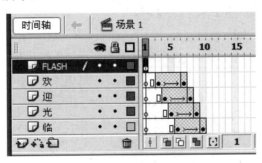

图 3-14　最终的图层分布

（13）演示动画。在菜单栏中选择"控制"|"测试影片"命令，即可演示动画。在该动画中，共有五个图层，分别是 FLASH、"欢""迎""光"和"临"图层，每个图层中的动画同时播放。这样，整个动画效果就是：在四个文字发生移动的同时，其大小和亮度同时变化，最终以高亮度闪过。

（14）保存 Flash 文档。在菜单栏中选择"文件"|"保存"命令，在弹出的"另存为"对话框中选定相应的文件夹，将文档命名为 3-2.fla。然后，单击"保存"按钮，即可将动画设计结果保存在.fla 格式的 Flash 文档中。

（15）发布设置。在菜单栏中选择"文件"|"发布设置"命令，会弹出"发布设置"对话框。如图 3-15 所示，在"发布设置"对话框的"格式"选项卡中确认选中 Flash（.swf）和 HTML（.html）。

**图 3-15　发布设置**

（16）发布动画。在菜单栏中选择"文件"|"发布"命令，即可根据 Flash 文档生成同名的.swf 文件，同时生成同名的 HTML 文档（3-2.html）。使用 IE 浏览器打开该 HTML 文档，可以在 IE 浏览器中查看 SWF 动画。

 **3.4　制作环绕球体旋转的文字**

结合 Fireworks 软件，利用 Flash 软件能够更方便地制作动画，同时提高动画的制作效率。

【例 3-3】　制作环绕球体旋转的文字。制作步骤如下：

（1）新建 Flash 文档。进入 Flash 后，在菜单栏中选择"文件"|"新建"命令。在弹出的"新建文档"对话框中选择"Flash 文档"类型。然后单击"确定"按钮，即可新建 Flash 文档，并打开动画场景编辑区。

（2）设置 Flash 文档及动画场景的属性。在菜单栏中选择"修改"|"文档"命令，则会弹出"文档属性"对话框。在"文档属性"对话框中将动画场景的"尺寸"设置为 200px（宽）×200px（高），将动画场景的"背景颜色"设置为"黑色"，并将"帧频"设置为 5fps。

（3）设置标尺和网格。在菜单栏中选择"视图"|"标尺"命令，即可设置动画场景编

辑区的标尺。在菜单栏中选择"视图"|"网格"|"编辑网格"命令，可以打开"网格"对话框。如图 3-16 所示，在"网格"对话框中设置网格的水平和垂直基线间距，然后单击"确定"按钮，即可在动画场景编辑区中设置和显示网格。标尺和网格将有助于动画元件在动画场景编辑区中的快速定位。

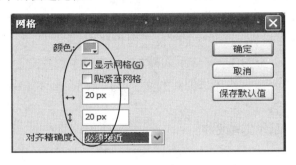

图 3-16　设置网格

（4）制作图形 Ball 元件。在菜单栏中选择"插入"|"新建元件"命令，然后在"创建新元件"对话框中输入新元件的名称 Ball，并选择"图形"类型，最后单击"确定"按钮，即可创建新的图形元件 Ball，并将该图形元件添加到 Flash 窗口右边的"库"面板中。同时，在 Flash 窗口的中间打开元件编辑区。

在"工具"面板中单击"椭圆工具"，在元件编辑区中通过拖动鼠标绘制一个正圆。然后，通过 Flash 窗口下方的"属性"面板将圆形精确定位在元件编辑区的正中央，同时将圆形的宽和高均设置为 140 像素。

在菜单栏中选择"窗口"|"混色器"命令，在 Flash 窗口右方打开"混色器"窗口。如图 3-17 所示，设置混色器。

在"工具"面板中单击"颜料桶工具"，单击圆形的中心点。然后，使用"工具"面板中的"填充变形工具"将球体的色彩方向调整到如图 3-18 所示。

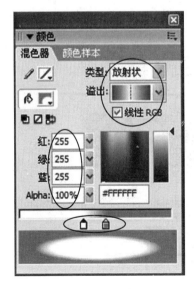

图 3-17　设置混色器

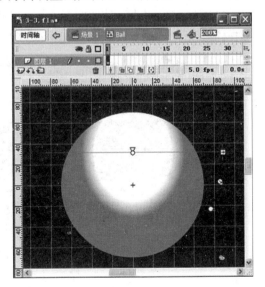

图 3-18　设置球体的色彩方向

（5）制作旋转文字"∗ WellcomeToHere ∗ WellcomeToHere"。

首先，在 Fireworks 中制作环绕圆圈的文字。

① 打开 Fireworks，创建宽度和高度均为 200 像素、背景颜色为黑色的画布。

② 在画布中央绘制直径为 120 像素的实线圆圈。

③ 在画布中添加字体为 Arial Black、大小为 16、颜色为绿色的文字"∗ Wellcome ToHere ∗ WellcomeToHere"，并将该文字设置为粗体。

④ 将文字"∗WellcomeToHere ∗ WellcomeToHere"附加到圆圈上，并使文字两端对齐。

⑤ 使用 Ctrl+C 组合键，将环绕圆圈的文字"∗ WellcomeToHere ∗ WellcomeToHere"复制到 Windows 剪贴板。

然后，在 Flash 中制作旋转文字。

① 在 Flash 窗口中，切换到动画场景编辑区，使用 Ctrl+V 组合键，从 Windows 剪贴板中粘贴环绕圆圈的文字"∗ WellcomeToHere ∗ WellcomeToHere"。此时，在"库"面板中会自动增加一个位图，将该位图重新命名为 WellcomeToHere。至此，"库"面板中的元件如图 3-19（a）所示。

② 在菜单栏中选择"插入"|"新建元件"命令，创建名称为 Rotating WellcomeToHere、类型为"影片剪辑"的新元件，并进入元件编辑区。

③ 从"库"面板中将位图 WellcomeToHere 拖放到元件编辑区。然后，在"属性"面板中调整位图的宽、高、X 和 Y 属性，使位图 WellcomeToHere 位于元件编辑区的正中央。此时，完成"影片剪辑"元件 Rotating WellcomeToHere 中第 1 帧动画的制作。

④ 在"时间轴"面板中右击第 50 帧，在弹出的快捷菜单中选择"插入关键帧"命令。

⑤ 在"时间轴"面板中单击第 1 帧。然后，在"属性"面板中将"补间"项设置为"动画"、将"旋转"项设置为"顺时针"。这样，即可在第 1 帧和第 50 帧两个关键帧基础上创建补间动画。

至此，"库"面板中的元件如图 3-19（b）所示。其中，"影片剪辑"元件 Rotating WellcomeToHere 是在位图 WellcomeToHere 基础上创建的。

（a）插入元件前　　　　　　（b）插入元件后

图 3-19　"库"及其中的元件

（6）在 Flash 窗口中切换到动画场景编辑区，布置整个动画的场景。

① 从"库"面板将"图形"元件 Ball 拖放到动画场景编辑区，将元件 Ball 的高和宽均设置为 140 像素，并将其调整到动画场景编辑区的正中央。

② 从"库"面板将"影片剪辑"元件 Rotating WellcomeToHere 拖放到动画场景编辑区，将元件 Rotating WellcomeToHere 的高和宽均设置为 180 像素，并将其调整到动画场景编辑区的正中央。

③ 在"工具"面板中选择"文本工具"。然后，在元件 Ball 上方输入文本"欢迎光临《网页设计与制作》课程网站"，将文本的字体、大小和颜色分别设置为"楷体_GB2312"、16 像素和紫色，并将文本设置为粗体和居中对齐。

整个动画的场景布置如图 3-20 所示。

（7）演示动画。在菜单栏中选择"控制"|"测试影片"命令，即可演示动画。文本"* WellcomeToHere * WellcomeToHere"会环绕球体并按顺时针方向旋转。

图 3-20　动画场景布置

（8）保存 Flash 文档，将文档命名为 3-3.fla。然后，发布并生成同名的.swf 文件。

# 3.5　小结

在 Flash 软件中，可以通过使用元件、关键帧、补间等技术制作平面动画。

使用 Flash 软件制作的动画文件的扩展名为.fla。Flash 软件可以对这种格式的文件进行重新处理和加工。

根据 Flash 文档可以生成网络中最常见的.swf 格式动画文件。

# 3.6　习题

1. 比较 GIF 动画和 SWF 动画的区别和用法。

2. 对【例 3-1】中的动画进行重新加工，使其中的文字先由小变大，再由大变小。然后，发布并生成相应的.swf 动画文件。

# 超文本标记语言

万维网迅速发展的一个重要原因就是 HTML 的问世和应用。使用 HTML 编写的网页能够将互联网中的各种信息资源组织起来，并且人们可以使用 Web 浏览器轻松地访问这些信息资源。

设计和改进 HTML 的目的之一是把存储在一台计算机中的信息资源与另一台计算机中的文本或图标方便地联系在一起，并形成一个有机整体。这样，人们不用考虑具体信息是存储在本地计算机上还是存储在互联网中的其他计算机上。只需使用鼠标在网页中点击一些文字或图标，就可以访问与这些文字或图标相关联的信息资源，而这些信息资源可能存放在互联网中的任何一台计算机上。

HTML 4.01 规范（HTML 4.01 Specification）是使用最为广泛的 HTML 标准。

 **4.1　表现性元素**

HTML 4.01 规范定义了近 100 种元素，每种元素都起着特定的作用。其中，某些元素能够使其作用的内容表现出特定的视觉效果，这些元素也因此被称为表现性元素（Presentational Element）。

【例 4-1】　在 HTML 文档中使用表现性元素，并观察这些元素对其内容产生的特定视觉效果。具体步骤如下：

（1）在 Notepad 软件中输入以下 HTML 代码。

```html
<html>
 <head>
   <title>表现性元素</title>
 </head>
 <body>
   <s>s 元素：定义加删除线的文本。</s>
   <strike>strike 元素：和 s 元素一样，定义加删除线的文本。</strike>
   <u>u 元素：定义下画线文本。</u>
   <center>center 元素：对其所包括的文本进行水平居中。</center>
   <i>i 元素：定义斜体文本。</i>
   <em>em 元素：把文本定义为强调的内容。</em><br>
```

```
    <b>b 元素：定义粗体文本。</b>
    <strong>strong 元素：把文本定义为语气更强的强调的内容。</strong>
  </body>
</html>
```

（2）在 Notepad 软件中保存 HTML 文档，并将其命名为 4-1.htm。

（3）使用 IE 浏览器打开 HTML 文档 4-1.htm。网页的浏览效果如图 4-1 所示。

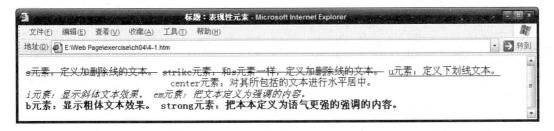

图 4-1  使用 IE 浏览器打开 HTML 文档

在本例中，s、strike、u（underlined）、center、i（italic）、em（emphasis）、b（bold）和 strong（strong emphasis）等元素有一个共同的特性：使其作用的内容表现出特定的视觉效果。无论是给文本添加删除线和下画线、显示文本的粗体和斜体效果，还是对文本进行水平居中、或是把文本定义为强调的内容，都是使内容（文本）表现出特定的视觉效果。因此，s、strike、u、center、i、em、b 和 strong 等元素属于表现性元素。

然而，现在的 HTML 建议不使用 s、strike、u 和 center 元素，这些元素也因此称为被废弃的元素（Deprecated Element）。被废弃的表现性元素及其作用已经被样式（Style）所取代。使用样式同样能使元素作用的内容表现出特定的视觉效果。有关样式的相关概念和用法将在第 5 章中介绍。

在 em 元素后使用了 br 元素。在 HTML 中，br 元素是一个空元素，可以没有结束标签，用来定义强制性换行（forced line break）。

同 i 和 b 元素类似，em 和 strong 元素也能使它们作用的文本内容倾斜或加粗。但 em 和 strong 元素的语义性更强，而且对搜索引擎（如 Google）更加友好，容易被搜索引擎捕获和收录。所以，推荐使用 em 和 strong 元素替代 i 和 b 元素。

如图 4-1 所示，如果 i、em、b 和 strong 等元素在 HTML 文档中依次出现，这些元素中的内容在网页的同一行中从左向右依次排列。因此，这些元素也称为行内元素（Inline Element），或内联元素。而 center 元素中的内容在网页中独占一行，center 元素也因此称为块级元素（Block-Level Element）。

##  4.2  HTML 元素及其属性

在 HTML 文档中，很多元素都带有属性（Attribute）。使用属性，可以进一步说明或补充元素在 HTML 文档中的作用。属性及其属性值出现在元素的开始标签中。带有属性的元素的基本格式是：

<元素名 属性1=属性值1 属性2=属性值2 …> 内容 </元素名>

以 font 元素为例，其属性有 face、color 和 size，分别定义文本的字体、颜色和大小。

【例 4-2】 使用元素及其属性，并观察元素及其属性的作用。具体步骤如下：

（1）在 Notepad 软件中输入以下 HTML 代码。

```html
<html>
  <head>
    <title>元素及其属性</title>
    <meta name="keywords" content="网页设计与制作">
  </head>
  <body>
    <font face="Comic Sans MS" color=Green size=4>Hello, World!</font><br>
    <font face="Courier" color=Purple size=6>Hello, World!</font>
    <font face="Script" color=Blue size=8>Hello, World!</font>
  </body>
</html>
```

在以上 HTML 代码中，meta 元素出现在 HTML 文档头部。meta 元素是一个空元素，没有结束标签。使用 meta 元素，可以描述网页的元信息（meta-information）。例如，在 meta 元素的开始标签中使用 name 和 content 属性，可以定义与网页关联的特性名称和特性值。meta 元素在搜索引擎营销（Search Engine Marketing，SEM）中非常有用，可以为网页定义一组关键字。具体方法如下：首先，将 name 属性值设置为"keywords"；然后，在 content 属性值中定义一些关键字，关键字之间用逗号 "," 分开。某些搜索引擎在遇到这些关键字时，会用这些关键字对 HTML 文档进行分类，这样，将有助于提升网页在搜索结果中的排名。

在 HTML 文档主体，用三个 font 元素分别定义了三组字体、颜色和大小各不相同的"Hello, World!"。

（2）在 Notepad 软件中保存 HTML 文档，并将其命名为 4-2.htm。

（3）使用 IE 浏览器打开 HTML 文档 4-2.htm。网页的浏览效果如图 4-2 所示。

图 4-2  使用 IE 浏览器打开 HTML 文档

注意：

① 由于在第 1 个 font 元素后使用了一个 br 元素定义强制性换行，所以，第 1 个 font 元素中的"Hello, World!"单独显示在第 1 行中。

② font 元素属于行内元素。所以，第 2 个和第 3 个 font 元素中的"Hello, World!"均显示在第 2 行中。

③ font 元素属于表现性元素。使用 font 元素及其属性 face、color 和 size，可以定义 font 元素内容中文本的字体、颜色和大小。同时，font 元素也属于被废弃元素，其作用已经被样式所取代。

## 4.3 a 元素及其应用

在 HTML 文档中，使用 a(anchor)元素可以定义内部书签或创建超链接(Hyperlink)。

在 a 元素的开始标签中使用 name 属性，可以在 HTML 文档中定义内部书签，以标记 a 元素在网页中的所在行。然后，在同一 HTML 文档中的其他地方使用 a 元素及其 href 属性，即可创建指向内部书签所在行的超链接。

此外，在 a 元素的开始标签中使用 href 属性，还可以创建指向互联网中任何信息资源的超链接。这些信息资源可以是存储在本地计算机上的文档（如 Word、Excel 文档），也可以是存储在互联网中其他计算机上的文档（如 HTML 文档）。

表 4-1 列出和说明了 a 元素中常见的属性及其用法。

表 4-1 a 元素中常见的属性及其用法

| 属 性 名 称 | 属 性 值 | 属性的作用和用法 |
| --- | --- | --- |
| href | URL | 指向互联网中的某一信息资源(或同一 HTML 文档中的内部书签) |
| title | — | 用于指定鼠标指向超链接时所显示的提示信息 |
| target | _self | 默认值，在当前 Web 浏览器中打开网页 |
| | _blank | 在一个新的 Web 浏览器中打开网页 |
| name | — | 在 HTML 文档中定义内部书签 |

注意：a 元素的 title 属性与 title 元素是不同的。前者出现在 a 元素的开始标签中，用于指定鼠标指向超链接时所显示的提示信息；后者是一个结构性元素，出现在 HTML 文档头部，且是 head 元素的一个子元素。

【例 4-3】 在 HTML 文档中应用 a 元素，并观察 a 元素及其属性的作用。具体步骤如下：

（1）在 Notepad 软件中输入以下 HTML 代码。

```
<html>
  <head><title>a 元素及其应用</title></head>
  <body>
    <a href="http://www.sina.com">创建指向新浪网的超链接（没有使用 target 属性）
      </a><br>
```

```
    <a href="http://www.sina.com" title="该超链接指向新浪网" target="_self">
    超链接（target 属性值为_self）</a><br>
    <a href="http://www.sina.com" title="该超链接同样指向新浪网" target="_blank">
    超链接（target 属性值为_blank）</a><br>
    <a href="word1.doc">创建指向 Word 文档的超链接</a>
    <br><br><br><br><br><br><br><br><br><br><br><br><br><br>
    <a name="middle">在网页的中间位置定义内部书签 middle</a>
    <br><br><br><br><br><br><br><br><br><br><br><br><br><br>
    <a href="#">△返回本网页顶部</a>
    <br>
    <a href="#middle">△返回书签 middle 所在行</a>
  </body>
</html>
```

在以上代码中，<a href="http://www.sina.com">创建指向新浪网的超链接，<a href="word1.doc">创建指向 Word 文档"word1.doc"的超链接，<a name="middle">在网页的中间位置定义内部书签 middle，<a href="#">创建指向网页顶部的超链接，<a href="#middle">创建指向书签 middle 所在行的超链接。

（2）在 Notepad 软件中保存 HTML 文档，并将其命名为 4-3.htm。

（3）在 HTML 文档 4-3.htm 所在的文件夹中新建一个 Word 文档，保存该 Word 文档并将其命名为 word1.doc。

**注意**：由于 Word 文档 word1.doc 与 HTML 文档 4-3.htm 在同一文件夹中，所以 a 元素的 href 属性值可以直接使用 Word 文档的文件名，即上述 HTML 代码中的<a href="word1.doc">。

（4）使用 IE 浏览器打开 HTML 文档 4-3.htm。网页的浏览效果如图 4-3 所示。

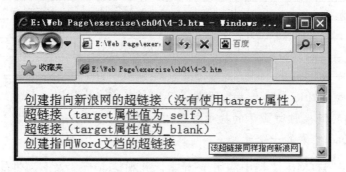

图 4-3　使用 IE 浏览器打开 HTML 文档

在网页中，单击文本"创建指向新浪网的超链接（没有使用 target 属性）"，可以在当前 Web 浏览器中打开新浪网的首页。将鼠标移动到文本"超链接（target 属性值为_blank）"上面时，会出现提示信息"该超链接指向新浪网"；单击该文本时，将在一个新的 Web 浏览器中打开新浪网的首页。将鼠标移动到文本"超链接（target 属性值为_self）"上面时，会出现提示信息"该超链接同样指向新浪网"；单击该文本时，可以在当前 Web 浏览器中打开新浪网的首页。单击文本"创建指向 Word 文档的超链接",将弹出"文件下载"对话框,在该对话框中单击"打开"按钮,可以在 IE 浏览器中打开 Word 文档 word1.doc。以上超链接都是创建在文本之上的,所以,这些超链接也称为文本超链接。

　　缩小 IE 浏览器的高度,并使用浏览器右侧的滚动条,显示网页的最下方,如图 4-4 所示。

图 4-4　只显示网页的最下方

　　在网页中,单击文本"返回本网页顶部",可以返回网页的开始位置;单击文本"返回书签 middle 所在行",可以返回网页的中间位置,即 HTML 文档中内部书签 middle 的所在行。

　　注意:默认情况下,未被访问的文本超链接是蓝色的并且有下画线,已被访问的文本超链接则是紫色的并且有下画线。

# 4.4　标题元素

　　HTML 有六个分级的标题(Heading)元素,分别是 h1、h2、h3、h4、h5 和 h6 元素。使用标题元素,可以在网页上创建分级标题。

　　【例 4-4】　在网页中创建如图 4-5 所示的三级标题。

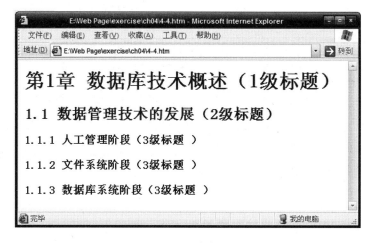

图 4-5　三级标题

相应的 HTML 代码如下：

```
<html>
  <head><title>标题元素</title></head>
  <body>
    <h1> 第 1 章 数据库技术概述（1 级标题）</h1>
    <h2> 1.1 数据管理技术的发展（2 级标题）</h2>
    <h3> 1.1.1 人工管理阶段（3 级标题 ）</h3>
    <h3> 1.1.2 文件系统阶段（3 级标题 ）</h3>
    <h3> 1.1.3 数据库系统阶段（3 级标题 ）</h3>
  </body>
</html>
```

**注意：**

① h1、h2、h3、h4、h5 和 h6 等标题元素属于块级元素。因此，标题元素中的内容（文本）在网页中独占一行。

② 和 html、head、body 和 title 元素类似，h1、h2、h3、h4、h5 和 h6 等标题元素也属于结构性元素，能够反映 HTML 文档中相关文本之间的层次结构。

## 4.5　段落元素

在 HTML 文档中，使用 p 元素可以在网页中将一段文本定义为段落（Paragraph）。Web 浏览器会自动在段落的前后添加空行。如果希望在不产生一个新段落的情况下换行，可以在 p 元素内使用 br 元素定义强制性换行。

【例 4-5】 在 HTML 文档中使用 p 元素定义段落。HTML 代码如下：

```
<html>
  <head><title>段落元素</title></head>
  <body>
    <p><em>互联网（Internet）</em>，又称<strong>因特网</strong>，意为 "互相连接
在一起的计算机网络"。在互联网中利用专门的技术和协议（例如 TCP/IP 和 FTP），能够将全球的计算
机连接在一起，从而实现信息资源共享和信息交换。而万维网（World Wide Web，WWW）则建立在互
联网基础之上。</p>
    <p>万维网的核心包括三个部分。<br>1. 超文本标记语言（HyperText Markup Language，
HTML），其主要作用是定义 HTML 文档（即网页）的内容和结构。对于信息资源的创建者和提供者而言，
使用网页，能够将互联网中的信息资源以结构化和可视化的形式进行有效组织。而在信息资源的需求方，
使用 Web 浏览器（Web Browser）打开网页，能够轻松识别和访问互联网中的信息资源。<br>2. 超文
本传送协议（HyperText Transfer Protocol，HTTP），负责 Web 浏览器和服务器之间的信息交换。
<br>3. 统一资源标识符（Uniform Resource Identifier，URI）。URI 是用于标识互联网中信息
资源的字符串。URI 可被视为统一资源名称（Uniform Resource Name，URN）、统一资源定位符
（Uniform Resource Locator，URL）或两者兼备。URN 如同一个人的姓名，而 URL 则如同一个人
的住址。如果说，URN 是对互联网中某一信息资源的命名，那么，URL 则定义信息资源在互联网中的位
置。因此，URL 能够提供在互联网中查找该信息资源的路径。</p>
```

```
    </body>
    </html>
```

在以上 HTML 代码中，使用两个 p 元素定义了两个段落。

在第 1 个段落中，使用 em 元素和 strong 元素分别对文本"互联网（Internet）"和"因特网"进行了强调性格式化。因此，文本"互联网（Internet）"和"因特网"会表现出与其他文本不同的视觉效果，这样容易引起网页浏览者的注意。

在第 2 个段落中，使用三个 br 元素定义了三个强制性换行。

使用 IE 浏览器打开 HTML 文档 4-5.htm，网页的浏览效果如图 4-6 所示。

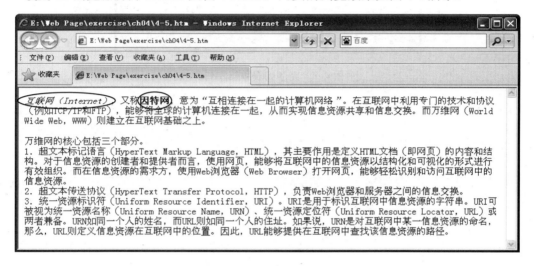

图 4-6　使用 p 元素定义段落

注意：

① p 元素既是块级元素，又是结构性元素。

② 块级元素可以包含其他的块级元素，也可以包含行内元素，还可以包含文本内容。例如，在本例中，第 1 个 p 元素就包含一个 em 元素和一个 strong 元素。换句话说，第 1 个 p 元素有两个子元素：一个是 em 元素，一个是 strong 元素；em 元素和 strong 元素的父元素都是 p 元素。

③ 行内元素可以包含内容和其他的行内元素，但不能包含块级元素。

## 4.6　列表元素

如图 4-7 所示，HTML 支持无序列表（Unordered List）和有序列表（Ordered List）。每个列表由若干个列表项（List Item）组成。在无序列表中，每个列表项的前面附加有一个小黑点。在有序列表中，每个列表项的前面标记有数字。

在 HTML 文档中，分别使用 ul、ol 和 li 元素定义无序列表、有序列表和列表项。

图 4-7　无序列表和有序列表

【**例 4-6**】　在网页中创建如图 4-7 所示的无序列表和有序列表。相应的 HTML 代码如下：

```
<html>
  <head><title>列表元素</title></head>
  <body>
    无序列表
    <ul>
      <li>咖啡</li><li>茶</li><li>牛奶</li>
    </ul>
    有序列表
    <ol>
      <li>咖啡</li><li>茶</li><li>牛奶</li>
    </ol>
  </body>
</html>
```

注意：ul、ol 和 li 元素都是块级元素。对于这三个元素，每个元素中的内容（文本）在网页中都独占一行。

## 4.7　表格元素

使用 HTML 可以在网页中定义表格（Table）。表格主要用来组织和显示数据。

如图 4-8 所示，表格主要包括标题（Caption）、表格头（Table Header）和表格体（Table Body）。默认情况下，标题位于表格的上方。通常情况下，表格头由一个表格行（Table Row）组成，其中的表头单元格（Table Header Cell）用来设置列标题，因此表格头中的表格行也称为列标题行；表格体由多个表格行（Table Row）组成，其中的数据单元格（Table Data Cell）用来组织和显示数据，因此表格体中的表格行也称为数据行。

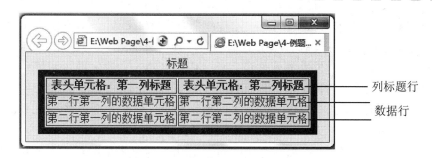

图 4-8　表格及其结构

表 4-2 列出了在 HTML 文档中定义表格时使用的主要元素及其常用属性。

表 4-2　定义表格时使用的主要元素及其常用属性

| 元　　素 | 元素的作用 | 属　　性 |
|---|---|---|
| table | 定义整个表格 | align、bgcolor、border 等 |
| caption | 定义表格的标题 | align |
| thead | 定义表格头 | |
| tbody | 定义表格体 | |
| tr | 定义表格行 | |
| th | 定义表头单元格 | |
| td | 定义数据单元格 | |

【例 4-7】　在 HTML 文档中定义如图 4-8 所示的表格。具体步骤如下：

（1）在 Notepad 软件中输入以下 HTML 代码。

```html
<html>
  <head><title></title></head>
  <body bgcolor=#FFEEDD>
    <table align=center bgcolor=#CCBBAA border=10>
      <caption align=top>标题</caption>
      <thead>
        <tr>
          <th>表头单元格：第 1 列标题</th><th>表头单元格：第 2 列标题</th>
        </tr>
      </thead>
      <tbody>
        <tr>
          <td>第 1 行第 1 列的数据单元格</td><td>第 1 行第 2 列的数据单元格</td>
        </tr>
        <tr>
          <td>第 2 行第 1 列的数据单元格</td><td>第 2 行第 2 列的数据单元格</td>
        </tr>
      </tbody>
    </table>
  </body>
</html>
```

在以上代码中，body 和 table 元素都带有属性 bgcolor，分别定义主体和表格的背景颜色。在计算机程序（包括 HTML 代码）中，颜色通常由一个六位的十六进制数来定义。其中，前面两位十六进制数表示红色占比，中间两位十六进制数表示绿色占比，后面两位十六进制数表示蓝色占比。例如，#FF0000 代表红色，#00FF00 代表绿色，#0000FF 代表蓝色。在 HTML 文档中，也可以直接使用一些预先定义的颜色名，如 black、blue、gray、green、purple、red、silver、white 和 yellow。

table 和 caption 元素都带有属性 align，分别定义表格的对齐方式和标题的位置。table 元素的 align 属性值可以是 left、center 或 right。caption 元素的 align 属性值可以是 top、bottom、left 或 right。

table 元素的属性 border 用来定义表格边框的宽度，其度量单位是像素（pixel）。

（2）在 Notepad 软件中保存 HTML 文档，并将其命名为 4-7.htm。

（3）使用 IE 浏览器打开 HTML 文档 4-7.htm，网页的浏览效果如图 4-8 所示。由于将 table 元素的 align 属性值设置为 center，所以，调整 IE 浏览器的宽度后，表格在 IE 浏览器内将重新水平居中。

## 4.8　img 元素及其应用

在 HTML 文档中，使用 img 元素可以在网页中嵌入图像（Image）。存储图像的文件格式一般是 .gif 和 .jpeg，.gif 和 .jpeg 文件占用很小的存储空间。因此，在网络中传输 .gif 和 .jpeg 文件所需的时间开销很小，可以使网站访问者体会到较快的网页浏览速度。但从本质上讲，img 元素并不是直接在网页中插入图像，而是定义指向图像文件的超链接。此外，img 元素为所链接的图像创建占位空间。img 元素的属性及其用法见表 4-3。

表 4-3　img 元素的属性及其用法

| 属　　性 | 值 | 描　　述 | 必选/可选 |
| --- | --- | --- | --- |
| src | URL | 定义指向图像的超链接 | 必选 |
| alt | Text | 定义图像的替代性文字 | 可选 |
| width | pixels 或% | 定义图像的宽度 | 可选 |
| height | pixels 或% | 定义图像的高度 | 可选 |

【例 4-8】　使用 img 元素在网页中嵌入图像，并观察 img 元素及其属性的作用。具体步骤如下：

（1）在 Notepad 软件中输入以下 HTML 代码。

```
<html>
  <head><title>img 元素及其应用</title></head>
  <body>
    <img src="../ch02/2-4.gif" width=200 height=50><br><br>
    <img src="../ch02/2-4.gif" alt="GIF 动画图片">
  </body>
</html>
```

在以上 HTML 代码中，第 1 个 img 元素的 src 属性值"../ch02/2-4.gif"表示，所嵌入图像的文件 2-4.gif 保存在当前 HTML 文档所在文件夹的上一级文件夹的下一级文件夹 ch02 中。

在 HTML 文档中创建超链接或嵌入图像时，经常需要引用同一计算机上不同文件夹中的文件。此时，可以使用相对路径（Relative Path）或绝对路径（Absolute Path）指定被引用文件在同一计算机中的存储位置。

相对路径及其表示方法与文件夹的层次结构密切相关。图 4-9 表示 E 盘上的文件夹及其层次结构，当前 HTML 文档是"E:/WebPage/exercise/ch04/4-8.htm"。在 HTML 文档 4-8.htm 中，相对路径"../"表示当前 HTML 文档所在文件夹的上一级文件夹，即文件夹 exercise；相对路径"../ ../"表示当前 HTML 文档所在文件夹的上上级文件夹，即文件夹 WebPage；"../ch02/2-4.gif"则表示文件夹 ch02 中的文件 2-4.gif。

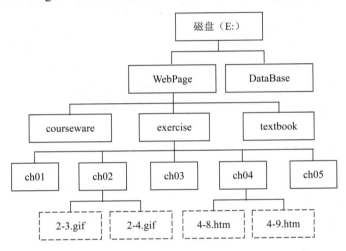

**图 4-9 相对路径与文件夹的层次结构**

被引用文件在计算机中的存储位置也可以用绝对路径表示。例如，绝对路径"E:/WebPage/exercise/ch02/2-4.gif"即表示图像文件 2-4.gif 保存在 E 盘的 WebPage/exercise/ch02 文件夹中。其中，"E:/WebPage/exercise/ch02/"即是绝对路径。

在创建超链接或嵌入图像时，如果被引用文件的路径不正确，就无法打开被引用文件，或无法在 Web 浏览器中显示图像。

**注意**：由于文件夹的层次结构是相对稳定的，所以通常使用相对路径指定文件在同一计算机中的存储位置。

（2）在 Notepad 软件中保存 HTML 文档，并将其命名为 4-8.htm。

（3）使用 IE 浏览器打开 HTML 文档 4-8.htm，网页的浏览效果如图 4-10 所示。

如图 4-10 所示，在该网页中嵌入了两个图像，它们均引用同一文档 2-4.gif，该文档是一个 400 像素（宽）×100 像素（高）的 GIF 动画图片。但由于 img 元素的属性及属性值不同，两个图像的显示效果是不一样的。

图 4-10　使用 img 元素在网页中嵌入图像

在第 1 个 img 元素的开始标签<img src="../ch02/2-4.gif" width=200 height=50>中，由于设置了 200 像素（宽）×50 像素（高）的固定区域大小。所以，图片 2-4.gif 只能在 200 像素（宽）×50 像素（高）区域内显示。

在第 2 个 img 元素的开始标签<img src="../ch02/2-4.gif" alt="GIF 动画图片">中，由于省略了 width 和 height 属性，所以图片 2-4.gif 将按照原有尺寸（400 像素×100 像素）显示。又由于将 alt 属性值设置为"GIF动画图片"，所以当鼠标落在该图片上时，会显示替代性文字"GIF 动画图片"。

**注意：**

① 如果在 img 元素后面不使用 br 元素强制换行，则两幅动画图片会显示在同一行中。因此，img 元素属于行内元素。

② img 元素只有开始标签，而没有结束标签，所以 img 元素是空元素。

## 4.9　行内元素和块级元素

在 HTML 文档中，i、em、b、strong、a、img 和 span 等元素称为行内元素（Inline Element），或内联元素。h1、h2、h3、h4、h5、h6、p、ul、ol、li 和 div 等元素称为块级元素（Block-Level Element）。

【例 4-9】 行内元素和块级元素。HTML 代码如下：

```
<html>
  <head><title>行内元素和块级元素</title></head>
  <body>
   <a href="#">a 元素：返回页首</a>
   <img src="../ch02/2-4.gif">
   <span>span 元素</span>
   <h1>h1 元素</h1><p>p 元素</p><div>div 元素</div>
  </body>
</html>
```

上述 HTML 代码在 IE 浏览器中的视觉效果如图 4-11 所示。

图 4-11　行内元素和块级元素

如图 4-11 所示，如果 a、img 和 span 等行内元素在 HTML 文档中依次出现，则行内元素中的内容在网页的同一行中从左向右依次排列。而 h1、p 和 div 等块级元素中的内容在网页中独占一行。

行内元素可以包含内容和其他的行内元素，但不能包含块级元素。

通常情况下，块级元素（尤其是 div 元素）可以包含其他的块级元素，也可以包含行内元素，还可以包含文本内容。但也有例外，例如，p、h1、h2、h3、h4、h5、h6 等块级元素一般不包含其他的块级元素。

在 HTML 文档中，经常使用 div 元素来定义分区（division），并使其包含其他的块级元素或行内元素。使用 div 元素，可以把 Web 浏览器窗口划分为独立的、不同的矩形区域，每一矩形区域用于实现特定的功能。

## 4.10　结构性元素、表现性元素、表现性属性

HTML 有近 100 种元素，每种元素及其属性所起的作用各不相同。其中，有些元素属于结构性元素，有些元素属于表现性元素，而有些属性则属于表现性属性。

（1）结构性元素。结构性元素主要用来描述 HTML 文档或网页内容的组成结构。表4-4 列出了常用的结构性元素及其作用。

表 4-4　常用的结构性元素及其作用

| 结构性元素 | 元素的作用 |
| --- | --- |
| html | 定义 HTML 文档 |
| head | 定义 HTML 文档的头部 |
| title | 定义 HTML 文档的标题 |
| body | 定义 HTML 文档的主体 |
| h1、h2、h3、h4、h5、h6 | 定义 1~6 级标题 |
| p | 定义段落 |
| ul、ol、li | 定义列表 |
| table、caption、thead、th、tbody、tr 和 td | 定义表格 |

（2）表现性元素。表现性元素主要用来设定文本内容在 Web 浏览器中的视觉效果。表 4-5 列出了一些表现性元素及其作用。

表 4-5　表现性元素及其作用

| 表现性元素 | 元素的作用 | 备　注 |
|---|---|---|
| s | 定义加删除线的文本 | 已被废弃（不再使用） |
| strike | 定义加删除线的文本 | 已被废弃（不再使用） |
| u | 定义下画线文本 | 已被废弃（不再使用） |
| i | 定义斜体文本 | 用 em 元素替代 |
| em | 定义需要强调的文本内容 | — |
| b | 定义粗体文本 | 用 strong 元素替代 |
| strong | 定义更加需要强调的文本内容 | — |
| center | 对文本水平居中 | 已被废弃（不再使用） |
| font | 定义文本的字体、颜色和大小 | 已被废弃（不再使用） |

注意：许多表现性元素已经被废弃。被废弃的表现性元素及其作用已经被样式（Style）所取代。使用样式同样能使元素作用的内容表现出特定的视觉效果。有关样式的相关概念和用法将在第 5 章中介绍。

（3）表现性属性。与表现性元素类似，表现性属性也可用来设定文本内容在 Web 浏览器中的视觉效果。表 4-6 列出了在一些元素中常用的表现性属性及其作用。

表 4-6　常用的表现性属性及其作用

| 元　素 | 表现性属性 | 属性的作用 | 属性值举例 |
|---|---|---|---|
| font | face | 定义文本的字体 | Comic Sans MS、STSong（宋体） |
| font | color | 定义文本的颜色 | Red、Green、Blue |
| font | size | 定义文本的大小 | 6 |
| table | align | 定义表格的水平对齐方式 | left、center、right |
| body、table | bgcolor | 定义主体、表格的背景颜色 | #DDEEFF、Red |
| table | border | 定义表格边框的宽度 | 10 |
| caption | align | 定义表格标题的位置 | top、bottom、left、right |
| img | width | 定义图像的宽度 | — |
| img | height | 定义图像的高度 | — |

注意：同被废弃的表现性元素类似，表现性属性及其作用已经被样式所取代。

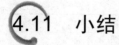 4.11　小结

HTML 4.01 规范定义了近 100 种元素，每种元素都起着特定的作用。

元素的属性可以进一步说明或补充元素在 HTML 文档中的作用。

如果 a、img 和 span 等行内元素在 HTML 文档中依次出现，则行内元素中的内容在网页的同一行中从左向右依次排列。而 h1、p 和 div 等块级元素中的内容在网页中独占一行。

行内元素可以包含内容和其他的行内元素，但不能包含块级元素。

通常情况下，块级元素（尤其是 div 元素）可以包含其他的块级元素，也可以包含行内元素，还可以包含文本内容。但也有例外，例如，p、h1、h2、h3、h4、h5、h6 等块级元素一般不包含其他的块级元素。

在 HTML 中，html、head、title、body、标题（h1、h2、h3、h4、h5 和 h6）、段落（p）、列表（ul、ol 和 li）和表格（table、caption、thead、th、tbody、tr 和 td）等元素属于结构性元素，这些元素主要用来描述 HTML 文档或网页内容的组成结构。

s、strike、u、i、em、b、strong、center 和 font 等元素属于表现性元素，这些元素主要用来设定文本内容在 Web 浏览器中的视觉效果。

face、color、size、align、bgcolor、border、width 和 height 等元素属性则属于表现性属性。与表现性元素类似，表现性属性也可用来设定文本内容在 Web 浏览器中的视觉效果。

在 Web 标准网页中，被废弃的表现性元素和表现性属性及其他们的作用已经被样式所取代。

# 4.12　习题

1．参照图 1-2，画出【例 4-7】中 HTML 文档的树形层次结构图。
2．按照图 4-12 制作网页并编写 HTML 文档。

图 4-12　组织和显示数据的表格

3．在 a 元素内部使用 img 元素可以在图像上创建超链接。具体方法如下：首先，下载某个知名网站的 logo 图片；然后，在 HTML 文档中创建基于该 logo 图片的、指向该网站的超链接。
4．举例并简述行内元素和块级元素的特性和用法。
5．举例并简述结构性元素、表现性元素和表现性属性的作用。

# CSS 基础

在设计和制作网页时，不仅要提前准备好文本、图片等素材，还要考虑将这些素材以何种视觉效果（如文本的字体、颜色、大小和对齐方式等）展示在网页上。而层叠样式表（Cascading Style Sheets，CSS）能够很好地解决这一问题，并提高网页设计和制作的效率。

 ## 5.1 网页的内容、结构与表现

通过 Web 浏览器看到的网页，既包括文本、图片等内容，又包含结构和表现。

### 1. 内容

内容（Content）就是通过网页展示的信息，包含文本或者图片等。其中，文本是网页中最常见的内容。比如，我们想在网页上展示如下一段文本内容。

静夜思　唐.李白

床前明月光，疑是地上霜。举头望明月，低头思故乡。

这是写远客思乡之情的诗，诗以明白如话的语言雕琢出明静醉人的秋夜的意境。它不追求想象的新颖奇特，也摒弃了辞藻的精工华美；它以清新朴素的笔触，抒写了丰富深曲的内容。境是境，情是情，那么逼真，那么动人，百读不厌，耐人寻味。无怪乎有人赞它是"妙绝古今"。

### 2. 结构

虽然上面一段文本（即内容）已经完整，但还可以对文本内容进行结构化，即将文本内容分解为标题、作者、正本和简析四个部分。

标题 静夜思

作者 唐.李白

正文 床前明月光，疑是地上霜。举头望明月，低头思故乡。

简析 这是写远客思乡之情的诗，诗以明白如话的语言雕琢出明静醉人的秋夜的意境。它不追求想象的新颖奇特，也摒弃了辞藻的精工华美；它以清新朴素的笔触，抒写了丰富深曲的内容。境是境，情是情，那么逼真，那么动人，百读不厌，耐人寻味。无怪乎有人赞它是"妙绝古今"。

类似上面的标题、作者、正文和简析，即是文本内容的结构（Structure）。显然，结构能使文本内容更加具有逻辑性和易读性。

3．表现

虽然对上述文本内容进行了结构化，但在网页上展示这些文本内容时，还可以使用表现性元素和表现性属性对文本内容进行修饰。这样，文本内容就能够以特定的字体、颜色、大小和对齐方式展示在网页上，从而产生特定的视觉效果。文本内容的字体、颜色、大小和对齐方式即是内容在网页上的表现（Presentation）。

【例 5-1】　网页的内容、结构和表现。HTML 代码如下：

```
<html>
  <head>
    <title>内容、结构和表现</title>
  </head>
  <body bgcolor=Silver>
    <h1 align=center><font color=red>静夜思</font></h1>
    <h2 align=center>唐.李白</h2>
    <p align=center><strong><font color=blue>床前明月光，疑是地上霜。<br>
    举头望明月，低头思故乡。</font></strong></p>
    <p>【简析】这是写远客思乡之情的诗，诗以明白如话的语言雕琢出明静醉人的秋夜的意境。
它不追求想象的新颖奇特，也摒弃了辞藻的精工华美；它以清新朴素的笔触，抒写了丰富深曲的内容。
境是境，情是情，那么逼真，那么动人，百读不厌，耐人寻味。无怪乎有人赞它是"妙绝古今"。</p>
  </body>
</html>
```

在上述 HTML 代码中，结构性元素 h1 和 h2 分别定义了标题和作者，正文和简析则是使用结构性元素 p 定义的。这样，网页中的文本内容就具有了一定的结构。

此外，在上述 HTML 代码中，在 body 元素中使用表现性属性 bgcolor 设置主体的背景颜色；在 h1 和 h2 元素中使用表现性属性 align 设置标题的居中对齐；在 p 元素中使用表现性元素 strong 定义粗体文本；在 h1 和 strong 元素中使用表现性元素 font 及其表现性属性 color 定义文本的颜色……所有这些，都是"表现"的作用，并且使不同结构（即标题、作者、正文和简析）中的文本内容在网页中产生特定的视觉效果。图 5-1 为上述 HTML 代码在 IE 浏览器中展示出的视觉效果。

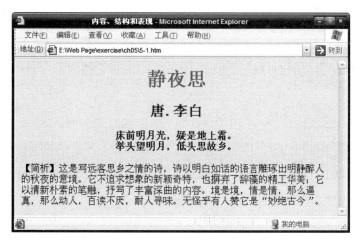

图 5-1　内容、结构和表现

有关网页的内容、结构和表现，可以作如下比喻：内容好比一个模特的整个身体，结构好比将模特的整个身体分解为头部、上肢、躯干、下肢和脚部等各个部位，表现则是头饰、化妆、服装和时尚鞋，将模特打扮得漂漂亮亮。

在【例 5-1】HTML 代码中，既包括文本内容，又包含对网页及其内容进行结构化的 html、head、body、h1、h2 和 p 等结构性元素，还包括 strong 和 font 表现性元素以及 bgcolor 和 align 表现性属性。所以，在【例 5-1】HTML 代码中，既包括内容和结构，又包括表现。

然而，HTML 4.01 规范以及 Web 标准网页更加推荐"内容和结构与表现的分离"——"内容和结构"出现在 HTML 文档中，"表现"的定义则保存在 CSS 文档中。

 ## 5.2　HTML 规范及文档类型定义

在 HTML 问世的最初几年中，HTML 的应用非常缺乏规范性。不同 Web 浏览器（如 Netscape Navigator 和 Internet Explorer）使用的 HTML 元素或属性不尽相同。即使是使用相同的元素或属性，其用法也可能存在较大差异。为了规范 HTML 的应用，W3C 于 1999 年制定了 HTML 4.01 规范（HTML 4.01 Specification）。

在 HTML 4.01 规范中，HTML 文档主要分为严格（Strict）和过渡（Transitional）两种子类型。在 Strict 类型的 HTML 文档中，不能使用表现性元素和表现性属性，而使用样式实现表现。而在 Transitional 类型的 HTML 文档中，还允许使用表现性元素和表现性属性。

为了声明 Transitional 类型的 HTML 文档，需要在 HTML 文档的第 1 行中使用如下代码：

```
<!DOCTYPE HTML PUBLIC "-//W3C//DTD HTML 4.01 Transitional//EN"
 "http://www.w3.org/TR/html4/loose.dtd">
```

该行代码称为文档类型定义（Document Type Definition，DTD），声明 HTML 文档属于 Transitional 类型。

如要声明 Strict 类型的 HTML 文档，则需在 HTML 文档的第 1 行中使用如下的 DTD 代码：

```
<!DOCTYPE HTML PUBLIC "-//W3C//DTD HTML 4.01//EN"
 "http://www.w3.org/TR/html4/strict.dtd">
```

在 Strict 类型的 HTML 文档中，不能使用如下元素：applet、basefont、center、dir、font、iframe、isindex、iframe、menu、s、strike 和 u。

此外，在 Strict 类型的 HTML 文档中，也不能使用表现性属性。表 5-1 列出了不能在相关元素中使用的部分属性。

表 5-1　不能在相关元素中使用的部分表现性属性

| 属　性　名 | 相　关　元　素 |
| --- | --- |
| align | h1、h2、h3、h4、h5、h6、p、table、caption、tr、th、td 和 img |
| background | body |
| bgcolor | body、table、tr、th 和 td |

## 5.2.1　Transitional 类型的 HTML 文档的基本要求

【例 5-2】 将【例 5-1】的 HTML 文档改写为 Transitional 类型的 HTML 文档。HTML 代码如下：

```
<!DOCTYPE HTML PUBLIC "-//W3C//DTD HTML 4.01 Transitional//EN"
  "http://www.w3.org/TR/html4/loose.dtd">
<html>
  <head>
    <title>Transitional 类型的 HTML 文档</title>
    <meta http-equiv="content-type" content="text/html; charset=gb2312">
  </head>
  <body bgcolor=Silver>
    <h1 align=center><font color=red>静夜思</font></h1>
    <h2 align=center>唐.李白</h2>
    <p align=center><strong><font color=blue>床前明月光，疑是地上霜。<br>
举头望明月，低头思故乡。</font></strong></p>
    <p>【简析】这是写远客思乡之情的诗，诗以明白如话的语言雕琢出明静醉人的秋夜的意境。
它不追求想象的新颖奇特，也摒弃了辞藻的精工华美；它以清新朴素的笔触，抒写了丰富深曲的内容。
境是境，情是情，那么逼真，那么动人，百读不厌，耐人寻味。无怪乎有人赞它是"妙绝古今"。</p>
  </body>
</html>
```

Transitional 类型的 HTML 文档的基本要求如下：

（1）在第 1 行中使用如下代码声明 Transitional 类型的 HTML 文档：

```
<!DOCTYPE HTML PUBLIC "-//W3C//DTD HTML 4.01 Transitional//EN"
  "http://www.w3.org/TR/html4/loose.dtd">
```

（2）html 元素必须包含 head 和 body 两个子元素，head 元素必须包含 title 和 meta 两个子元素。

（3）在 HTML 文档头部使用 meta 元素将编码方式设置为中文简体，具体使用如下代码：

```
<meta http-equiv="content-type" content="text/html; charset=gb2312">
```

该段代码表示，网页的内容类型是 text 或 html 格式，并使用 gb2312 字符集，gb2312 是简体中文编码方式。这样，可以避免在 Web 浏览器中显示乱码。

## 5.2.2　W3C 标记验证服务

一个语法规范的 HTML 文档即可称为有效的。有效的 HTML 文档易于被 Web 浏览器识别和处理。W3C 网站在线提供 HTML 文档的标记验证服务（Markup Validation Service）。标记验证服务不仅能够验证 HTML 文档是否符合语法规范，而且能够发现 HTML 文档中违反语法规范的代码。

【例 5-3】 使用 W3C 标记验证服务。具体步骤如下：

（1）上传并验证 HTML 文档。在 IE 浏览器的地址栏中输入如下 URL：http://validator.w3.org/#validate_by_upload，可以打开 W3C 网站的 Markup Validation Service 网页。如图 5-2 所示，在该网页的 Validate by File Upload 选项卡中单击"浏览"按钮，通过打开的"选择文件"对话框在本地计算机中选定需要验证的 HTML 文档。然后，单击 Check 按钮，即可将选定的 HTML 文档上传到 W3C 网站并对该 HTML 文档进行规范性验证。

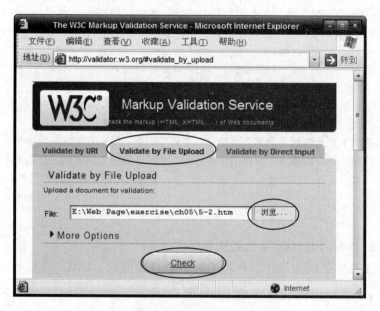

图 5-2　使用 W3C 在线标记验证服务

（2）根据错误提示修改 HTML 文档。如图 5-3 所示，如果在上传的 HTML 文档中存在不符合语法规范的代码，W3C 标记验证服务会给出相应的错误提示。根据错误提示，使用 Notepad 软件修改 HTML 文档中的相应代码。

（3）重新上传并验证 HTML 文档。如图 5-4 所示，如果修改后的 HTML 文档不存在违反语法规范的代码，W3C 标记验证服务会给出验证通过提示。

**注意：**W3C 标记验证服务是根据所上传文件中的 DTD 验证 HTML 文档的。只有将正确的 DTD 代码插入 HTML 文档的首行，HTML 文档才有可能通过验证。

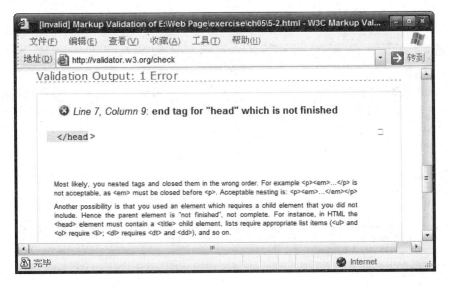

图 5-3　错误提示

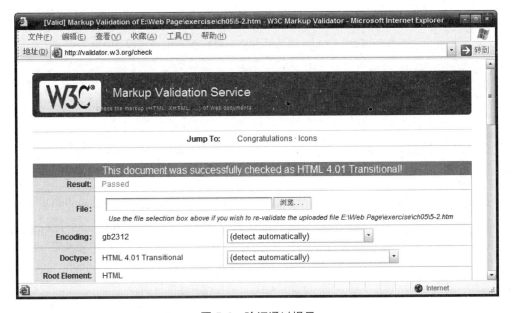

图 5-4　验证通过提示

## 5.2.3　使用 Dreamweaver 验证 HTML 文档的语法规范性

与 W3C 标记验证服务类似，使用 Dreamweaver 也可以验证 HTML 文档是否符合语法规范，而且能够发现 HTML 文档中违反语法规范的代码。具体步骤如下：

使用 Dreamweaver 打开 HTML 文档，在菜单栏中选择"文件"|"检查页"|"验证标记"命令，即可验证 HTML 标记及 HTML 文档的语法规范性。

如图 5-5 所示，在 Dreamweaver 窗口下方的"结果"窗格的"验证"选项卡中，可以显示验证结果。也可以根据验证结果中的错误提示，修改 HTML 文档中的相应代码。

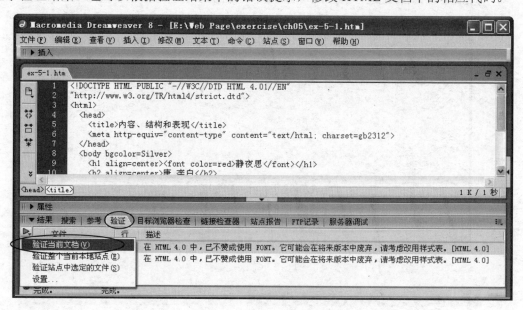

图 5-5　使用 Dreamweaver 验证 HTML 文档的语法规范性

如图 5-5 所示，在"验证"选项卡左侧的弹出菜单中选择"验证当前文档"命令，同样可以验证 HTML 标记及 HTML 文档的语法规范性。

## 5.3　内部样式表

"内容和结构与表现的分离"是 Web 标准网页设计与制作的主要目标之一。在 Strict 类型的 HTML 文档中，内容在网页中的表现是通过样式（Style）实现的。在 Strict 类型的 HTML 文档头部使用 style 元素定义内部样式表（Internal Style Sheet）是实现样式的方法之一。

一个样式表通常包含多条 CSS 规则（Rule）。每条 CSS 规则主要由两个部分构成：选择器（Selector），以及一个或多个特性声明（Property Declaration）。特性声明之间用分号（;）隔开。定义一条 CSS 规则的基本语法如下：

```
selector { property_declaration1; property_declaration2; … }
```

在一条 CSS 规则中，每个特性声明又由一个特性名称（Property Name）和一个特性值（Property Value）组成，特性名称和特性值用冒号（:）隔开。因此，定义一条 CSS 规则的基本语法又可以进一步表示如下：

```
selector { property_name1:property_value1; property_name2:property_value2; … }
```

在一条 CSS 规则中，选择器用于匹配 HTML 文档中需要进行样式控制的元素。实现样式的选择器又可进一步分为类型选择器、类选择器、ID 选择器、后代选择器和子元素选择器等。

## 5.3.1　类型选择器

在样式表的 CSS 规则中，最常见的选择器是类型选择器（Type Selectors），在 Dreamweaver 中又称标签选择器。类型选择器用于匹配需要重新设定样式的 HTML 元素。

例如，为了将一级标题中文本的水平对齐方式（text-align）设置为居中（center），同时将文本颜色（color）设置为红色（Red），可以定义如下 CSS 规则：

```
h1 { text-align:center; color:Red }
```

其中，h1 是类型选择器，用于匹配 HTML 文档中需要重新设定样式的 h1 元素。text-align 和 color 是特性名称，center 和 Red 是对应的特性值。

图 5-6 说明了该条 CSS 规则的结构。

图 5-6　CSS 规则的结构

又如，为了将网页的背景颜色（background-color）设置为银色（Silver），可以定义如下 CSS 规则：

```
body { background-color:Silver }
```

## 5.3.2　类选择器

在样式表的 CSS 规则中，还可以使用句号（.）定义类选择器（Class Selectors）。

例如，为了将段落中文本的水平对齐方式设置为居中，将文本颜色设置为蓝色，并且加粗文本，可以首先定义如下 CSS 规则：

```
.zhengwen { text-align:center; color:blue; font-weight:bolder }
```

其中，.zhengwen 是类选择器，用于匹配 HTML 文档主体中 class 属性值为 zhengwen 的元素。 font-weight 特性用来设置文本的粗细，对应的特性值可以是 lighter、normal、bold 或 bolder，对应的文本将依次从细变粗。

然后，在 HTML 文档主体使用以下代码：

```
<p class="zhengwen">床前明月光，疑是地上霜。<br>
举头望明月，低头思故乡。</p>
```

即可将段落中文本的水平对齐方式设置为居中、将文本颜色设置为蓝色、并且加粗文本。

【例5-4】在 Strict 类型的 HTML 文档中使用内部样式表实现【例 5-2】中的表现。HTML 代码如下：

```
<!DOCTYPE HTML PUBLIC "-//W3C//DTD HTML 4.01//EN"
  "http://www.w3.org/TR/html4/strict.dtd">
<html>
  <head>
    <title>内部样式表</title>
    <meta http-equiv="content-type" content="text/html; charset=gb2312">
    <style type="text/css">
      body { background-color:Silver }
      h1 { text-align:center;  color:Red }
      h2 { text-align:center }
      .zhengwen { text-align:center;  color:Blue;  font-weight:bolder }
    </style>
  </head>
  <body>
    <h1>静夜思</h1>
    <h2>唐.李白</h2>
    <p class="zhengwen">床前明月光，疑是地上霜。<br>
    举头望明月，低头思故乡。</p>
    <p>【简析】这是写远客思乡之情的诗，诗以明白如话的语言雕琢出明静醉人的秋夜的意境。
它不追求想象的新颖奇特，也摒弃了辞藻的精工华美；它以清新朴素的笔触，抒写了丰富深曲的内容。
境是境，情是情，那么逼真，那么动人，百读不厌，耐人寻味。无怪乎有人赞它是"妙绝古今"。</p>
  </body>
</html>
```

注意：

① 定义内部样式表，需要在 HTML 文档头部使用 style 元素。然后，在 style 元素的开始标签中使用 type 属性，并将 type 属性值设置为 text/css。

② 在内部样式表中定义了三个类型选择器 body、h1 和 h2，这三个类型选择器分别匹配 HTML 文档中的 body、h1 和 h2 元素。因此，网页的背景颜色"表现"为银色；一级标题中的文本（静夜思）"表现"为水平居中和红色；二级标题中的文本（唐.李白）则"表现"为水平居中。

③ 在内部样式表的第 4 条 CSS 规则中还定义了一个类选择器（.zhengwen）；另一方面，在 HTML 文档主体中，第 1 个 p 元素的 class 属性值是 zhengwen。因此，第 1 个 p 元素会应用第 4 条 CSS 规则定义的样式。这样，第 1 个 p 元素中的文本就将"表现"为水平居中、蓝色和粗体。

④ 在 HTML 文档主体中，第 2 个 p 元素没有使用 class 属性。因此，第 2 个 p 元素不会应用第 4 条 CSS 规则定义的样式。这样，第 2 个 p 元素中的文本颜色是默认的黑色。

⑤ 在 Strict 类型的 HTML 文档中，不能使用表现性元素和表现性属性，只能"通过样式实现内容的表现"。

⑥ 上述 Strict 类型的 HTML 文档在一定程度上实现了"内容和结构与表现的分离"

——"内容和结构"出现在 HTML 文档主体，"表现"（即内部样式表）则定义在 HTML 文档头部。

## 5.3.3　ID 选择器

ID 选择器（ID Selectors）的定义和用法与类选择器基本相同，但在一个 HTML 文档中 ID 选择器及其实现的样式只能被一个元素应用一次。而类选择器及其实现的样式在一个 HTML 文档中可以应用于多个元素。因此，ID 选择器的针对性更强。

在样式表的 CSS 规则中，可以使用井号（#）定义 ID 选择器。

例如，为了将段落中的文本颜色设置为绿色，可以首先在 HTML 文档头部的 style 元素中定义如下 CSS 规则：

```
#two { color:Green }
```

其中，#two 是 ID 选择器，用于匹配 HTML 文档主体中 id 属性值为 two 的元素。然后，在 HTML 文档主体使用以下代码：

```
<p id="two">ID 选择器 2</p>
```

即可使该 p 元素中的文本（ID 选择器 2）"表现"为绿色。

【例 5-5】　定义和应用 ID 选择器。HTML 代码如下：

```
<!DOCTYPE HTML PUBLIC "-//W3C//DTD HTML 4.01//EN"
  "http://www.w3.org/TR/html4/strict.dtd">
<html>
  <head>
    <title>ID 选择器</title>
    <meta http-equiv="content-type" content="text/html; charset=gb2312">
    <style type="text/css">
      #one { color:Red }
      #two { color:Green }
    </style>
  </head>
  <body>
    <p id="one">ID 选择器 1</p>
    <p id="two">ID 选择器 2</p>
  </body>
</html>
```

在该 HTML 文档主体，第 1 个 p 元素的 id 属性值是 one。因此，第 1 个 p 元素会应用与 ID 选择器（#one）匹配的样式。所以，第 1 个 p 元素中的文本（ID 选择器 1）会"表现"为红色。

同理，第 2 个 p 元素中的文本（ID 选择器 2）会"表现"为绿色。

**注意：**

① ID 选择器的定义以井号（#）开头，且 id 名称的第 1 个字符不能为数字，而建议使用字母。

② 在一个 HTML 文档中，元素的 id 属性值具有唯一性。因此，在一个 HTML 文档中 ID 选择器及其实现的样式只能被一个元素应用一次。例如，在上述 HTML 文档主体，只能有一个元素的 id 属性值是 one，而其他任何元素的 id 属性值都不能再是 one。

## 5.3.4　后代选择器

在 CSS 规则中，还可以定义后代选择器（Descendant Selectors）。这样，CSS 规则及其样式能够对某些 HTML 元素的后代元素起作用。

例如，如果希望只对 h1 元素中的 em 元素应用特定样式，则可以创建如下 CSS 规则：

```
h1 em { color:red }
```

该 CSS 规则有两个选择器：前一个是 h1，后一个是 em，选择器之间用空格隔开（也可以理解为前后两个选择器用空格结合在一起）。该 CSS 规则及其样式会把作为 h1 元素后代的 em 元素中的文本变为红色，但对其他的 em 元素及其中的文本则不起作用。

在后代选择器中，选择器之间的空格称为后代结合符（Descendant Combinator）。后代结合符可以解释为"作为……后代的……"。因此，后代选择器（h1 em）可以解释为"作为 h1 元素后代的任何 em 元素将应用以下样式……"。

**【例 5-6】**　后代选择器及其应用示例。HTML 代码如下：

```
<!DOCTYPE HTML PUBLIC "-//W3C//DTD HTML 4.01//EN"
  "http://www.w3.org/TR/html4/strict.dtd">
<html>
  <head>
    <title>后代选择器</title>
    <meta http-equiv="content-type" content="text/html; charset=gb2312">
    <style type="text/css">
      h1 em { color:red }
      .c1 em { color:blue }
    </style>
  </head>
  <body>
    <h1>This is an <em>important</em> heading.</h1>
    <h1>This is an <strong><em>important</em></strong> heading.</h1>
    <p class="c1">This is an <em>important</em> paragraph.</p>
    <p>This is an <em>important</em> paragraph.</p>
  </body>
</html>
```

在该 HTML 文档主体，第 1 个和第 2 个 em 元素都是 h1 元素的后代元素。所以，这两个 em 元素都将应用样式表中的第 1 条 CSS 规则（h1 em { color:red }），其中的文本

（important）都将显示为红色。

第 3 个 em 元素是 c1 类 p 元素的后代元素。因此，第 3 个 em 元素将应用样式表中的第 2 条 CSS 规则（.c1 em { color:blue }），其中的文本（important）将显示为蓝色。

第 4 个 em 元素只是 p 元素的后代元素。这样，第 4 个 em 元素不会应用样式表中的任何一条 CSS 规则，其中的文本（important）将显示为默认色，即黑色。

注意：有关后代选择器有一个容易被忽视的情况，即两个元素之间的嵌套可以是多层的。例如，在该 HTML 文档主体，虽然第 2 个 em 元素不是 h1 元素的子元素，但由于第 2 个 em 元素是 strong 元素的子元素，strong 元素又是 h1 元素的子元素，因此，第 2 个 em 元素是 h1 元素的后代元素，这样就会应用第 1 条 CSS 规则（h1 em { color:red }）。

## 5.3.5　子元素选择器

在 CSS 规则中，还可以定义子元素选择器（Child Selectors）。这样，CSS 规则及其样式能够对某些 HTML 元素的特定子元素起作用。子元素选择器的定义使用大于号（>）。

例如，在样式表中定义如下 CSS 规则及子元素选择器：

```
h1>strong { color:red }
```

其中，h1>strong 即是子元素选择器，表示 h1 元素与 strong 元素是父元素与子元素的关系。其中的大于号（>）称为子元素结合符（Child Combinator）。

对应以上一条 CSS 规则及子元素选择器，假设在 HTML 文档主体中有如下代码：

```
<h1>This is <strong>very</strong> important!</h1>
<h1>This is <em>really <strong>very</strong></em> important!</h1>
```

其中，第 1 行中的 strong 元素是 h1 元素的子元素。所以，第 1 行中的 strong 元素会应用上述子元素选择器（h1>strong）及其后面的样式。因此，在 Web 浏览器中第 1 行中的 very 会显示为红色。

但是，第 2 行中的 strong 元素只是 h1 元素的后代元素，并不是 h1 元素的子元素。所以，第 2 行中的 strong 元素不会应用上述子元素选择器（h1>strong）及其后面的样式。因此，在 Web 浏览器中第 2 行中的 very 不会显示为红色。

## 5.3.6　伪类

在 CSS 中，伪类（Pseudo-Classes）能够细化或丰富选择器的分类。通常情况下，伪类用冒号（:）及其后的伪类名表示，并且跟在类型选择器、类选择器后面。

例如，在类型选择器 a 后面使用:link、:visited、:hover 和:active 四个伪类，可以定义文本超链接的不同状态——link（未被访问的超链接）、visited（已被访问的超链接）、hover（鼠标悬停在超链接上）和 active（被激活的超链接）。

默认情况下，未被访问的文本超链接是蓝色的并且有下画线，已被访问的文本超链接则是紫色的并且有下画线。但在类型选择器 a 后面使用:link、:visited、:hover 和:active

四个伪类，可以重新定义动态的文本超链接。这样，在不同状态下，文本超链接可以有更丰富的表现。

**【例 5-7】** 使用伪类重新定义动态的文本超链接。HTML 代码如下：

```
<!DOCTYPE HTML PUBLIC "-//W3C//DTD HTML 4.01//EN"
  "http://www.w3.org/TR/html4/strict.dtd">
<html>
  <head>
    <title>伪类</title>
    <meta http-equiv="content-type" content="text/html; charset=gb2312">
    <style type="text/css">
      a { text-decoration:none }
      a:link { color:Red }
      a:visited { color:Gray }
      a:hover { color:Green }
      a:active { color:Blue }
    </style>
  </head>
  <body>
    <p><a href="http://www.sina.com">创建指向新浪网的超链接</a></p>
  </body>
</html>
```

**注意：**

① 在样式表中定义伪类时，必须明确指定类型选择器或类选择器，而且选择器和伪类名之间必须用冒号（:）隔开。

② 在上述样式表中，CSS 规则 a { text-decoration:none } 使文本超链接没有任何修饰，当然也没有下画线。

③ 在类型选择器 a 后面使用 :link、:visited、:hover 和 :active 四个伪类定义 CSS 规则时，必须遵循 LVHA 的顺序，即 a:link → a:visited → a:hover → a:active 的顺序。否则，文本超链接的鼠标悬停和被激活样式将不起作用。

## 5.3.7　选择器分组

如果几个选择器后面的特性声明相同，则可以在样式表中对选择器分组（Grouping）。这样，可以简化特性声明相同的 CSS 规则定义。

例如，有以下三条 CSS 规则：

```
h1 { text-align:center; font-family:sans-serif; color:green }
h2 { text-align:center; font-family:sans-serif; color:green }
h3 { text-align:center; font-family:sans-serif; color:green }
```

其中，h1、h2 和 h3 三个类型选择器后面的特性声明相同。

如果对上述 h1、h2 和 h3 三个类型选择器分组，则可以将上述三条 CSS 规则改写为如下的一条 CSS 规则：

```
h1, h2, h3 { text-align:center; font-family:sans-serif; color:green }
```

由此可见，在几个选择器后面的特性声明相同时，使用选择器分组可以大大简化 CSS 规则的定义。

注意：在定义选择器分组时，选择器之间用逗号（,）隔开。

 ## 5.4　常用的样式特性

根据 CSS 规则中特性的作用对象及作用方式，可以将样式特性分为类型、背景、区块、方框、边框、列表、定位和扩展等几个大类。这里，首先介绍前三类常用的样式特性。

### 5.4.1　类型特性

类型特性用来对网页中文本的字体系列（font-family）、大小（font-size）、粗细（font-weight）、样式（font-style）、行高（line-height）、修饰（text-decoration）和颜色（color）等特性进行设置。

**1. 字体系列（font-family）**

该特性用于设置文本的字体系列。CSS 2.1 定义了 Serif、Sans-serif、Cursive、Fantasy 和 Monospace 五种通用字体系列。每种字体系列又包含若干字体。例如，Serif 字体系列包括 Times、Georgia 和 New Century Schoolbook 等字体。也可以使用如下代码设置相应的中文字体：STHeiti（华文黑体）、STKaiti（华文楷体）、STSong（华文宋体）、STFangsong（华文仿宋）。但如果系统没有安装相应的字体，Web 浏览器就只能使用默认字体来显示文本。

**2. 大小（font-size）**

该特性用于设置文本的字体大小。font-size 特性值通常是以 px（像素）和 em（字体高度）为单位的相对值。其中，em 是相对于当前文本大小的宽度单位（即 font-size 值），如果当前的 font-size 特性值为 16px，则 1em=16px。

**3. 粗细（font-weight）**

该特性用于设置文本的字体粗细。font-weight 特性值可以是 lighter、normal、bold 或 bolder，这些特性值将使文本的字体依次由细变粗。

**4. 字体样式（font-style）**

该特性用于设置文本的字体样式。font-style 特性值可以是 normal（正常）、italic（斜体）或 oblique（倾斜）。

**5. 行高（line-height）**

该特性用于设置文本所在行的高度。该特性作用于一个块级元素时，定义了该元素中基线之间的最小距离。line-height 特性值通常并应该大于 font-size 特性值。line-height 与

font-size 的特性值之差一分为二，分别加到一个文本行内容的顶部和底部。

line-height 特性值通常是一个百分数，表示基于当前字体高度的相对值。例如，line-height: 140% 表示行高是当前字体高度的 1.4 倍。此时，文本内容距离上、下基线的顶部空间和底部空间均是当前字体高度的 0.2 倍。

### 6．修饰（text-decoration）

使用该特性，可以对文本添加下画线（underline）、上画线（overline）、删除线（line-through），或使文本闪烁（blink），也可以不加任何修饰（none）。

### 7．颜色（color）

该特性用于设置文本的颜色。

color 特性值可以是预先定义的颜色名称。例如，red（红）、yellow（黄）、blue（蓝）、silver（银）、teal（深青）、white（白）、navy（深蓝）、orchid（淡紫）、olive（橄榄）、purple（紫）、gray（灰）、green（绿）、lime（浅绿）、maroon（褐）、aqua（水绿）和 fuchsia（紫红）。

计算机显示器的成色原理是由红（red）、绿（green）、蓝（blue）三色光的叠加形成各种各样的颜色。因此，color 特性值也可以是 rgb 代码。例如，rgb(255,0,0)对应红色，rgb(0,255,0)对应绿色，rgb(0,0,255)对应蓝色。

color 特性值还可以是一个三位或六位的十六进制数。例如，#f00 和#ff0000 对应红色，#0f0 和#00ff00 对应绿色，#00f 和#0000ff 对应蓝色。

## 5.4.2　背景特性

背景特性主要作用于 body、table 和 div 等结构性和块级元素。常用的背景特性有背景颜色（background-color）和背景图像（background-image）。

### 1．背景颜色（background-color）

该特性用于设置元素的背景颜色。与 color 特性值类似，background-color 特性值可以是预先定义的颜色名称，也可以是 rgb 代码，还可以是一个三位或六位的十六进制数。此外，background-color 特性的默认值是 transparent，表示背景是透明的。

### 2．背景图像（background-image）

该特性用于设置元素的背景图像。background-image 特性值是一个指向图像的路径及文件名的 URL。例如，body { background-image:url("../images/bkImage.jpg") }表示，将当前文档所在文件夹的上一级文件夹的下一级文件夹 images 中的图像文件 bkImage.jpg 设置为主体的背景图像。

### 3．背景图像重复（background-repeat）

该特性用于设置是否及如何重复背景图像。该特性的默认值是 repeat，表示背景图像将在水平方向和垂直方向重复。该特性的其他取值及含义如下：repeat-x 表示背景图像将在水平方向重复；repeat-y 表示背景图像将在垂直方向重复；no-repeat 表示背景图像仅显示一次。

### 5.4.3　区块特性

区块特性用来对文本中的单词间距（word-spacing）、字符间距（letter-spacing）、垂直对齐（vertical-align）、文本对齐（text-align）、文本缩进（text-indent）和显示（display）等特性进行设置。

**1．单词间距（word-spacing）**

该特性用于设置单词之间的间隔。word-spacing 特性值通常是表示固定宽度的值，例如 16px、1em 和 2cm。

**2．字符间距（letter-spacing）**

该特性用于设置字符或字母之间的间隔。letter-spacing 特性值通常是表示固定宽度的值，例如 16px、1em 和 2cm。

**3．垂直对齐（vertical-align）**

该特性用于设置文本的垂直对齐方式。vertical-align 特性值可以是 sub（下标）、super（上标）、top（顶端对齐）、middle（垂直居中）或 bottom（底端对齐）。

**4．文本对齐（text-align）**

该特性用于设置文本的水平对齐方式。text-align 特性值可以是 left（左对齐）、right（右对齐）、center（水平居中）或 justify（两端对齐）。

**5．文本缩进（text-indent）**

该特性用于设置段落的首行缩进。text-indent 特性值通常是表示固定缩进宽度的值，例如 16px、1em 和 2cm。

**6．显示（display）**

该特性用于设置是否显示元素以及如何显示元素。display 特性值可以是 inline、block 或 none。其中，inline 表示将元素显示为行内元素，行内元素的前后没有换行；block 表示将元素显示为块级元素，块级元素的前后带有换行；none 表示不显示元素。

## 5.5　行内样式

在 HTML 元素的开始标签中使用 style 属性，可以定义行内样式（Inline Style），又称内联样式。例如，

```
<h1 style="text-align:center; color:red; letter-spacing:1em">静夜思</h1>
```

这样，h1 元素中的内容"静夜思"在网页中的"表现"如下：水平对齐、红色、字符间隔为一个字符的宽度。

【例 5-8】　使用行内样式改写【例 5-4】。HTML 代码如下：

```
<!DOCTYPE HTML PUBLIC "-//W3C//DTD HTML 4.01//EN"
    "http://www.w3.org/TR/html4/strict.dtd">
```

```
<html>
  <head>
    <title>行内样式</title>
    <meta http-equiv="content-type" content="text/html; charset=gb2312">
  </head>
  <body style="background-color:Silver">
    <h1 style="text-align:center;  color:Red; letter-spacing:1em">静夜思</h1>
    <h2 style="text-align:center">唐.李白</h2>
    <p style="text-align:center;  color:Blue;  font-weight:bolder">
    床前明月光，疑是地上霜。<br>
    举头望明月，低头思故乡。</p>
    <p>【简析】这是写远客思乡之情的诗，诗以明白如话的语言雕琢出明静醉人的秋夜的意境。
它不追求想象的新颖奇特，也摒弃了辞藻的精工华美；它以清新朴素的笔触，抒写了丰富深曲的内容。
境是境，情是情，那么逼真，那么动人，百读不厌，耐人寻味。无怪乎有人赞它是"妙绝古今"。</p>
  </body>
</html>
```

注意：

① 行内样式直接定义并作用在单个的 HTML 元素上。

② 定义行内样式所使用的 style 属性与定义内部样式表所使用的 style 元素，是两个不同的概念。前者出现在一个 HTML 元素的开始标签中，后者则出现在 HTML 文档头部；前者是一个 HTML 元素的属性，后者本身就是一个 HTML 元素。

## 5.6　外部样式表及其应用

虽然在 HTML 文档中可以使用内部样式表或行内样式，但更有效、更规范的方法是将样式表定义并保存在单独的 CSS 文档中。定义并保存在 CSS 文档中的样式表，称为外部样式表（External Style Sheet）。

外部样式表堪称 Web 网页设计领域的一个重大突破。使用外部样式表，网站开发者和网页设计者不仅能够为 HTML 元素定义样式，而且可以将样式灵活地应用于任意多的页面中。如需对网页色彩或文本字体进行统一的调整，只需修改 CSS 文档中的 CSS 规则及其样式，网站内多个页面的设计风格就会同时自动更新。换言之，通过在 CSS 文档中定义和修改样式表，外部样式表能够同时控制网站内多个页面的外观和布局。

### 5.6.1　创建外部样式表

外部样式表可以直接在文本编辑软件（如 Notepad）中进行创建和修改，并保存在 CSS 文档中。CSS 文档是扩展名为.css 的文本文件。在 CSS 文档中，只包含定义样式的 CSS 规则。

## 5.6.2　W3C 在线 CSS 验证服务

W3C 网站不仅在线提供 HTML 文档的标记验证服务，而且在线提供 CSS 验证服务（CSS Validation Service）。标记验证服务不仅能够验证 HTML 文档是否符合语法规范，而且能够发现 HTML 文档中违反语法规范的代码。类似地，CSS 验证服务不仅能够验证 CSS 文档是否符合语法规范，而且能够发现 CSS 文档中违反语法规范的代码。

此外，CSS 验证服务也能够验证 HTML 文档中的内部样式表和行内样式是否符合语法规范，而且能够发现内部样式表和行内样式中违反语法规范的代码。

## 5.6.3　在 HTML 文档中链接外部样式表

在 HTML 文档头部，可以使用 link 元素链接 CSS 文档及其中的样式表。link 元素的具体用法如下：

```
<link rel="stylesheet" type="text/css" href="CSS 文档路径及文件名">
```

这样，Web 浏览器会从 CSS 文档中读取 CSS 规则，并根据 CSS 规则中的选择器匹配 HTML 文档中的元素，进而对 HTML 元素所作用的内容应用相应的样式。

【例 5-9】　使用外部样式表改写【例 5-4】。具体步骤如下：

（1）在 CSS 文档中创建外部样式表。使用 Notepad 软件编辑如下代码，并将以下代码保存在 CSS 文档（5-9.css）中。

```
body { background-color:Silver }
h1 { text-align:center;  color:Red;  letter-spacing:1em }
h2 { text-align:center }
.zhengwen { text-align:center;  color:Blue;  font-weight:bolder }
```

（2）验证 CSS 文档的规范性。在 IE 浏览器的地址栏中输入如下 URL：http://jigsaw.w3.org/css-validator/#validate_by_upload，可以打开 W3C 网站的 "CSS 验证服务" 网页。如图 5-7 所示，在该网页的 "通过文件上传" 选项卡中单击 "浏览" 按钮，通过打开的 "选择文件" 对话框在本地计算机中选定需要验证的 CSS 文档（5-9.css）。然后单击 Check 按钮，即可将选定的 CSS 文档上传到 W3C 网站并对该 CSS 文档进行规范性验证。

如果在上传的 CSS 文档中存在不符合语法规范的代码，CSS 验证服务会给出相应的错误提示。根据错误提示，使用 Notepad 软件修改 CSS 文档中的相应代码。然后，重新上传并验证 CSS 文档。直至 CSS 文档不存在违反语法规范的代码，此时 CSS 验证服务会给出验证通过提示。

（3）在 HTML 文档头部使用 link 元素链接外部样式表。使用 Notepad 软件编辑如下代码，并将这些代码保存在 HTML 文档（5-9.htm）中。

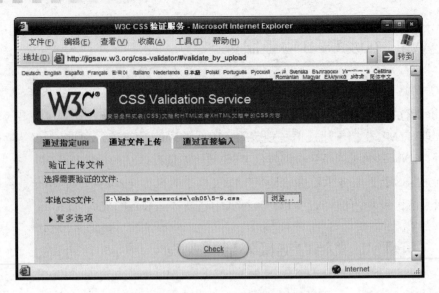

图 5-7    使用 W3C 在线 CSS 验证服务

```html
<!DOCTYPE HTML PUBLIC "-//W3C//DTD HTML 4.01//EN"
  "http://www.w3.org/TR/html4/strict.dtd">
<html>
  <head>
    <title>内容和结构</title>
    <meta http-equiv="content-type" content="text/html; charset=gb2312">
    <link rel="stylesheet" type="text/css" href="5-9.css">
  </head>
  <body>
    <h1>静夜思</h1>
    <h2>唐.李白</h2>
    <p class="zhengwen">床前明月光，疑是地上霜。<br>
举头望明月，低头思故乡。</p>
    <p>【简析】这是写远客思乡之情的诗，诗以明白如话的语言雕琢出明静醉人的秋夜的意境。
它不追求想象的新颖奇特，也摒弃了辞藻的精工华美；它以清新朴素的笔触，抒写了丰富深曲的内容。
境是境，情是情，那么逼真，那么动人，百读不厌，耐人寻味。无怪乎有人赞它是"妙绝古今"。</p>
  </body>
</html>
```

**注意：**

① 使用外部样式表，可以完美地实现"内容和结构与表现的分离"——所有的 CSS
规则及其样式都定义并保存在 CSS 文档（5-9.css）中。因此，在 CSS 文档中只有"表现"。
而在 HTML 文档（5-9.htm）中只有"内容和结构"，并没有定义任何 CSS 规则及其样式。

② 为了在 HTML 文档（5-9.htm）中使用 CSS 文档（5-9.css）中定义的 CSS 规则及其
样式，需要在 HTML 文档（5-9.htm）头部使用 link 元素链接 CSS 文档（5-9.css）。这样，
Web 浏览器即可将 HTML 文档（5-9.htm）中的元素与 CSS 文档（5-9.css）中的选择器相
匹配，进而允许 HTML 文档中的元素应用 CSS 文档中对应的 CSS 规则及其样式。

③ 使用 CSS 验证服务，同样能够验证内部样式表是否符合语法规范，而且能够发现内部样式表中违反语法规范的代码。

## 5.6.4　Web 浏览器的兼容性视图设置

对于一些较高版本的 Web 浏览器（如 IE 10 和 IE 11）有时需要进行兼容性视图设置，否则无法正常显示一些网页，即使与这些网页有关的 HTML 文档和 CSS 文档都通过了 W3C 标记验证和 CSS 验证。

对 IE10 浏览器进行兼容性视图设置的方法和步骤如下：用 IE 10 浏览器打开 HTML 文档后，在菜单栏中选择"工具"|"兼容性视图设置"命令。如图 5-8 所示，在弹出的"兼容性视图设置"对话框下方选中"在兼容性视图中显示所有网站"复选框。然后，单击"关闭"按钮，即可完成兼容性视图设置。

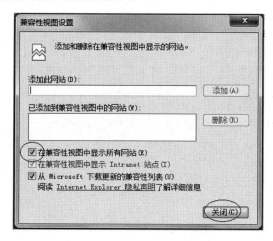

**图 5-8　对 IE 10 进行兼容性视图设置**

完成兼容性视图设置之后，基本上就可以在较高版本的 Web 浏览器中正常显示 Web 标准网页。

## 5.7　层叠样式表

层叠样式表（Cascading Style Sheets，CSS）是一种用于控制网页样式、实现"内容和结构与表现分离"的方法和技术。HTML 文档与 CSS 文档的关系就是"内容和结构"与"表现"的关系——由 HTML 文档组织网页的内容和结构，而通过 CSS 文档控制网页内容和结构在 Web 浏览器中的表现。

在 Web 标准网页的设计与制作中，能够通过样式"表现"网页中的"内容和结构"。换言之，样式定义在网页中如何显示文本、图像等内容。

在 CSS 方法和技术中，能够以三种方式定义或应用样式。

（1）在 HTML 元素的开始标签中使用 style 属性定义和应用行内样式。

（2）在 HTML 文档头部使用 style 元素集中定义内部样式表。

（3）在 CSS 文档中单独定义外部样式表。

层叠性和继承性是 CSS 的两大特性。

## 5.7.1　CSS 的层叠性

就 CSS 而言，层叠是指多个选择器的作用范围发生了叠加。层叠性（Cascading）是指当有多个选择器作用于同一 HTML 元素时，Web 浏览器如何处理通过选择器定义的样式。

（1）如果通过多个选择器定义的样式未发生冲突，则 HTML 元素将应用通过选择器定义的所有样式。

【例 5-10】　CSS 规则及其样式未发生冲突时的 CSS 层叠性。HTML 代码如下：

```
<!DOCTYPE HTML PUBLIC "-//W3C//DTD HTML 4.01//EN"
  "http://www.w3.org/TR/html4/strict.dtd">
<html>
  <head>
    <title>CSS 的层叠性：CSS 规则及其样式未发生冲突</title>
    <meta http-equiv="content-type" content="text/html; charset=gb2312">
    <style type="text/css">
      p { color:red }
      .c1 { font-weight:bolder }
      #i1 { text-decoration:underline }
    </style>
  </head>
  <body>
    <p>p 元素将应用通过类型选择器定义的样式 - p{color:red}</p>
    <p class="c1">p 元素将应用通过类型选择器和类选择器定义的样式 - p{color:red}
和.c1{font-weight:bolder}</p>
    <p id="i1" class="c1">p 元素将应用通过类型选择器、ID 选择器和类选择器定义的样式
- p{color:red}、#i1{text-decoration:underline}和.c1{font-weight:bolder}</p>
  </body>
</html>
```

在以上 HTML 文档头部，定义了类型选择器（p）、类选择器（.c1）和 ID 选择器（#i1）及对应的三条 CSS 规则，在这三条 CSS 规则中分别定义了 color、font-weight 和 text-decoration 三个未冲突的样式特性。

在 HTML 文档主体，三个 p 元素都与类型选择器（p）匹配。所以，三个 p 元素中的文本颜色均为红色。第 2 个和第 3 个 p 元素还与类选择器（.c1）匹配。所以，第 2 个和第 3 个 p 元素中的文本还"表现"为较粗（bolder）。第 3 个 p 元素则与类型选择器（p）、

ID 选择器（#i1）和类选择器（.c1）都匹配。所以，第 3 个 p 元素中的文本既为红色，又带下画线（underline），并且"表现"为较粗（bolder）。

（2）如果通过多个选择器定义的样式发生冲突，则 HTML 元素将根据选择器的优先级应用通过某个选择器定义的样式。CSS 规范约定，不同样式的优先级从高到低依次为：行内样式>通过 ID 选择器定义的样式>通过类选择器定义的样式>通过类型选择器定义的样式。

【例 5-11】 CSS 规则及其样式发生冲突时的 CSS 层叠性。HTML 代码如下：

```
<!DOCTYPE HTML PUBLIC "-//W3C//DTD HTML 4.01//EN"
  "http://www.w3.org/TR/html4/strict.dtd">
<html>
  <head>
    <title>CSS 的层叠性：CSS 规则及其样式发生冲突</title>
    <meta http-equiv="content-type" content="text/html; charset=gb2312">
    <style type="text/css">
      p { font-style:italic;  color:red }
      .c_green { color:green }
      #i_blue { color:blue }
      #i_olive { color:olive }
    </style>
  </head>
  <body>
    <p>p 元素应用通过类型选择器定义的样式 - p{font-style:italic; color:red}</p>
    <p class="c_green">p 元素应用通过类型选择器和类选择器定义的样式 -
p{font-style:italic}、.c_green{color:green}</p>
    <p id="i_blue" class="c_green">p 元素应用通过类型选择器和 ID 选择器定义的样式
- p{font-style:italic}、#i_blue{color:blue}</p>
    <p style="color:purple" id="i_olive">p 元素应用通过类型选择器定义的样式以及
行内样式 - p{font-style:italic}、style="color:purple"（行内样式）</p>
  </body>
</html>
```

在以上 HTML 文档头部的内部样式表中，定义了一个类型选择器（p）、一个类选择器（.c_green）和两个 ID 选择器（#i_blue 和#i_olive）以及对应的四条 CSS 规则。

样式特性 font-style 只通过类型选择器（p）定义。所以，HTML 文档主体中每个 p 元素中的文本均"表现"为斜体（italic）。

通过四个选择器均定义了样式特性 color。因此，p 元素在应用样式特性 color 时会发生冲突。

在 HTML 文档主体中，第 1 个 p 元素只与类型选择器（p）匹配。所以，第 1 个 p 元素中的文本显示为红色。

第 2 个 p 元素与类型选择器（p）和类选择器（.c_green）匹配，但类选择器（.c_green）

的优先级较高。所以，第 2 个 p 元素中的文本显示为绿色。

第 3 个 p 元素与类型选择器（p）、ID 选择器（#i_blue）和类选择器（.c_green）匹配，但 ID 选择器（#i_blue）的优先级最高。所以，第 3 个 p 元素中的文本内容显示为蓝色。

第 4 个 p 元素与类型选择器（p）和 ID 选择器（i_olive）匹配，并且在其开始标签中使用了行内样式（style="color:purple"），但行内样式（style="color:purple"）的优先级最高。所以，第 4 个 p 元素中的文本内容显示为紫色。

## 5.7.2  CSS 的继承性

CSS 的继承性（Inheritance）依赖于 HTML 元素之间的祖先-后代关系，并使得样式不仅可以应用于某个 HTML 元素，而且允许样式应用于该 HTML 元素的后代元素，除非通过优先级更高的选择器定义相冲突的样式。

【例 5-12】 CSS 的继承性。HTML 代码如下：

```
<!DOCTYPE HTML PUBLIC "-//W3C//DTD HTML 4.01//EN"
  "http://www.w3.org/TR/html4/strict.dtd">
<html>
  <head>
    <title>CSS 的继承性</title>
    <meta http-equiv="content-type" content="text/html; charset=gb2312">
    <style type="text/css">
      body { color:red }
      .c1 { color:green;  text-decoration:underline }
    </style>
  </head>
  <body>
  <p>第 1 个 p 元素继承了 body 元素的样式特性（color:red）<br>
    <em>第 1 个 em 元素也继承了 body 元素的样式特性（color:red）</em>
  </p>
  <p class="c1">第 2 个 p 元素应用了通过类选择器（.c1）定义的样式（color:green;
text-decoration:underline）<br>
    <em>第 2 个 em 元素继承了第 2 个 p 元素的样式，即通过类选择器（.c1）定义的样式
（color:green;text-decoration:underline）</em>
  </p>
  </body>
</html>
```

在以上 HTML 文档头部的内部样式表中，定义了一个类型选择器（body）和一个类选择器(.c1)，并且通过这两个选择器均定义了样式特性 color。

在 HTML 文档中，body 元素与类型选择器（body）匹配。因此，body 元素将应用通过类型选择器（body）定义的样式（color:red）。

在 HTML 文档中，body 元素是第 1 个 p 元素的父元素，第 1 个 p 元素又是第 1 个 em 元素的父元素。因此，第 1 个 p 元素和第 1 个 em 元素都是 body 元素的后代元素，并且会继承 body 元素的样式，即通过类型选择器（body）定义的样式（color:red）。所以，第 1 个 p 元素和第 1 个 em 元素中的文本显示为红色。此外，第 1 个 em 元素中的文本容还"表现"为斜体。

第 2 个 p 元素也是 body 元素的子元素。因此，第 2 个 p 元素也会继承 body 元素的样式（color:red）。同时，第 2 个 p 元素也与类选择器（.c1）匹配。但由于类选择器的优先级高于类型选择器，所以，第 2 个 p 元素将应用通过类选择器(.c1)定义的样式(color:green 和 text-decoration:underline）。这样，第 2 个 p 元素中的文本显示为绿色，并且带有下画线。

第 2 个 em 元素是第 2 个 p 元素的子元素。因此，第 2 个 em 元素也会继承第 2 个 p 元素的样式，即通过类选择器(.c1)定义的样式(color:green 和 text-decoration:underline）。所以，第 2 个 em 元素中的文本也显示为绿色，并且带有下画线。此外，第 2 个 em 元素中的文本还"表现"为斜体。

注意：并不是所有的样式特性都具有继承性。一般而言，color、font-family、font-size、font-style、font-weight、text-align、text-indent、letter-spacing 和 line-height 等类型和区块特性大都具有继承性，而 text-decoration:none、background-color 和 background-image 等背景及其他一些样式特性则不具有继承性。

# 5.8　小结

"内容和结构与表现的分离"是 Web 标准网页设计与制作的主要目标之一。通常情况下，"内容和结构"出现在 HTML 文档中，"表现"的定义则保存在 CSS 文档中。

在 HTML 4.01 规范中，HTML 文档主要分为严格（Strict）和过渡（Transitional）两种子类型。在 Strict 类型的 HTML 文档中，不能使用表现性元素和表现性属性，而使用样式实现表现。而在 Transitional 类型的 HTML 文档中，还允许使用表现性元素和表现性属性。

一个 HTML 文档应该遵循规定的语法规范。使用 W3C 在线提供的标记验证服务（Markup Validation Service），或者 Dreamweaver 提供的文档验证功能，可以验证 HTML 文档的语法规范性。

在 CSS 方法和技术中，能够以行内样式、内部样式表或外部样式表三种方式之一定义或应用样式。

一个样式表通常包含多条 CSS 规则（Rule）。每条 CSS 规则由选择器和一个或多个特性声明构成。

实现样式的选择器可以分为类型选择器、类选择器、ID 选择器、后代选择器和子元素选择器等。

在一个 HTML 文档中 ID 选择器及其实现的样式只能被一个元素应用一次，而类选择器及其实现的样式可以应用于多个元素。

层叠性和继承性是 CSS 的两大特性。

如果通过多个选择器定义的样式发生冲突，则 HTML 元素将按照"行内样式 > 通过 ID 选择器定义的样式>通过类选择器定义的样式>通过类型选择器定义的样式"的优先级顺序应用相应的样式。

CSS 的继承性使得样式不仅可以应用于某个 HTML 元素，而且允许样式应用于该 HTML 元素的后代元素，除非通过优先级更高的选择器定义相冲突的样式。

W3C 网站在线提供的 CSS 验证服务不仅能够验证 CSS 文档是否符合语法规范，而且能够发现 CSS 文档中违反语法规范的代码。

## 5.9　习题

1. 在【例 5-2】的 HTML 文档中，仅将文档类型定义改写为 HTML 4.01 Strict 文档类型的定义。然后，使用 W3C 标记验证服务检查改写后的 HTML 文档的语法规范性并分析检查结果。

2. 将【例 5-5】中 HTML 文档主体中的代码做如下修改：

```
<body>
  <p id="one">ID 选择器 1</p>
  <p id="two">ID 选择器 2</p>
  <p id="two">ID 选择器 3</p>
</body>
```

然后，使用 W3C 标记验证服务检查 HTML 文档是否规范。

3. 在【例 5-7】的基础上验证：在类型选择器 a 后面使用:link、:visited、:hover 和 :active 四个伪类定义 CSS 规则时，必须遵循 LVHA 的顺序，即 a:link → a:visited → a:hover → a:active 的顺序。否则，文本超链接的鼠标悬停和被激活样式将不起作用。

# 第 6 章 可扩展超文本标记语言

可扩展超文本标记语言（eXtensible HyperText Markup Language，XHTML）是一种新兴的网页设计和制作语言。XHTML 是在 HTML 基础上发展起来的，同时吸取了可扩展标记语言（eXtensible Markup Language，XML）语法严谨的优点。因此，XHTML 比 HTML具有更加严谨的语法，能够为众多厂商的 Web 浏览器研发提供规范的技术标准，XHTML的可扩展性和灵活性将适应未来网络应用的更多需求。

## 6.1 XHTML 的形成背景

### 6.1.1 缺乏语法规范性的 HTML 文档

实际上，万维网中的许多页面都是规范性很差、语法很不严谨的 HTML 文档，但仍然可以用 Web 浏览器打开。

【例 6-1】 规范性很差、语法很不严谨的 HTML 文档，HTML 代码如下：

```
<!DOCTYPE HTML PUBLIC "-//W3C//DTD HTML 4.01//EN"
  "http://www.w3.org/TR/html4/strict.dtd">
<html>
  <head>
    <title>This is bad HTML</title>
    <meta http-equiv="content-type" content="text/html; charset=gb2312">
  <body>
    <p>Bad HTML
  </body>
```

在上述 HTML 代码中，html、head 和 p 元素都没有相应的结束标签，在语法上缺乏严谨性，但仍然可以用 IE 浏览器打开，甚至能够通过 W3C 标记验证服务的语法检查。

另一方面，现今的软件市场上存在着不同厂商提供的 Web 浏览器。国外流行的 Web浏览器有 Microsoft Internet Explorer、Mozilla Firefox 和 Google Chrome 等，国内有搜狗、腾讯 Tencent Traveler、傲游 Maxthon、世界之窗 Theworld 和 360 安全浏览器等。如果设计和制作网页的语言缺乏必要的规范、语法不严谨，运行在计算机上的不同 Web 浏览器将难以支持万维网中数以亿计的网页。反之，如果使用统一规范的网页设计和制作语言、

HTML 文档具有规范和良好的结构，Web 浏览器与网页之间的适配性将得到大大增强。

## 6.1.2　XHTML 的面世

为了规范网页设计和制作语言，W3C 于 2000 年推出了 XHTML。

目前，较流行的 XHTML 1.0 版本有以下三种。

（1）XHTML 1.0 Strict（严格版）。严格版是根据 HTML 4.01 Strict 改编的。与 HTML 4.01 Strict 一样，在 XHTML 1.0 Strict 中不能使用表现性元素或表现性属性，例如 center、font、s、strike 和 u 等表现性元素以及 align、background 和 bgcolor 等表现性属性。

（2）XHTML 1.0 Transitional（过渡版）。过渡版是根据 HTML 4.01 Transitional 改编的。与 HTML 4.01 Transitional 一样，在 XHTML 1.0 Transitional 中可以使用在 Strict 版本中禁用的表现性元素或表现性属性。

（3）XHTML 1.0 Frameset（框架版）。框架版是根据 HTML 4.01 Frameset 改编的，并允许于在网页中定义和使用框架。

在上述三种 XHTML 1.0 版本中，XHTML 1.0 Transitional 规定了 XHTML 的基本语法。XHTML 1.0 Strict 不仅遵循 XHTML 的基本语法规定，而且不允许使用表现性元素或表现性属性。在 XHTML 1.0 Transitional 和 Strict 的基础上，XHTML 1.0 Frameset 允许在网页中定义和使用框架。

总之，XHTML 是一种增强型的 HTML，是语法更严谨、元素更纯净的 HTML 版本，XHTML 有助于编写良构（Well-structured）的 HTML 文档，这样的 HTML 文档可以很好地工作于 IE、Firefox 和 Chrome 等各种厂商的 Web 浏览器，并且能够向后兼容。此外，XHTML 还具有良好的可扩展性和灵活性，不仅支持台式计算机和便携式电脑，而且支持 iPad、iPhone 等手持移动通信设备，能够适应未来网络应用的更多需求。

## 6.2　XHTML 的语法规定

HTML 的语法比较松散，网页设计和制作者使用起来比较方便。但对 Web 浏览器来说，网页设计语言的语法越松散，处理起来却越困难。因此，W3C 在制定 XHTML 规范时，要求编写 HTML 文档时必须遵循更加严格和规范的语法。

### 1. XHTML 的一般性语法规定

1）必须关闭打开的标签

在 HTML 中，允许某些非空元素只有开始标签、可以没有结束标签。例如，li 元素的开始标签&lt;li&gt;可以不用结束标签&lt;/li&gt;来关闭，但这在 XHTML 中是不允许的。XHTML 规定，必须关闭打开的标签。换言之，开始标签必须有相应的结束标签。

对于 br、meta 和 img 等空元素（即没有结束标签的元素），需要在开始标签中的元素名后面使用"/"来关闭。例如，&lt;br&gt;必须写为&lt;br/&gt;，&lt;img…&gt;必须写为&lt;img…/&gt;。

2）元素名和属性名必须小写

在 HTML 中，标签中的元素名和属性名可以小写、也可以大写。但与 HTML 不同，

XHTML 是区分字母大小写的（Case Sensitive），元素名和属性名必须小写，并且不允许大小写夹杂。例如，在 HTML 中允许<HTML>、<TITLE>，但在 XHTML 中只允许<html>、<title>。

3）元素以及标签之间必须正确嵌套

XHTML 规定，如果在关闭一个标签之前又打开另一个新标签，则必须首先关闭新标签，然后才能关闭前一个标签。换言之，关闭后打开的标签之后，才能关闭先打开的标签。

例如，在 XHTML 中，不允许 <p>Here is an emphasized keyword.</p>，只允许 <p>Here is an emphasized keyword.</p>。这样，p 元素才能正确嵌套 em 元素，并正确反映 p 元素与 em 元素之间的父子关系。

正确嵌套元素以及标签，可以形成良构的 HTML 文档。

4）元素的属性值必须用双引号（""）括起来

在 HTML 中，当属性值是数字时，可以不用引号；但是在 XHTML 中，所有的属性值（包括数字）必须用双引号括起来。

例如，在 HTML 中，允许<table bgcolor=#DDEEFF border=10>；但是在 XHTML 中，只允许<table bgcolor="#DDEEFF" border="10">。

5）不能在注释内容中使用 "--"

"--" 只能出现在 XHTML 注释的开头和结尾，而在注释内容中不能再使用 "--"。例如，在 XHTML 中，下面的代码是无效的：

```
<!--这里是注释-----------这里是注释-->
```

6）图像标签必须有替代性文字

在 XHTML 中，每个图像标签都必须使用 alt 属性添加替代性文字。例如，在 XHTML 中，以下代码是有效的：

```
<img src="ball.jpg" alt="large red ball" title="large red ball"/>
```

**注意**：为了兼容 Firefox 浏览器和 IE 浏览器，对于图像标签，尽量采用 alt 和 title 双标签。

遵循上述 XHTML 语法规定的 HTML 文档称为良构的 HTML 文档。设计和制作网页时如果遵循上述 XHTML 语法规定，HTML 文档能够被大部分常见的 Web 浏览器正确并快速地编译。在以上语法规定中，有的看上去比较奇怪，但这一切都是为了使网页设计语言有一个统一和唯一的标准，以便使用各种 Web 浏览器都能正常地打开 HTML 文档并流畅地显示网页。

由此可见，从 HTML 过渡到 XHTML，最大的变化在于 HTML 文档必须是良构的。

**2．Strict 类型的 XHTML 语法规定**

此外，在 Strict 类型的 XHTML 文档主体中，还必须遵循以下语法规范。

1）文本内容不能直接出现在主体中

例如，以下代码的语法是不规范的：

```
<body>Hello, World!</body>
```

因为文本内容"Hello, World!"直接出现在 body 元素中。

在 Strict 类型的 XHTML 文档主体，文本内容必须出现在 p、ul、h1、h2、h3、h4、h5 和 h6 等块级元素中，或者出现在这些块级元素的子元素中。

按照本条语法规则，以下代码的语法则是规范的：

```
<body><p>Hello, World!</p></body>
```

或者

```
<body><p><em>Hello, World!</em></p></body>
```

2）行内元素必须嵌套在块级元素中

例如，以下代码的语法是不规范的：

```
<body><em>Hello, World!</em></body>
```

因为行内元素 em 直接出现在 body 元素中。

在 Strict 类型的 XHTML 文档中，a、em、img、strong 等行内元素必须嵌套在 p、h1、h2、h3、h4、h5 和 h6 等块级元素中，而不能直接出现在 body 元素中。

按照本条语法规则，以下代码的语法则是规范的：

```
<body><p><em>Hello, World!</em></p></body>
```

或者

```
<body><p><strong>Hello, World!</strong></p></body>
```

或者

```
<p><img src="../ch02/2-4.gif" alt="图像替代性文字"/></p>
```

## 6.3　XHTML 文档的基本结构

使用 XHTML 设计和制作网页，其中的代码同样保存在 HTML 文档中，即文件的扩展名仍然是.htm 或.html。但由于遵循更加规范的语法规定，特将使用 XHTML 编写的 HTML 文档称为 XHTML 文档。

使用 XHTML 设计和制作网页时，XHTML 文档必须具有一定的基本结构。

【例 6-2】使用 XHTML 设计和制作网页，使创建的 XHTML 文档 6-2.htm 具有一定的基本结构。XHTML 代码如下：

```
<!DOCTYPE html PUBLIC "-//W3C//DTD XHTML 1.0 Transitional//EN"
  "http://www.w3.org/TR/xhtml1/DTD/xhtml1-transitional.dtd">
<html xmlns="http://www.w3.org/1999/xhtml">
  <head>
    <meta http-equiv="content-type" content="text/html; charset=gb2312"/>
```

```
    <title>XHTML 文档的基本结构</title>
  </head>
  <body>
    Hello, World!
  </body>
</html>
```

XHTML 文档的基本结构包括以下几部分：

（1）首先进行文件类型定义（Document Type Definition，DTD），以声明当前 XHTML 文档所遵循的版本。该 XHTML 文档中的 DTD 声明，XHTML 文档遵循 XHTML 1.0 Transitional 的规范及语法规定。如果需要声明 XHTML 文档遵循 XHTML 1.0 Strict 的规范及语法规定，在 DTD 部分则使用如下代码：

```
<!DOCTYPE html PUBLIC "-//W3C//DTD XHTML 1.0 Strict//EN"
  "http://www.w3.org/TR/xhtml1/DTD/xhtml1-strict.dtd">
```

**注意**：DTD 并非 XHTML 文档中的元素。换言之，<!DOCTYPE…>并不是一个标签。

（2）必须使用唯一的 html 元素作为 XHTML 文档的根元素，并且其他所有元素及标签都必须正确嵌套在<html>和</html>标签对之间。

（3）在 XHTML 文档中，必须将 html 元素的 xmlns 属性值设置为"http://www.w3.org/1999/xhtml"，以指定整个文档所使用的命名空间（Namespace）。

（4）在 XHTML 文档头部使用 meta 元素将编码方式设置为中文简体，具体使用如下代码：

```
<meta http-equiv="content-type" content="text/html; charset=gb2312"/>
```

（5）html 元素中必须包含一个 head 元素和一个 body 元素，并且 head 元素中必须包含一个 title 元素。

## 6.4  使用 W3C 标记验证服务检查 XHTML 文档的语法

W3C 标记验证服务不仅可以检查 HTML 文档的语法，而且可以检查 XHTML 文档的语法。

【**例 6-3**】 使用 W3C 标记验证服务检查 XHTML 文档的语法。具体步骤如下：

（1）上传并验证 XHTML 文档。在 IE 浏览器的地址栏中输入如下 URL：http://validator.w3.org/#validate_by_upload，可以打开 W3C 网站的 Markup Validation Service 网页。在该网页的 Validate by File Upload 选项卡中单击"浏览"按钮，通过打开的"选择文件"对话框在本地计算机中选定需要验证的 XHTML 文档。然后，单击 Check 按钮，即可将选定的 XHTML 文档上传到 W3C 网站并对该 XHTML 文档进行规范性验证。

（2）根据错误提示修改 XHTML 文档。如果在上传的 XHTML 文档中存在不符合语法规范的代码，W3C 标记验证服务会给出相应的错误提示。根据错误提示，使用 Notepad 软件修改 XHTML 文档中的相应代码。

（3）重新上传并验证 XHTML 文档。如果修改后的 XHTML 文档不存在违反语法规范的代码，W3C 标记验证服务会给出验证通过提示。

【例 6-4】　将【例 5-4】中的 HTML 文档改写为 Strict 类型的 XHTML 文档。XHTML 代码如下：

```
<!DOCTYPE html PUBLIC "-//W3C//DTD XHTML 1.0 Strict//EN"
  "http://www.w3.org/TR/xhtml1/DTD/xhtml1-strict.dtd">
<html xmlns="http://www.w3.org/1999/xhtml">
  <head>
    <title>将 HTML 文档改写为 XHTML 文档</title>
    <meta http-equiv="content-type" content="text/html; charset=gb2312"/>
    <style type="text/css">
      body { background-color:Silver }
      h1 { text-align:center; color:Red }
      h2 { text-align:center }
      .zhengwen { text-align:center; color:Blue; font-weight:bolder }
    </style>
  </head>
  <body>
    <h1>静夜思</h1>
    <h2>唐.李白</h2>
    <p class="zhengwen">床前明月光，疑是地上霜。<br/>
    举头望明月，低头思故乡。</p>
    <p>【简析】这是写远客思乡之情的诗，诗以明白如话的语言雕琢出明静醉人的秋夜的意境。
它不追求想象的新颖奇特，也摒弃了辞藻的精工华美；它以清新朴素的笔触，抒写了丰富深曲的内容。
境是境，情是情，那么逼真，那么动人，百读不厌，耐人寻味。无怪乎有人赞它是"妙绝古今"。</p>
  </body>
</html>
```

**注意：** 在将 HTML 文档改写为 Strict 类型的 XHTML 文档时，不仅需要改写 DTD 声明和 html 元素开始标签中的代码，而且必须关闭 br、meta、image 和 link 等空元素的开始标签。

## 6.5　XHTML+CSS

在 Web 标准网页设计和制作中，XHTML 文档与 HTML 文档的作用和用法相类似——使用 XHTML 文档组织网页的内容和结构，而通过 CSS 文档控制网页内容的表现，从而实现"内容和结构与表现的分离"。

【例 6-5】　使用 CSS 文档和 Strict 类型的 XHTML 文档实现【例 5-9】。具体步骤如下：

（1）在 CSS 文档中创建外部样式表，并将以下代码保存在 CSS 文档（6-5.css）中。

```
body { background-color:Silver }
h1 { text-align:center; color:Red; letter-spacing:1em }
h2 { text-align:center }
```

```
.zhengwen { text-align:center; color:Blue; font-weight:bolder }
```

（2）将以下代码保存在 XHTML 文档（6-5.htm）中。

```
<!DOCTYPE html PUBLIC "-//W3C//DTD XHTML 1.0 Strict//EN"
  "http://www.w3.org/TR/xhtml1/DTD/xhtml1-strict.dtd">
<html xmlns="http://www.w3.org/1999/xhtml">
  <head>
    <title>将 HTML 文档改写为 Strict 类型的 XHTML 文档</title>
    <meta http-equiv="content-type" content="text/html; charset=gb2312"/>
    <link rel="stylesheet" type="text/css" href="6-5.css"/>
  </head>
  <body>
    <h1>静夜思</h1>
    <h2>唐.李白</h2>
    <p class="zhengwen">床前明月光，疑是地上霜。<br/>
    举头望明月，低头思故乡。</p>
    <p>【简析】这是写远客思乡之情的诗，诗以明白如话的语言雕琢出明静醉人的秋夜的意境。
它不追求想象的新颖奇特，也摒弃了辞藻的精工华美；它以清新朴素的笔触，抒写了丰富深曲的内容。
境是境，情是情，那么逼真，那么动人，百读不厌，耐人寻味。无怪乎有人赞它是"妙绝古今"。</p>
  </body>
</html>
```

**注意**：在该 XHTML 文档头部，仍然使用 link 元素链接 CSS 文档（6-5.css）中的外部样式表。

## 6.6　使用字符实体在网页中显示特殊字符

在 HTML 或 XHTML 文档中，某些字符有着特殊的用途。例如，小于号（<）和大于号（>）用于定义 HTML 元素的开始标签和结束标签，这些字符在网页中是不会照原样显示的。为了在 Web 浏览器中显示这些特殊字符，必须在 HTML 文档的源代码中使用字符实体（Character Entity）。

一个字符实体依次包括三个部分：（1）一个和号（&）；（2）一个实体名称或者井号（#）和一个实体编号；（3）一个分号（;）。

表 6-1 列出了 HTML 文档中常用的字符实体。

表 6-1　HTML 文档中常用的字符实体

| 在网页中要显示的特殊字符 | 特殊字符的名称 | 字符实体 | |
|---|---|---|---|
| | | 使用实体名称 | 使用实体编号 |
| | 无间断空格（non-break space） |   |   |
| < | 小于号（less-than sign） | &lt; | &#60; |
| > | 大于号（greater-than sign） | &gt; | &#62; |
| & | 和号（ampersand） | &amp; | &#38; |
| " | 引号（quotation mark） | &quot; | &#34; |

例如，为了在网页中显示小于号，必须在 HTML 文档中使用代码：

&lt; 或者 &#60;

又如，在网页中经常需要使用空格。但如果在 HTML 文档中有多个连续的一般空格，在网页中仅显示一个空格。

例如，如果在 HTML 文档中使用如下一段代码：

\<p>通常情况下，HTML 文档中多余的一般空格　　　　会裁掉。\</p>

那么，在 Web 浏览器中上述代码段将显示为：

通常情况下，HTML 文档中多余的一般空格 会裁掉。

但如果在 HTML 文档中使用字符实体（ ），就可以在 Web 浏览器中显示连续的多个空格。

例如，如果在 HTML 文档中使用如下一段代码：

\<p>在 HTML 文档中使用字符实体           可以在 Web 浏览器中显示连续的多个空格。\</p>

那么，在 Web 浏览器中上述代码段将显示为：

在 HTML 文档中使用字符实体　　　　可以在 Web 浏览器中显示连续的多个空格。

 **6.7　小结**

相对于 HTML，XHTML 的语法更加规范、更加严谨。因此，XHTML 文档能够被 Web 浏览器更容易、更正确地识别。

在 XHTML 文档中，所有元素的标签必须关闭，元素名和属性名必须小写，元素以及标签之间必须正确嵌套，元素的属性值必须用双引号""括起来，不能在注释内容中使用 "--"，图像标签必须有替代性文字。

较流行的 XHTML 1.0 版本有 Strict、Transitional 和 Frameset 三种子类型。

在 Strict 类型的 XHTML 文档中不能使用表现性元素或表现性属性。在 Transitional 类型的 XHTML 文档中可以使用在 Strict 版本中禁用的表现性元素或表现性属性。

使用 XHTML 和 CSS，能够更好地实现"内容和结构与表现的分离"。

为了在 Web 浏览器中显示小于号（<）、大于号（>）、和号（&）和引号（"）等特殊字符，必须在 HTML 文档的源代码中使用相应的字符实体。

**6.8　习题**

1. 简述 XHTML 的语法规定。

2．找出以下代码中违反 XHTML 语法规定的地方。

```
<!DOCTYPE html PUBLIC "-//W3C//DTD XHTML 1.0 Strict//EN"
  "http://www.w3.org/TR/xhtml1/DTD/xhtml1-strict.dtd">
<html xmlns="http://www.w3.org/1999/xhtml">
  <head>
    <title>违反语法规定的 XHTML 文档</title>
    <meta http-equiv="content-type" content="text/html; charset=gb2312">
  </head>
  <BODY>
    <!--在该 XHTML 文档中--存在一些违反 XHTML 语法规定的地方-->
    <em>找出代码中违反 XHTML 语法规定的地方</em>
    <p><img src="../ch02/2-4.gif" width=200 height=50></p>
    并对违反语法规定的地方进行修改
  </body>
</html>
```

3．编写 XHTML 文档并使用字符实体，实现在 Web 浏览器中显示如图 6-1 所示的程序代码。

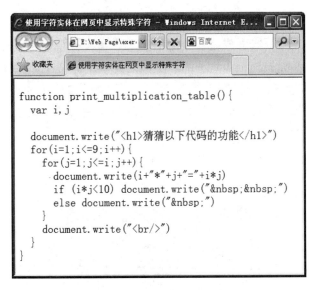

图 6-1　使用字符实体显示特殊字符

# 第7章 应用 div+CSS 布局网页

通过 CSS 能够定制和控制文本、图像等内容在网页中的表现，尤其能够使文本在网页中"表现"为不同的字体、大小和颜色。此外，使用 div 元素和 CSS 还能够对网页进行布局——控制元素及其内容在网页中的位置和所占平面空间。

 **盒子模型**

盒子模型（Box Model）在网页布局中至为关键。在盒子模型中，HTML 文档主体中的每个元素都被 Web 浏览器看成是一个矩形盒子。盒子模型指定了在网页上如何显示元素及其内容。如图 7-1 所示，元素盒子的最里面是元素中的文字、图像等内容（Content）。直接包围内容的是填充（Padding），在填充中可以呈现元素及其内容的背景。填充以外是边框（Border），边框包围着填充。边框以外是最外层的边界（Margin），边界默认是透明的，不会遮挡其后的任何内容。

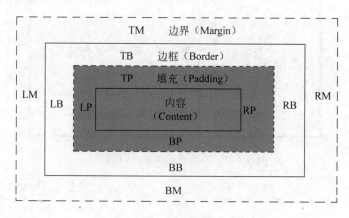

图 7-1 盒子模型

注意：

① 在如图 7-1 所示的盒子模型中，从内向外的 4 个矩形框依次表示内容与填充、填充与边框、边框与边界、盒子与外界的分隔线。

② 在盒子模型中，填充、边框和边界还可以分解为上、右、下和左四个部分。例

如，填充又可以分解为上填充（top padding）、右填充（right padding）、下填充（bottom padding）和左填充（left padding）。同理，边框也可以分解为上边框（top border）、右边框（right border）、下边框（bottom border）和左边框（left border）。

## 7.2　与盒子模型有关的样式特性

与盒子模型有关的样式特性主要分为方框和边框两大类。

### 7.2.1　方框特性

方框特性用于设置元素的宽度（width）、高度（height）、浮动方式（float）、填充宽度（padding）和边界宽度（margin）等特性。

#### 1．宽度（width）

该特性用于设置元素内容所占的宽度。width 特性值通常是以 px（像素）和 em（字体高度）为单位的相对值。

#### 2．高度（height）

该特性用于设置元素内容所占的高度。height 特性值通常是以 px（像素）和 em（字体高度）为单位的相对值。

#### 3．浮动方式（float）

该特性用于设置元素及其盒子的浮动方式。float 特性值可以是 left、right 或 none，分别表示元素及其盒子向左浮动、向右浮动或不浮动，其中 none 是默认值。

#### 4．填充宽度（padding）

该特性用于设置元素盒子中的填充宽度。padding 特性值通常是以 px（像素）和 em（字体高度）为单位的相对值，也可以使用 padding-top、padding-right、padding-bottom 和 padding-left 特性分别设置上、右、下和左填充的宽度。

#### 5．边界宽度（margin）

该特性用于设置元素盒子中的边界宽度。与 padding 特性值类似，margin 特性值通常是以 px（像素）和 em（字体高度）为单位的相对值，也可以使用 margin-top、margin-right、margin-bottom 和 margin-left 特性分别设置上、右、下和左边界的宽度。

### 7.2.2　边框特性

边框特性用于设置元素盒子中的边框宽度（border-width）、边框样式（border-style）和边框颜色（border-color）等特性。

#### 1．边框宽度（border-width）

该特性用于设置元素盒子中的边框宽度。border-width 特性值通常是以 px（像素）和 em（字体高度）为单位的相对值，也可以使用 border-top-width、border-right-width、 border-bottom-width 和 border-left-width 特性分别设置上、右、下和左边框的宽度。

### 2．边框样式（border-style）

该特性用于设置元素盒子中的边框样式。border-style 特性值可以是 none（无边框）、dotted（点划线）、dashed（虚线）、solid（实线）、double（双线）、groover（槽状）、ridge（脊状）、insert（凹陷）和 outset（凸出）。也可以使用 border-top-style、border-right-style、border-bottom-style 和 border-left-style 特性分别设置上、右、下和左边框的样式。

### 3．边框颜色（border-color）

该特性用于设置元素盒子中的边框颜色。与 color 和 background-color 特性值类似，border-color 特性值可以是颜色名称，也可以是 rgb 代码，还可以是一个三位或六位的十六进制值数。也可以使用 border-top-color、border-right-color、border-bottom-color 和 border-left-color 特性分别设置上、右、下和左边框的颜色。

## 7.2.3　盒子模型演示

以下将通过在 p 元素上应用与盒子模型有关的样式特性来演示盒子模型，并说明元素盒子中的内容、填充、边框和边界。

【例 7-1】 演示盒子模型。具体步骤如下：

（1）将以下 XHTML 代码保存在 7-1.htm 文件中。

```
<!DOCTYPE html PUBLIC "-//W3C//DTD XHTML 1.0 Strict//EN"
 "http://www.w3.org/TR/xhtml1/DTD/xhtml1-strict.dtd">
<html xmlns="http://www.w3.org/1999/xhtml">
  <head>
    <meta http-equiv="content-type" content="text/html; charset=gb2312"/>
    <title>盒子模型</title>
    <style type="text/css">
      body { font-size:16px }
      .box { color:red; background-color:yellow;
        padding:40px; border:40px solid blue; margin:40px }
    </style>
  </head>
  <body>
    <div style="border:1px solid olive; width:352px">
      <p class="box">元素的文字内容</p>
    </div>
  </body>
</html>
```

在以上 XHTML 文档头部，使用 style 元素定义了内部样式表。其中，在第 1 条 CSS 规则中定义了类型选择器（body）。按照 CSS 的继承性，body 元素的后代元素 div 和 p 都会继承和沿用样式特性（font-size:16px）。在第 2 条 CSS 规则中定义了类选择器（.box），在该类选择器后面进一步定义了颜色（color）、背景颜色（background-color）、填充（padding）、边框（border）和边界（margin）等与盒子模型有关的样式特性。其中，特性声明（border:40px solid blue）定义了边框的宽度、样式和颜色，等价于特性声明（border-width:40px; border-style:solid; border-color:blue）。

（2）用 IE 浏览器打开 XHTML 文档 7-1.htm，网页"表现"如图 7-2 所示。

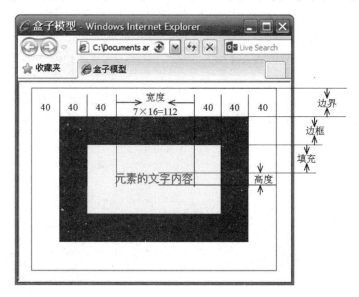

图 7-2　在 IE 浏览器中演示盒子模型（p 元素盒子）

注意：

① 为了说明和演示 p 元素盒子的边界，在以上 XHTML 文档主体中将 p 元素嵌套在 div 元素内。因此，div 元素和 p 元素是父元素和子元素的关系。同时，在 div 元素的开始标签中使用 style 属性声明了样式特性（border:1px solid olive）。这样，在 p 元素盒子的边界外可以增加一个矩形框。

② 在类选择器（.box）对应的特性声明中，填充（padding）、边框（border）和边界（margin）的宽度都是 40px。因此，在 p 元素盒子中，左/右填充、左/右边框和左/右边界共计占用 240px 的宽度。此外，p 元素继承和沿用了其父元素 body 的样式特性（font-size:16px），其中的 7 个汉字"元素的文字内容"共计占用 16×7=112px 的宽度。所以，整个 p 元素盒子的宽度就是 240+112=352px。相应地，作为 p 元素的父元素，div 元素应用行内样式（width:352px）。这样，div 元素盒子恰好容纳其中的 p 元素盒子。

③ 一般情况下，与盒子模型相关的样式特性只应用于 div、p 等块级元素上，而在 em、strong、a、img 和 span 等行内元素上并不直接应用这些样式特性。

## 7.3　元素及其盒子在网页中的排列

根据盒子模型及其原理，HTML 文档主体中的每个元素都被 Web 浏览器看成一个矩形盒子。在网页中，元素及其盒子的排列方式主要有三种：正常流（Normal Flow）、浮动（Float）和定位（Positioning）。

## 7.3.1　正常流中的元素盒子

默认情况下，所有元素盒子都是在正常流中排列的。在正常流中，元素盒子在网页中的位置是由元素在 HTML 文档中的位置决定的。具体而言，相邻行内元素的盒子在同一行中从左到右依次排列；相邻块级元素的盒子从上到下依次排列，其中每个块级元素的盒子独占一行；如果两个块级元素具有父元素与子元素的关系，那么父元素盒子就包含子元素盒子。

【例 7-2】　正常流中的元素盒子。XHTML 和 CSS 代码如下：

```
<!DOCTYPE html PUBLIC "-//W3C//DTD XHTML 1.0 Strict//EN"
  "http://www.w3.org/TR/xhtml1/DTD/xhtml1-strict.dtd">
<html xmlns="http://www.w3.org/1999/xhtml">
  <head>
    <meta http-equiv="content-type" content="text/html; charset=gb2312"/>
    <title>正常流中的元素盒子</title>
    <style type="text/css">
      div { padding:10px;  border:2px solid red;  margin:10px }
      a { padding:5px;  border:2px dashed green;  margin:5px }
      ul { padding:10px;  border:2px solid red;  margin:10px }
      li { padding:5px;  border:2px dotted green;  margin:5px }
    </style>
  </head>
  <body>
    <div>
      这是外面的块级 div 元素（父元素）盒子
      <a href="#">第 1 个行内 a 元素盒子</a>
      <a href="#">第 2 个行内 a 元素盒子</a>
    </div>
    <ul>
      这是外面的块级 ul 元素（父元素）盒子
      <li>这是里面的块级 li 元素（第 1 个子元素）盒子</li>
      <li>这是里面的块级 li 元素（第 2 个子元素）盒子</li>
      <li>这是里面的块级 li 元素（第 3 个子元素）盒子</li>
    </ul>
  </body>
</html>
```

在 XHTML 文档的 body 元素内，有一个块级 div 子元素和一个块级 ul 子元素。在块级 div 元素中包含两个相邻的行内 a 元素。在块级 ul 元素中包含三个块级 li 元素。此外，块级 ul 元素和块级 li 元素还定义了一个无序列表。

注意：在 Strict 类型的 XHTML 文档中，body 元素既不能直接包含文本内容，也不能直接包含 a、img 等行内元素。

用 IE 浏览器打开 XHTML 文档 7-2.htm，网页的"表现"如图 7-3 所示。

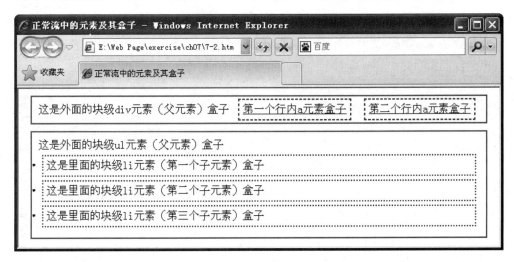

图 7-3　正常流中的元素及其盒子

其中，两个红色的实线框分别为块级 div 元素盒子和块级 ul 元素盒子的边框。在第 1 个红色实线框表示的块级 div 元素盒子中，又包含两个绿色虚线框表示的行内 a 元素盒子，并且这两个行内 a 元素盒子在同一行中从左到右依次排列。在第 2 个红色实线框表示的块级 ul 元素盒子中，又包含三个绿色点划线框表示的块级 li 元素盒子，其中的每个块级 li 元素盒子独占一行，并且这三个块级 li 元素盒子从上到下依次排列。

## 7.3.2　元素盒子的浮动

在正常流中，相邻块级元素的盒子都是上下排列，相邻行内元素的盒子都是左右排列。但在正常流中，元素盒子的排列方式十分有限，大大限制了网页布局的灵活性。为此，CSS 还允许使用浮动方法在网页中排列元素盒子。

默认情况下，每个元素盒子的 float 特性值都是 none，也就是元素盒子在正常流中且不浮动。但是，如果将 float 特性值设置为 left 或 right，元素盒子就会在其父元素盒子内向左或向右浮动。

【例 7-3】元素盒子的浮动。XHTML 和 CSS 代码如下：

```
<!DOCTYPE html PUBLIC "-//W3C//DTD XHTML 1.0 Strict//EN"
  "http://www.w3.org/TR/xhtml1/DTD/xhtml1-strict.dtd">
<html xmlns="http://www.w3.org/1999/xhtml">
  <head>
    <meta http-equiv="content-type" content="text/html; charset=gb2312"/>
    <title>元素盒子的浮动</title>
```

```
    <style type="text/css">
      ul { list-style:none }
      li { float:left; width:180px; border:1px solid; }
    </style>
  </head>
  <body>
    <ul>
      <li>第 1 个 li 元素盒子</li>
      <li>第 2 个 li 元素盒子</li>
      <li>第 3 个 li 元素盒子</li>
    </ul>
  </body>
</html>
```

在 XHTML 文档头部的内部样式表中，使用类型选择器(li)将 float 特性值设置为 left，且该类型选择器与主体中的每个 li 元素相匹配。因此，主体中的三个 li 元素的 float 特性值均为 left。

用 IE 浏览器打开 XHTML 文档 7-3.htm，网页的"表现"如图 7-4 所示。

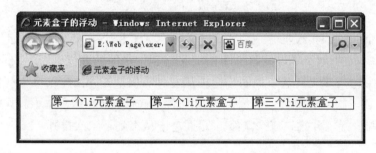

图 7-4　元素盒子的浮动

由于三个 li 元素的 float 特性值均为 left，所以，第 1 个 li 元素盒子会在其父元素(ul)盒子内向左浮动。由于第 1 个 li 元素盒子的右侧还有足够的空间，所以，第 2 个 li 元素盒子也会上浮到第 1 个 li 元素盒子所在行，并紧靠第 1 个 li 元素盒子的右侧。同理，由于第 2 个 li 元素盒子的右侧也还有足够的空间，所以，第 3 个 li 元素盒子也会上浮到第 2 个 li 元素盒子所在行，并紧靠第 2 个 li 元素盒子的右侧。这样，三个 li 元素盒子会在同一行中从左向右依次排列。

注意：

① 在 XHTML 文档头部的内部样式表中，特性声明( border:1px solid )定义盒子的上、右、下和左四个边框的宽度均为 1px，且样式都为实线。

② 如图 7-5（a）所示，当缩窄 IE 浏览器窗口时，由于同一行的宽度过窄，第 3 个 li 元素盒子将不能和前两个 li 元素盒子在同一行中。如图 7-5（b）所示，当进一步缩窄 IE 浏览器窗口时，每个 li 元素盒子会独占一行。

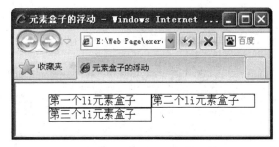

（a）三个 li 元素盒子排列在两行上　　　（b）三个 li 元素盒子排列在三行上

图 7-5　元素盒子的浮动

### 7.3.3　应用 CSS 和盒子浮动制作水平导航条

在 Web 标准网页设计和制作中，使用 ul、li 和 a 元素、并应用 CSS 和盒子浮动，可以制作水平导航条。

【例 7-4】　应用 CSS 和盒子浮动制作水平导航条。XHTML 代码如下：

```
<!DOCTYPE html PUBLIC "-//W3C//DTD XHTML 1.0 Strict//EN"
  "http://www.w3.org/TR/xhtml1/DTD/xhtml1-strict.dtd">
<html xmlns="http://www.w3.org/1999/xhtml">
  <head>
    <meta http-equiv="content-type" content="text/html; charset=gb2312"/>
    <title>水平导航条</title>
    <style type="text/css">
      ul { width:450px; margin:0 auto; list-style:none; }
      li { float:left; width:150px; padding:10px 0; background-color:#FA1;
        text-align:center; }
      a { text-decoration:none; color:red; }
      a:hover { color:purple; }
    </style>
  </head>
  <body>
    <ul>
      <li><a href="#">链 接 1</a></li>
      <li><a href="#">链 接 2</a></li>
      <li><a href="#">链 接 2</a></li>
    </ul>
  </body>
</html>
```

在 XHTML 文档头部的内部样式表中，使用类型选择器（li）将 float 特性值设置为 left。所以，主体中的每个 li 元素会在其父元素 ul 盒子内向左浮动。而在主体的 li 元素中将 a 元素作为其子元素，则可以在无序列表中创建文本超链接。此外，在内部样式表的第 4 条 CSS 规则中使用了类型选择器及伪类（a:hover），这样可以定义动态的文本超链接——当鼠标悬停在超链接上时，超链接中的文本会显示为紫色。

用 IE 浏览器打开 XHTML 文档 7-4.htm，网页的"表现"如图 7-6 所示。

图 7-6　使用 ul、li 和 a 元素以及盒子浮动制作水平导航条

在类型选择器 ul 后面的特性声明中，width 特性值为 450px；在类型选择器 li 后面的特性声明中，width 特性值为 150px。这样，ul 元素盒子的内部宽度固定为 450px，每个 li 元素盒子的总宽度均为 150px。所以，ul 元素盒子恰好可以容纳三个 li 元素盒子。因此，即使缩窄 IE 浏览器窗口，三个 li 元素盒子始终在同一行中。

**注意:**

① 在内部样式表中，特性声明 padding:10px 0 定义盒子的上和下填充的宽度是 10px，而右和左填充的宽度是 0。

② 在类型选择器 ul 后面，特性声明 margin:0 auto 代表上、下边界的宽度是 0，而右、左边界的宽度可以随 IE 浏览器窗口宽度的变化而自动调整。这样，水平导航条始终在 IE 浏览器内水平居中。

##  7.4　div+CSS 网页布局

网页布局是网页设计与制作的一项重要工作。通过合理的网页布局，可以将网页中的文字、图像等内容完美、整洁地展示在 Web 浏览器中，优化网页"表现"效果，甚至提高网页的下载速度。在传统的网页设计与制作中，主要采用表格布局方法，即使用 table、tr、td 等元素将网页的平面空间划分为不同的矩形区域。

但随着 CSS 技术的发展、应用和规范，div+CSS 网页布局已经成为 Web 网页设计与制作的标准方法，并已经取代传统的表格布局方法。在 div+CSS 网页布局中，主要使用 div 元素和 CSS 样式表对网页的平面空间进行分区。

如图 7-7 所示，id 属性值为 wrapper、header、naviBar、mainContent 和 footer 的五个 div 元素分别定义了五个盒子，每个盒子占据网页平面空间的一个矩形区域。其中，wrapper 盒子定义整个网页在 Web 浏览器窗口中所占的平面空间，并且包含 HTML 文档主体中的所有元素及网页的全部内容。在 wrapper 盒子内，从上到下依次排列 header、naviBar、mainContent 和 footer 四个 div 元素盒子。在 naviBar 盒子内，又包含使用 ul、li 和 a 元素以及盒子浮动制作的水平导航条。

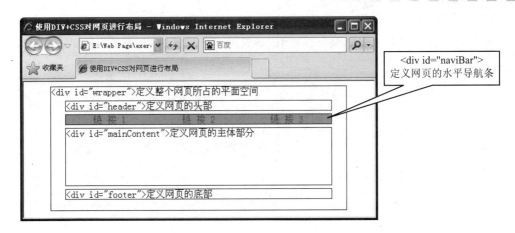

图 7-7　div+CSS 网页布局之一

【例 7-5】根据图 7-7 中的网页布局示意图，使用 div+CSS 进行网页布局。XHTML 代码如下：

```
<!DOCTYPE html PUBLIC "-//W3C//DTD XHTML 1.0 Strict//EN"
  "http://www.w3.org/TR/xhtml1/DTD/xhtml1-strict.dtd">
<html xmlns="http://www.w3.org/1999/xhtml">
<head>
  <meta http-equiv="content-type" content="text/html; charset=gb2312"/>
  <title>使用 div+CSS 对网页进行布局</title>
  <style type="text/css">
    #wrapper { width:500px; height:13em; padding:0; border:1px solid;
      margin:5px auto; }
    #header { width:450px; height:1em; border:1px solid; margin:5px auto; }

    #naviBar { width:450px; height:1em; border:1px solid; margin:5px auto;
      background-color:#FA1; }
    #naviBar ul { width:450px; padding:0; margin:0 auto; list-style:none; }
    #naviBar li { float:left; width:150px; text-align:center; }
    #naviBar a { text-decoration:none; color:red; }
    #naviBar a:hover { color:purple; }

    #mainContent { width:450px; height:6em; border:1px solid;
      margin:5px auto; }

    #footer { width:450px; height:1em; border:1px solid; margin:5px auto; }
  </style>
</head>
<body>
  <div id="wrapper">
    id 属性值为 wrapper 的 div 元素盒子定义整个网页所占的平面空间
    <div id="header">id 属性值为 header 的 div 元素盒子定义网页的头部</div>
```

```
<!--id 属性值为 naviBar 的 div 元素盒子定义网页的水平导航条-->
<div id="naviBar">
  <ul>
    <li><a href="#">链　接　1</a></li>
    <li><a href="#">链　接　2</a></li>
    <li><a href="#">链　接　3</a></li>
  </ul>
</div>

<div id="mainContent">id 属性值为 mainContent 的 div 元素盒子定义网页的主体部分
</div>

<div id="footer">id 属性值为 footer 的 div 元素盒子定义网页的底部</div>
  </div>
</body>
</html>
```

图 7-8 为另一种常见的网页布局。在 wrapper 盒子内，从上到下依次排列 logo、banner、naviBar、mainContent 和 footer 五个 div 元素盒子；在 mainContent 盒子内，从左到右又并行排列 sideBar 和 content 两个盒子。

图 7-8　div+CSS 网页布局之二

每个盒子在网页布局中有着特定的用途。其中，logo 盒子用于设置网站标志，可以将网站标志图像嵌入 logo 盒子；在 banner 盒子内放置广告或宣传图片，一般使用 GIF 格式的图像文件，可以使用静态图像，也可以用多帧图像拼接为动画图像；naviBar 盒子包含使用 ul、li 和 a 元素以及盒子浮动制作的水平导航条；在 sideBar 盒子内，包含二级导航条；网站的主要内容则组织在 content 盒子内。

【**例 7-6**】（由读者自己完成）根据图 7-8 中的网页布局示意图，使用 div+CSS 进行网页布局，并写出 XHTML 代码。其他要求如下：

（1）使用内部样式表。

（2）在 Web 浏览器中显示示意图中的文本和边框。

 ## 7.5  Web 标准网页设计举例

为了使网页能够在不同 Web 浏览器中正常显示，应该遵循"内容和结构与表现分离"的原则，这也是 Web 标准网页设计的基本原则。

在 Web 标准网页设计与制作中，"内容和结构"保存在 XHTML 文档中，"表现"的定义则保存在 CSS 文档的外部样式表中。在 XHTML 文档头部，使用 link 元素可以链接 CSS 文档中的外部样式表。在 XHTML 文档主体，如果元素与外部样式表中的选择器及其 CSS 规则匹配，元素中的内容将按照 CSS 规则中的特性声明"表现"在网页中。

图 7-9 为使用 XHTML+div+CSS 技术制作的 Web 标准网页。该网页从上到下依次划分为标志（logo）、横幅（banner）、水平导航条（naviBar）、主要内容（mainContent）和底部（footer）五个部分。

图 7-9  使用 XHTML+div+CSS 技术制作的 Web 标准网页

网页中的每个部分通常使用 CSS 外部样式表的 ID 选择器和 XHTML 文档中的 div 元素来实现。通常情况下，XHTML 文档的主体通常具有以下结构：

```
<body>
  <div id="wrapper">
    <div id="logo">…</div>
    <div id="banner">…</div>
    <div id="naviBar">…</div>
    <div id="mainContent">…</div>
    <div id="footer">…</div>
  </div>
</body>
```

其中，标志（logo）、横幅（banner）、水平导航条（naviBar）、主要内容（mainContent）和底部（footer）等对应的 div 元素又包含在 id 属性值为 wrapper 的 div 元素内。在 id 属性值为 naviBar 的 div 元素内，又可以使用 ul、li 和 a 元素以及盒子浮动制作水平导航条。

【例 7-7】 根据图 7-9 中的网页示意图，使用 XHTML+div+CSS 技术设计 Web 标准网页。要求使用 XHTML 文档和 CSS 文档实现"内容和结构与表现的分离"。

（1）首先，在 CSS 文档（7-7.css）中创建外部样式表。CSS 代码如下：

```
#wrapper { width:780px; margin:0 auto; font-family:STKaiti; }
  #logo { width:760px; height:30px; padding:10px; background-color:#CCC;
    font-size:30px; font-family:STHeiti; }
  #banner{ width:780px; height:100px; background-image:url("../ch02/2-4. gif"); }

  #naviBar { width:780px; height:2em; padding:0; background-color:#FA1; }
  #naviBar ul { width:780px; padding:0.5em 0; margin:0 auto; list-style:none; }
  #naviBar li { float:left; width:260px; text-align:center; }
  #naviBar a { text-decoration:none; color:red; }
  #naviBar a:hover { color:purple; }

  #mainContent { width:760px; padding:10px; background-color:#CFF; }
    .para { text-indent:2em; }

  #footer { width:760px; height:1em; padding:10px; background-color:#FF9; }
    address { text-align:center; }
```

在 CSS 文档中，ID 选择器#logo、#banner、#naviBar、#mainContent 和#footer 分别对应网页中的标志（logo）、横幅（banner）、水平导航条（naviBar）、主要内容（mainContent）和底部（footer）。

ID 选择器#wrapper 对应 XHTML 文档主体中 id 属性值为 wrapper 的 div 元素。

类选择器.para 用于定义网页主要内容中文本的段落样式，其后的特性声明 text-indent:2em 将段落的首行缩进设置为 2em。

通过类型选择器 address 定义的样式将作用于网页底部中的文本，并使文本水平居中。

（2）然后，在 XHTML 文档（7-7.htm）中使用如下代码：

```
<!DOCTYPE html PUBLIC "-//W3C//DTD XHTML 1.0 Strict//EN"
```

```
        "http://www.w3.org/TR/xhtml1/DTD/xhtml1-strict.dtd">
<html xmlns="http://www.w3.org/1999/xhtml">
  <head>
    <meta http-equiv="content-type" content="text/html; charset=gb2312"/>
    <title>使用 XHTML+div+CSS 设计 Web 标准网页</title>
    <link rel="stylesheet" type="text/css" href="7-7.css"/>
  </head>
  <body>
    <div id="wrapper">
      <div id="logo">Web 标准网页设计原理与制作技术</div>
      <div id="banner"></div>

      <div id="naviBar">
        <ul>
          <li><a href="#">课程介绍</a></li>
          <li><a href="#">课堂教学</a></li>
          <li><a href="#">学习参考</a></li>
        </ul>
      </div>


      <div id="mainContent">
        <p class="para">本课程以 HTML 4.01、XHTML 1.0 和 CSS 2.1 技术规范为基础，
重点讲解基于 XHTML、div 和 CSS 的 Web 标准网页设计原理和制作技术。</p>
        <p class="para">与 HTML 相比，XHTML 的语法更加规范和严谨。CSS 为网页的样式
设计提供了灵活的手段，能够“通过样式实现网页的表现”，并使网页“表现”出丰富的视觉效果。使用
XHTML 和 CSS，能够实现“内容和结构与表现的分离”。在 Web 标准网页设计与制作中，“内容和结构”
保存在 XHTML 文档中，“表现”的定义则保存在 CSS 文档中。在 XHTML 文档头部，使用 link 元素可以
链接 CSS 文档中的外部样式表。在 XHTML 文档主体，如果元素与外部样式表中的选择器及其 CSS 规则
匹配，元素中的内容将按照 CSS 规则中的特性声明“表现”在网页中。利用 div+CSS，不仅能够对网页
进行灵活的布局，而且能够统一网站内网页的设计风格，同时大大提高样式代码的可重用性，并降低创
建、调整和修改网页的成本。</p>
        <p class="para">本课程能够帮助学习者了解 Web 标准网页设计的基本原理，掌握
XHTML、div 和 CSS 等最新的网页制作技术，为今后的动态网页设计与制作以及网站开发与管理打下坚
实的基础。</p>
      </div>
      <div id="footer">
        <address>Copyright @ 2010-2018 《网页设计与制作》课程建设小组</address>
      </div>
    </div>
  </body>
</html>
```

**注意：**

① 在 CSS 及其应用中，ID 选择器和类选择器似乎相似，但两者的用法有较大区别。
首先，在一个 XHTML 文档中，同一 ID 选择器只能使用一次，而同一类选择器可以使用

多次。例如，在 CSS 文档的外部样式表中，既有 ID 选择器#logo 和#mainContent，又有类选择器 para。而在 XHTML 文档中，只能有一个 div 元素的 id 属性值是 logo，也只能有一个 div 元素的 id 属性值是 mainContent，但可以有三个 p 元素的 class 属性值是 para。其次，ID 选择器主要用于对网页进行分区和搭建网页的大框架，而类选择器通常用来定义细节性的样式。例如，在 XHTML 文档中，id 属性值为 logo 的 div 元素定义了网页的标志区，id 属性值为 mainContent 的 div 元素定义了网页的主要内容区，而类选择器.para 则用于定义段落样式。综上所述，相对于类选择器，ID 选择器的针对性更强。

② 在 XHTML 文档主体，通常将块级元素 div 用作一个容器——在一个 div 元素中，既可以包含行内元素，也可以包含其他 div 元素或块级元素。例如，在 XHTML 文档主体，id 属性值为 wrapper 的 div 元素是一个最外层的容器，在其中又包含 id 属性值为 logo、banner、naviBar、mainContent 和 footer 的五个 div 元素。

③ padding、border 和 margin 特性的默认值均是 0。但是，只有精确设置 width、height、padding、border 和 margin 等特性值，才能保证相关 div 元素盒子之间的无缝连接。

例如，在本例中，id 属性值为 wrapper 的 div 元素盒子的内部宽度（width）是 780px，其直接包含的 div 元素盒子的总宽度也应该恰好为 780px。另一方面，在 id 属性值为 logo 的 div 元素盒子对应的 ID 选择器#logo 中，padding 和 width 的特性值分别为 10px 和 760px，border 和 margin 特性的默认值是 0，因此，该 div 元素盒子的总宽度就是 780px，恰好占满 wrapper 盒子的内部宽度。

又如，id 属性值为 naviBar 的 div 元素盒子以及 ul 元素盒子的宽度（width）都是 780px。另一方面，依据类型选择器（li）后面的特性声明，每个 li 元素的 padding、border 和 margin 特性值都是 0，宽度（width）都是 260px。这样，三个 li 元素盒子的总宽度之和就是 780px，恰好占满 ul 元素盒子的内部宽度。

## 7.6  小结

在 HTML 元素的盒子模型中，从里向外依次是内容、填充、边框和边界。

元素及其盒子在网页中的排列方式主要有正常流、浮动和定位三种。

在正常流中，元素盒子在网页中的位置是由元素在 HTML 文档中的位置决定的。具体而言，相邻行内元素的盒子在同一行中从左到右依次排列；相邻块级元素的盒子从上到下依次排列，其中每个块级元素的盒子独占一行；如果两个块级元素具有父元素与子元素的关系，那么父元素盒子就包含子元素盒子。

在 HTML 及 XHTML 中，元素的 float 特性的默认值是 none，也就是正常流情况。但是，如果将 float 特性值设置为 left 或 right，元素盒子就会在其父元素盒子内向左或向右浮动。

在 Web 标准网页中，经常使用 ul、li 和 a 元素、并应用 CSS 和盒子浮动技术制作水平导航条。

div+CSS 网页布局已经成为 Web 网页设计与制作的标准技术，使用 div 元素和 CSS 样式表能够灵活地对网页的平面空间进行分区。

 习题

1. 在【例 7-1】的 XHTML 文档中，如果将 div 元素的开始标签及其代码做如下修改：

```
<div style="…width:350px">
```

然后用 IE 浏览器打开该 XHTML 文档，观察并分析 p 元素盒子及其中内容布局发生的改变。

2. 元素盒子的精确嵌套。XHTML 文档的部分代码如下：

```
<!DOCTYPE html PUBLIC "-//W3C//DTD XHTML 1.0 Strict//EN"
 "http://www.w3.org/TR/xhtml1/DTD/xhtml1-strict.dtd">
<html xmlns="http://www.w3.org/1999/xhtml">
 <head>
   <meta http-equiv="content-type" content="text/html; charset=gb2312"/>
   <title>盒子的嵌套</title>
   <style type="text/css">
     #outer { padding:10px; border:2px solid red; margin:0 auto;
       height:200px; width:300px }
     #inner { padding:10px; border:10px dashed green; margin:30px 10px;
       height: (   ) ; width: (   ) }
   </style>
 </head>
 <body>
   <div id="outer">
     <div id="inner"></div>
   </div>
 </body>
</html>
```

在上述两个空格中填入相应的特性值，使 id 属性值为 inner 的 div 元素盒子在 id 属性值为 outer 的 div 元素盒子内水平居中和垂直居中，如图 7-10 所示。

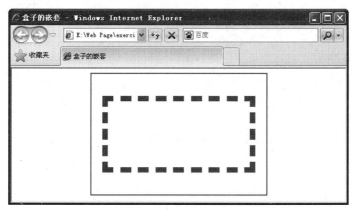

图 7-10　元素盒子的精确嵌套

3．将【例 7-5】样式表中的后代选择器改写为子元素选择器。

4．参考图 7-11 并修改【例 7-5】中的 XHTML 文档，使用 div+CSS 技术布局网页。

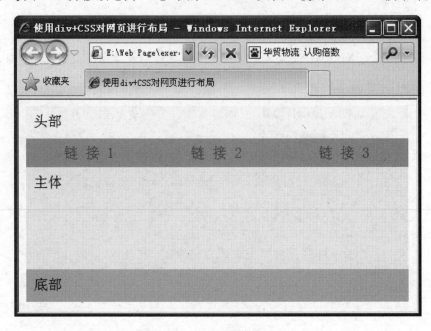

图 7-11　网页布局示意图

5．参考图 7-12，使用 div+CSS 技术布局网页。

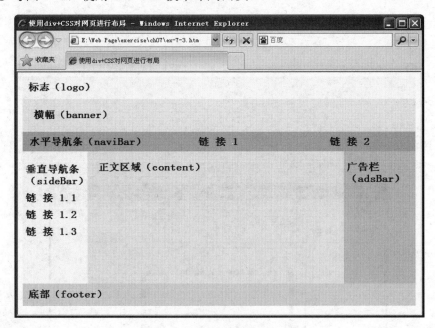

图 7-12　更复杂的网页布局

6．按照图 7-13 中的网页示意图，并按照图中标示的要求、使用 XHTML+ div+CSS 技术设计 Web 标准网页。其他要求：

图 7-13　Web 标准网页示意图

（1）标志（logo）中的文本水平居中。

（2）使用 XHTML 文档和 CSS 文档实现"内容和结构与表现的分离"。

（3）重新制作交替切换和显示的 GIF 动画图片，并使其恰好占满横幅（banner）的平面空间。

# 第8章 使用 Dreamweaver 设计和制作网页

Dreamweaver 是一款专业的网页设计和制作软件。使用 Dreamweaver，不仅可以快速地创建 CSS 文档及其中的样式表，而且能够轻松地创建、编辑 XHTML 文档并应用 CSS 文档中的样式。

## 8.1 Dreamweaver 软件的工作界面

如图 8-1 所示，Dreamweaver 软件的工作界面由菜单栏、面板组、属性检查器和文档窗口等组成。

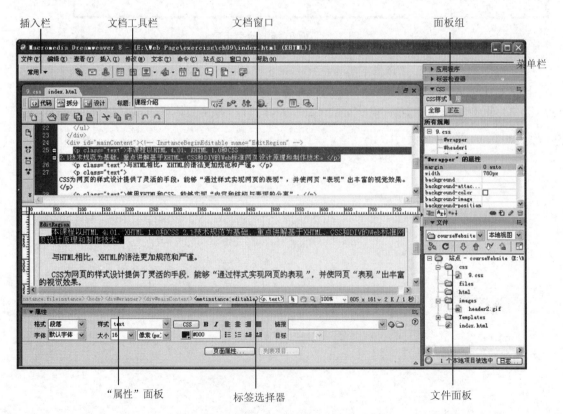

图 8-1  Dreamweaver 软件的工作界面

**1．菜单栏**

菜单栏位于 Dreamweaver 窗口的上方，包括文件、编辑、查看、插入、修改、文本、命令、站点、窗口和帮助等菜单。每个菜单又包含一组功能相关的命令。

选择"窗口"菜单中的命令，可以打开相应的面板、检查器和窗口。

**2．插入栏**

插入栏包含用于将各种类型的"对象"（如超链接、表格和图像）插入 XHTML 文档的按钮。插入的每个对象都对应一段 HTML 代码，并允许在插入对象时设置相应元素的属性。例如，在插入栏中单击"表格"按钮，可以插入一个表格。也可以使用"插入"菜单插入某些对象。

**3．文档工具栏**

文档工具栏包含各种按钮，能够提供 XHTML 文档的三种视图（如"设计"视图和"代码"视图）、各种查看选项和一些常用操作（如在 Web 浏览器中预览 XHTML 文档）。

**4．文档窗口**

文档窗口显示当前创建和编辑的 CSS 文档或 XHTML 文档。

**5．"属性"面板**

"属性"面板用于查看、设置和修改所选对象或文本的各种属性。每种对象都具有不同的属性。

**6．标签选择器**

标签选择器位于文档窗口底部的状态栏中，显示环绕当前选定内容的标签的层次结构。单击该层次结构中的任何标签可以选择该标签及其全部内容。

**7．面板组**

面板组是组合在一个标题下面的相关面板的集合。若要展开一个面板组，可以单击组名称左侧的展开箭头；若要取消停靠一个面板组，可以拖动该组标题条左边缘的手柄。

**8．文件面板**

文件面板用于管理文件和文件夹。类似于 Windows 资源管理器，通过文件面板可以访问本地磁盘上与网站有关的各种文件。

## 8.2　使用 Dreamweaver 创建 CSS 文档

使用 Dreamweaver，可以快速地创建、编辑 CSS 文档及其中的外部样式表。

【例 8-1】　使用 Dreamweaver 创建 CSS 文档（6-5.css）及其中的样式表。具体步骤如下：

（1）新建 CSS 文档。进入 Dreamweaver 后，在菜单栏中选择"文件"|"新建"命令，会弹出"新建文档"对话框。如图 8-2 所示，在"新建文档"对话框的"类别"列表中选择"基本页"，在"基本页"列表中选择 CSS。然后，单击"创建"按钮，即可新建 CSS 文档，并打开"文档"窗口。

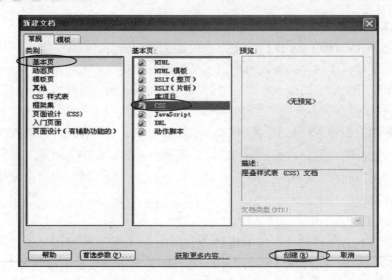

**图 8-2　在"新建文档"对话框中创建 CSS 文档**

（2）创建类型选择器及其 CSS 规则。如图 8-3 所示，外部样式表出现在文档窗口中。在文档工具栏中，"拆分"视图和"设计"视图按钮已被禁用。因此，在文档窗口中只能通过"代码"视图创建和编辑 CSS 规则。

如图 8-3 所示，在 CSS 面板的右下角单击"新建 CSS 规则"按钮，会弹出"新建 CSS 规则"对话框。在"新建 CSS 规则"对话框中，首先在"选择器类型"选项组中选择"标签"，然后从"标签"下拉列表框中选择 HTML 元素 h1，最后单击"确定"按钮。这时，会弹出"h1 的 CSS 规则定义"对话框。

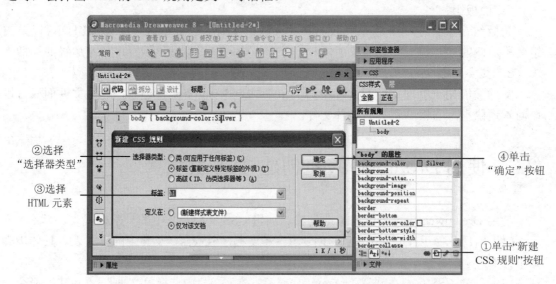

**图 8-3　创建类型选择器及其 CSS 规则**

（3）设置样式特性值。如图 8-4（a）所示，在"h1 的 CSS 规则定义"对话框中，样式特性分为类型、背景、区块、方框、边框、列表、定位和扩展八个类别。通过该对话框，可以设置 CSS 规则中的样式特性以及对应的特性值。

如图 8-4（a）所示，在"h1 的 CSS 规则定义"对话框中，"分类"列表中自动选定"类型"。此时，在该对话框的右边，将字体颜色的特性（color）值设置为红色（Red）。

（a）设置字体颜色特性　　　　　　　　　　　　（b）设置文本对齐特性

**图 8-4　设置 CSS 规则中的样式特性以及对应的特性值**

如图 8-4(b)所示，在"h1 的 CSS 规则定义"对话框的"分类"列表中选定"区块"，再在该对话框的右边将文本对齐的特性（text-align）值设置为居中（center）。然后，单击"确定"按钮，即可在文档窗口中自动创建如下的 CSS 代码：

```
h1 { color:Red;  text-align:center }
```

**注意**：在 Dreamweaver 中，标签选择器即是 CSS 2.1 规范中定义的类型选择器。

（4）使用 CSS 面板向 CSS 规则添加特性声明。如图 8-5 所示，在 CSS 面板中，首先在"所有规则"中选择 h1，然后在"h1 的属性"中将字符间距特性（letter-spacing）值设置为 1em，即可向类型选择器 h1 对应的 CSS 规则添加特性声明。

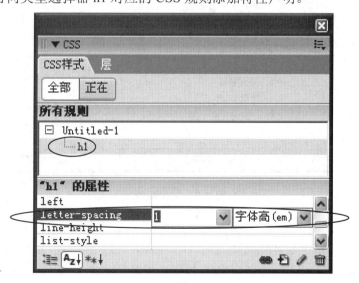

**图 8-5　使用 CSS 面板向 CSS 规则添加特性声明**

此时，文档窗口中的 CSS 代码如下：

```
h1 { text-align:center;  color:Red;  letter-spacing:1em }
```

（5）继续在 CSS 文档中创建 CSS 规则。按照步骤（2）～（4）中的操作方法，创建如下完整的 CSS 代码：

```
body { background-color:Silver }
h1 { text-align:center;  color:Red;  letter-spacing:1em }
h2 { text-align:center }
.zhengwen { text-align:center;  color:Blue;  font-weight:bolder }
```

（6）保存 CSS 文档及其中的样式表。在菜单栏中选择"文件"|"保存"命令，在弹出的"另存为"对话框中选定保存 CSS 文档的文件夹并指定文件名 8-1.css。然后，单击"保存"按钮，即可保存 CSS 文档及其中的样式表。

在上述步骤（3）的"CSS 规则定义"对话框中，样式特性被分为类型、背景、区块、方框、边框、列表、定位和扩展等八个类别。通过该对话框，可以设置 CSS 规则中的样式特性以及对应的特性值。以下主要介绍前面几类样式特性。

（1）类型特性。

如图 8-6 所示，类型特性用来对网页中文本的字体（font-family）、大小（font-size）、样式（font-style）、行高（line-height）、修饰（text-decoration）、粗细（font-weight）和颜色（color）等特性进行设置。

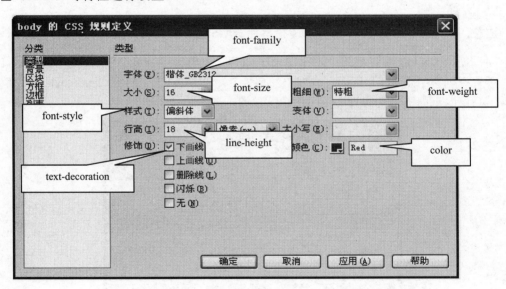

图 8-6　类型特性

（2）背景特性。

背景特性主要作用于 body、table 和 div 等结构性和块级元素。如图 8-7 所示，常用的背景特性有背景颜色（background-color）和背景图像（background-image）。

（3）区块特性。

区块特性用来对文本中的单词间距（word-spacing）、字母间距（letter-spacing）、垂直对齐（vertical-align）、文本对齐（text-align）、文字缩进（text-indent）和显示（display）等特性进行设置。常见的区块特性如图 8-8 所示。

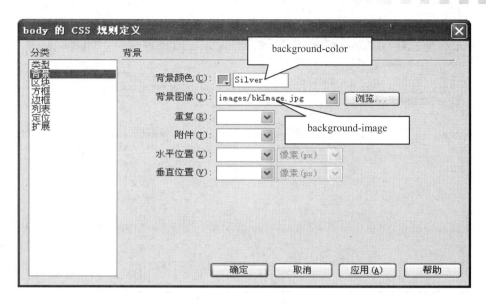

图 8-7 背景特性

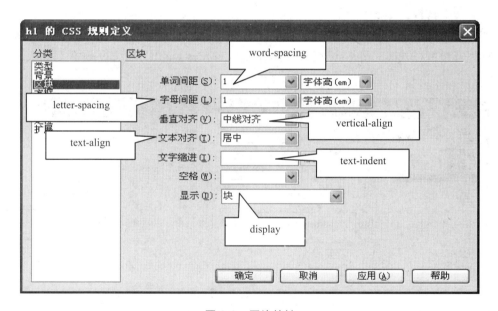

图 8-8 区块特性

（4）方框特性。

方框特性主要作用于 div 元素及其盒子。如图 8-9 所示，常用的方框特性有宽度（width）、高度（height）、浮动（float）、填充（padding）和边界（margin）等。

**注意：**

① padding 特性又可细分为 padding-top、padding-right、padding-bottom 和 padding-left。

② margin 特性又可细分为 margin-top、margin-right、margin-bottom 和 margin-left。

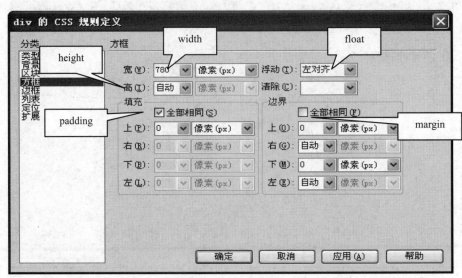

图 8-9    方框特性

（5）边框特性。

和方框特性类似，边框特性也主要作用于 div 元素及其盒子。如图 8-10 所示，常用的边框特性有边框样式（border-style）、边框宽度（border-width）和边框颜色（border-color）等特性。

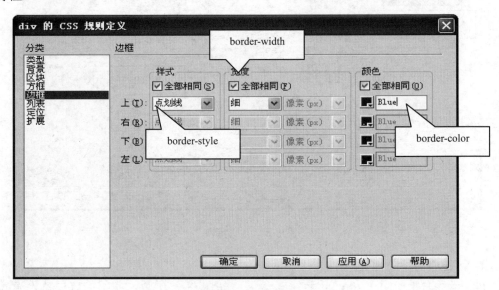

图 8-10    边框特性

## 8.3    使用 Dreamweaver 创建 XHTML 文档

熟练使用 Dreamweaver，可以轻松地创建 XHTML 文档，并高效地设计和制作    网页。

【例 8-2】　使用 Dreamweaver 创建 XHTML 文档（6-5.htm）。具体步骤如下：

（1）新建 XHTML 文档。进入 Dreamweaver 后，在菜单栏中选择"文件"|"新建"命令，会弹出"新建文档"对话框。如图 8-11 所示，在"新建文档"对话框的"类别"列表框中选择"基本页"，在"基本页"列表框中选择 HTML，在"文档类型"下拉列表框中选择 XHTML 1.0 Strict。然后，单击"创建"按钮，即可新建 XHTML 文档，同时打开文档窗口。

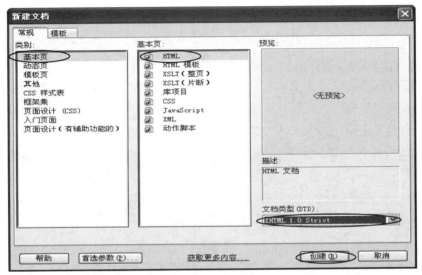

图 8-11　在"新建文档"对话框中创建 XHTML 文档

如图 8-12 所示，在文档窗口中，Dreamweaver 会自动生成文件类型定义以及有关html、head、meta、title 和 body 等 HTML 元素的代码，这些代码构成了 Strict 类型的XHTML 文档的基本结构。

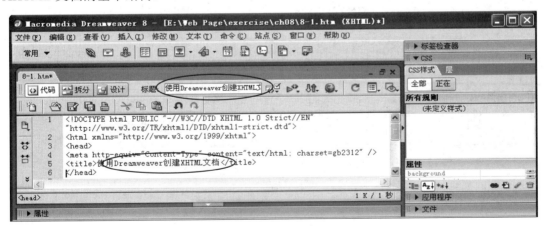

图 8-12　设置网页标题

（2）设置网页标题。如图 8-12 所示，在文档工具栏的"标题"文本框中输入文本"使用 Dreamweaver 创建 XHTML 文档",然后按回车键(即 Enter 键)即可设置网页标题。

(3)保存 XHTML 文档。在菜单栏中选择"文件"|"保存"命令,在弹出的"另存为"对话框中选定保存 XHTML 文档的文件夹,并指定 XHTML 文档的文件名 8-2.htm。然后,单击"保存"按钮,即可保存 XHTML 文档及其中的 HTML 代码。

(4)切换到 XHTML 文档的"拆分"视图。在 Dreamweaver 窗口中,XHTML 文档有三种视图——"代码""设计"和"拆分"视图。在"代码"视图中可以直接编辑和显示 HTML 代码。"设计"视图是一个可视化的网页设计和制作环境,在其中会显示类似在 Web 浏览器中看到的内容。在"拆分"视图中能够同时看到 XHTML 文档的"代码"和"设计"视图。在 Dreamweaver 窗口的文档工具栏中单击"拆分"按钮,即可切换到 XHTML 文档的"拆分"视图。

(5)链接外部样式表。如图 8-13 所示,在 CSS 面板的右下角单击"附加样式表"按钮,会弹出"链接外部样式表"对话框。在"链接外部样式表"对话框中,单击"浏览"按钮。在弹出的"选择样式表文件"对话框中选择 CSS 文档(8-1.css),单击"确定"按钮,即可返回"链接外部样式表"对话框。在"链接外部样式表"对话框中,单击"确定"按钮,即可在 XHTML 文档头部自动生成 link 元素及其代码。这样,在 XHTML 文档(8-1.htm)中即可链接 CSS 文档(8-1.css)中的外部样式表。

在 Dreamweaver 窗口右边的 CSS 面板中,可以看到外部样式表中的三个类型选择器(body、h1、h2)和一个类选择器(.zhengwen)。

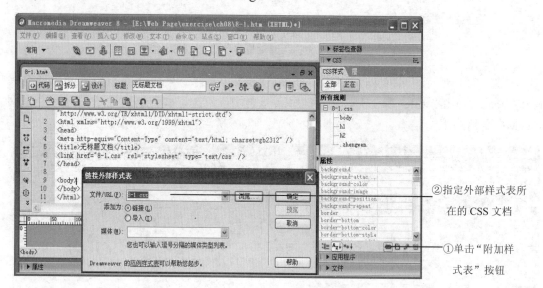

图 8-13　链接外部样式表

(6)在 XHTML 文档主体输入文本内容。首先,切换到"设计"视图,并在文档窗口底部的标签选择器中选择 body 标签。然后,在"设计"视图中输入如下文本:

静夜思唐.李白床前明月光,疑是地上霜。举头望明月,低头思故乡。【简析】这是写远客思乡之情的诗,诗以明白如话的语言雕琢出明静醉人的秋夜的意境。它不追求想象的新颖奇特，也摒弃了辞藻的精工华美；它以清新朴素的笔触，抒写了丰富深曲的内容。境是境，情是情，那么逼真，那么动人，百读不厌，耐人寻味。无怪乎有人赞它是"妙绝古今"。

在"代码"视图中可以看到，这些文本将位于 body 元素的开始标签和结束标签之间。

（7）在文本内容上应用类型选择器对应的 CSS 规则及其样式。如图 8-14 所示，首先，在"代码"视图中选中文本"静夜思"。然后右击，在弹出的快捷菜单中选择"插入标签"命令，会弹出"标签选择器"对话框。在"标签选择器"对话框的左边列表中选择"HTML 标签"，再在右边列表中双击"h1"，会弹出"标签编辑器"对话框。在"标签编辑器"对话框中单击"确定"按钮，即可在文本"静夜思"两端添加元素 h1 的开始标签和结束标签，同时关闭"标签编辑器"对话框。这样，XHTML 文档主体中的文本"静夜思"即可应用类型选择器（h1）对应的 CSS 规则（h1 { text-align:center;　color:Red; letter-spacing:1em }）及其中的样式。

图 8-14　在文本内容上应用类型选择器及其样式

返回"标签选择器"对话框后，单击"关闭"按钮，即可关闭"标签选择器"对话框。

按照类似的操作方法，在文本"唐.李白"上应用类型选择器（h2）对应的 CSS 规则（h2 { text-align:center }）及其中的样式。

（8）在文本内容上应用类选择器对应的 CSS 规则及其样式。首先，在"代码"视图中选中文本"床前明月光，疑是地上霜。举头望明月，低头思故乡。"。然后右击，在弹出的快捷菜单中选择"插入标签"命令，会弹出"标签选择器"对话框。在"标签选择器"对话框的左边列表中选择"HTML 标签"，再在右边列表中双击"p"，会弹出"标签编辑器"对话框。如图 8-15 所示，在"标签编辑器"对话框的左侧列表中选择"样式表/辅助功能"，然后在右侧的"类"文本框中输入 zhengwen，最后单击"确定"按钮，即可在选中文本的两端添加元素 p 的开始标签和结束标签，具体代码如下：

```
<p class="zhengwen">床前明月光，疑是地上霜。举头望明月，低头思故乡。</p>
```

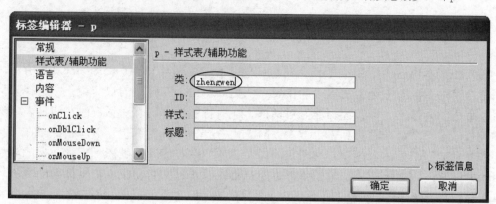

图 8-15　在文本内容上应用类选择器及其样式

这样，即可在文本内容上应用类选择器（.zhengwen）对应的 CSS 规则及其样式。

（9）在 XHTML 文档中添加元素标签。如图 8-16 所示，与步骤（7）和（8）的操作方法类似，在 XHTML 文档中插入空元素 br 的开始标签<br/>以及与"简析"对应的 p 元素的开始标签<p>和结束标签</p>。

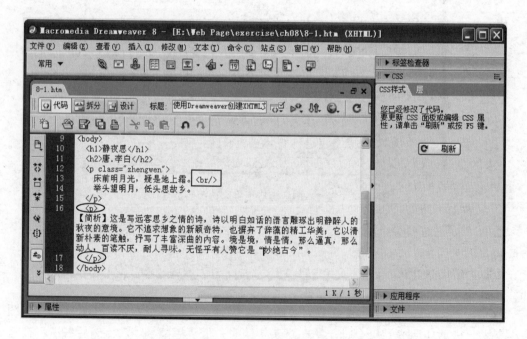

图 8-16　在 XHTML 文档中添加元素标签

（10）验证标记。如图 8-17 所示，在文档工具栏中单击"验证标记"按钮，并在下拉菜单中选择"验证当前文档"命令，将在 Dreamweaver 窗口下方的结果面板中显示标记验证结果。通过验证标记，可以检查 XHTML 文档中是否存在语法不规范的代码。

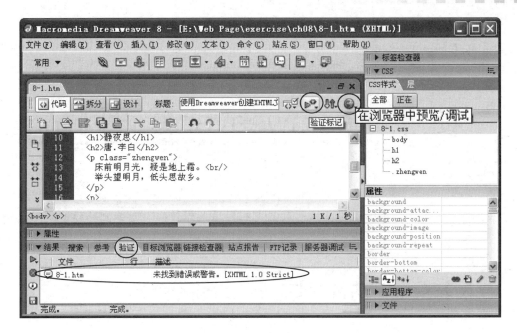

图 8-17　验证标记

（11）在 Web 浏览器中预览网页。如图 8-17 所示，在文档工具栏中单击"在浏览器中预览/调试"按钮，可以启动 Web 浏览器并在其中预览 XHTML 文档的显示效果。

（12）保存 XHTML 文档。XHTML 文档通过验证标记和预览后，在菜单栏中选择"文件"|"保存"命令，即可保存 XHTML 文档及其最终的 HTML 代码。

## 8.4　小结

Dreamweaver 为实现"内容和结构与表现的分离"提供了有效工具。

使用 Dreamweaver，可以轻松地创建、编辑和修改 CSS 和 XHTML 文档。

Dreamweaver 具有可视化编程功能。在 Dreamweaver 中通过鼠标操作或选择菜单命令，能够在 CSS 和 XHTML 文档中自动和快速地生成相应的代码。

使用 Dreamweaver，不仅能够在 XHTML 文档中方便地链接 CSS 文档中的外部样式表，而且可以轻松地应用外部样式表中的 CSS 规则及其样式。

## 8.5　习题

1．使用 Dreamweaver 创建【例 7-7】中的 CSS 文档（7-7.css）及其中的外部样式表。

2．使用 Dreamweaver 创建【例 7-7】中的 XHTML 文档（7-7.htm），并应用习题 1 的 CSS 文档中的样式。

# 第9章

# 使用 Dreamweaver 建设网站

本章将以"Web 标准网页设计原理与前端开发技术"课程网站为例简要说明网站建设的一般过程。

## 9.1 网站规划与功能定位

在网站中，既可以使用静态网页向外界发布信息、实现信息的单向流动，也可以通过动态网页与网站访问者进行互动、实现信息的双向流动。

通过本章的课程网站建设，主要实现以下四项功能：

（1）课程介绍。此项功能将以文字形式描述 Web 标准网页的基本设计原理和关键制作技术。在基本设计原理中强调"内容和结构与表现的分离"，关键制作技术则包括语法严谨的 XHTML、保存外部样式表的 CSS 文档和基于 div+CSS 的网页布局。

（2）课件下载。为了方便学生课前预习和课后复习教学内容，准备将各章的教学课件上传课程网站，以供学生下载。

（3）学习指南。为了指导学生课下及今后的进一步学习，将向学生提供相关的开放式课程网站及其网址。

（4）JavaScript 演示。此项功能将演示使用 JavaScript 编程实现的表单验证。

上述四项功能将使用静态网页实现，并分别对应"课程介绍""课件下载""学习指南"和"JavaScript 演示"四个静态网页。

## 9.2 创建本地站点

网站又称站点。站点通常分为两种：一种是远程站点，另一种是本地站点。远程站点是指可以通过互联网访问的站点，这种站点中的各种文件都存储在互联网的服务器上。但直接在服务器上创建或者测试远程站点会有很多困难。所以，通常先在本地计算机上创建站点，完成站点创建、建设和测试后，再通过 FTP 工具将这个站点及其中的各种文件上传到服务器，这种在本地计算机上创建的站点就称为本地站点。

在 Dreamweaver 中，使用向导可以轻松地创建本地站点。

【例 9-1】 创建名称为 courseWebsite 的本地站点。具体步骤如下：

（1）设置站点名称。进入 Dreamweaver 后，在菜单栏中选择"站点"|"新建站点"命令。如图 9-1 所示，在弹出的新建站点向导的第 1 步对话框中，设置站点名称为 courseWebsite。然后，单击"下一步"按钮。

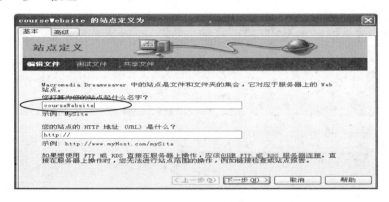

图 9-1　设置站点名称

（2）设置是否使用服务器技术。如图 9-2 所示，在新建站点向导的第 2 步对话框中，选择"否，我不想使用服务器技术"单选按钮，然后单击"下一步"按钮。

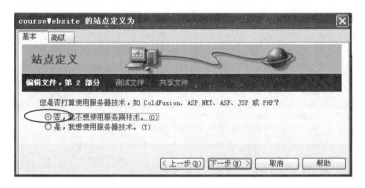

图 9-2　选择"不使用服务器技术"

（3）设置本地站点的根文件夹。如图 9-3 所示，在新建站点向导的第 3 步对话框中，设置本地站点的根文件夹，然后单击"下一步"按钮。

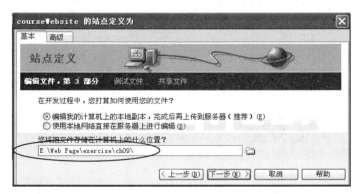

图 9-3　设置本地站点的根文件夹

（4）设置远程服务器连接方式。如图 9-4 所示，在新建站点向导的第 4 步对话框中，在"您如何连接到远程服务器"下拉列表框中选择"无"选项，然后单击"下一步"按钮。

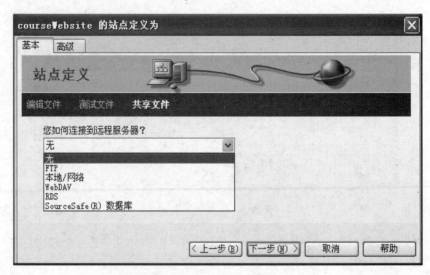

图 9-4　选择是否使用远程服务器

（5）确认站点的相关设置。如图 9-5 所示，在新建站点向导第 5 步的对话框中，核对和确认站点的相关设置后，单击"完成"按钮，即可创建本地站点。

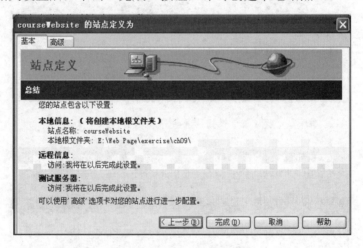

图 9-5　确认站点的相关设置

## 9.3　创建公共文件夹

在多数情况下，一个网站是由格式多样的相关文件组成的。网站中的众多文件包括网页形式的 HTML 文件、可供下载的 Word 和 PowerPoint 文件、存储图像的.gif 文件、修饰和布局网页的 CSS 文档、动画和背景音乐等多媒体文件以及含有 JavaScript 代码的程序文件。这些文件通过 HTML 中的 a、img、link、object、bgsound 和 script 元素有机地组织在一起。

除文件格式的多样性外，文件数量众多也是网站的另一个特性。为了有效地组织和管理网站中数量众多的各类文件，需要首先在站点根文件夹下创建若干公共文件夹，然后将每个文件保存在相应的公共文件夹中。例如，在 html 文件夹中存放网页形式的 HTML 文件，在 files 文件夹中存放可供下载的 Word 和 PowerPoint 文件，在 images 文件夹中存放.gif 图像文件，在 css 文件夹中存放 CSS 文档，在 media 文件夹中存放多媒体文件，在 js 文件夹中存放 JavaScript 脚本文档，在 textmaterials 文件夹中存放制作网页所需的文字素材。

使用 Dreamweaver，不仅可以轻松创建本地站点的公共文件夹，而且能够轻松修改和维护网站中的各种文件。

【例 9-2】在【例 9-1】的基础上，使用 Dreamweaver 的文件面板，创建本地站点的公共文件夹。具体步骤如下：

（1）打开文件面板。如果在 Dreamweaver 窗口中没有显示文件面板，可以在菜单栏中选择"窗口"|"文件"命令。

（2）创建公共文件夹。如图 9-6 所示，在文件面板中右击"站点-courseWebsite"，再在弹出的快捷菜单中选择"新建文件夹"命令，即可创建没有标题的文件夹，然后将该文件夹命名为 css。按照类似的操作方法，依次建立 files、html、images、js、media 和 textmaterials 文件夹。

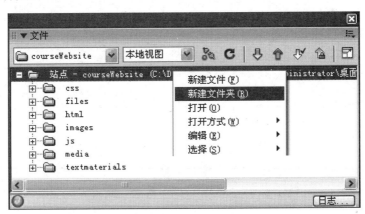

图 9-6　创建公共文件夹

## 9.4　设计网页的版面布局

通常情况下，网站中的一组网页具有相同的版面布局。在设计网页的版面布局时，主要考虑将整个网页划分为几个矩形区域，并确定每个矩形区域的尺寸、形式和作用。如

图 9-7 所示，在课程网站中，每个网页从上到下依次分为文字横幅、动画横幅、水平导航条、主要内容和底部五个矩形区域，每个矩形区域的宽度均为 800px。

| |
|---|
| 文字横幅（charBanner）①尺寸：800px（宽）×30px（高） ②文字内容：Web 标准网页设计原理与制作技术 |
| 动画横幅（cartoonBanner）①尺寸：800px（宽）×80px（高） ②GIF 动画，XHTML、div+CSS 和 JavaScript 三个画面交替切换。或者，SWF 动画，缩放自如的文字（文字内容：XHTML+div+CSS+JavaScript）；文字先由小变大，再由大变小 |
| 水平导航条（naviBar）①尺寸：800px（宽）×2em（高） ②使用 ul、li 和 a 元素制作水平导航条 ③在水平导航条中有指向对应静态网页的四个超链接 |
| 主要内容（mainContent）①尺寸：宽度 800px，高度随内容多少自动调整 |
| 底部（footer）①尺寸：800px（宽）×20px（高） ②文字内容：Copyright @ 2010-2017 《网页设计与制作》课程建设小组 |

**图 9-7　课程网站的网页版面布局**

**注意：** 在动画横幅中放置的动画，可以是使用 Fireworks 软件制作的 GIF 动画，也可以是使用 Flash 软件制作的 SWF 动画。但这两种动画的尺寸均是宽 800px、高 80px。

按照如图 9-7 中的网页版面布局，XHTML 文档主体中的关键代码如下：

```
<div id="container">
 <div id="charBanner"></div>          <!--文字横幅-->
 <div id="cartoonBanner"></div>       <!--动画横幅-->
 <div id="naviBar"></div>             <!--水平导航条-->
 <div id="mainContent"></div>         <!--主要内容-->
 <div id="footer"></div>              <!--底部-->
</div>
```

**注意：**

① 在上述代码中，每个 div 元素及其盒子对应一个矩形区域。

② 通常情况下，XHTML 文档主体中有一个最大、最外层的 div 盒子，其他 div 盒子都包含在该 div 盒子中。例如，在上述代码中，container 即是最大、最外层的 div 盒子，charBanner、cartoonBanner、naviBar、mainContent 和 footer 五个 div 盒子都包含在 container 盒子内。

## 9.5　素材准备

针对课程网站的四项功能，并依据网页的版面布局，需要准备以下相关素材。

（1）介绍性文字。网站中的介绍性文字既要突出关键词，又要注重简洁。关键词能够突出重点，吸引网页浏览者的眼球。文字简洁能够节省网页浏览者的阅读时间。因此，有必要对介绍性文字进行反复推敲。

在课程网站的"课程介绍"网页中，为了描述 Web 标准网页的基本设计原理和关键制作技术，可以使用如下介绍性文字：

本课程以 HTML 4.01、XHTML 1.0 和 CSS 2.1 技术规范为基础，重点讲解基于 XHTML、div 和 CSS 的 Web 标准网页设计原理和制作技术。

与 HTML 相比，XHTML 的语法更加规范和严谨。CSS 为网页的样式设计提供了灵活的手段，能够"通过样式实现网页的表现"，并使网页"表现"出丰富的视觉效果。使用 XHTML 和 CSS，能够实现"内容和结构与表现的分离"。在 Web 标准网页设计与制作中，"内容和结构"保存在 XHTML 文档中，"表现"的定义则保存在 CSS 文档中。在 XHTML 文档头部，使用 link 元素可以链接 CSS 文档中的外部样式表。在 XHTML 文档主体，如果元素与外部样式表中的选择器及其 CSS 规则匹配，元素中的内容将按照 CSS 规则中的特性声明"表现"在网页中。利用 div+CSS，不仅能够对网页进行灵活的布局，而且能够统一网站内网页的设计风格，同时大大提高样式代码的可重用性，并降低创建、调整和修改网页的成本。

本课程能够帮助学习者了解 Web 标准网页设计的基本原理，掌握 XHTML、div 和 CSS 等最新的网页制作技术，为今后的动态网页设计与制作以及网站开发与管理打下坚实的基础。

【例 9-3】（由学生自己完成）使用记事本编辑上述介绍性文字，再将这些文字保存在文件名为 9-1.txt 的文本文件中，最后将该文件保存在本地站点的公共文件夹 textmaterials 中，以备制作网页时使用。

（2）PPT 文件。对于"课件下载"网页，需要制作课件，并创建 PowerPoint 文件。

【例 9-4】（由学生自己完成）针对课程各章，使用 PowerPoint 软件制作课件，创建各章对应的 PowerPoint 文件，文件名分别为 ch01.ppt～ch08.ppt，然后将这八个文件保存在本地站点的公共文件夹 files 中。

（3）图片和动画文件。在网页的版面布局设计完成之后，才能确定图片或动画所占矩形区域的尺寸。因此，通常先进行网页的版面布局设计，然后再使用 Fireworks 或 Flash 软件制作或修改图片或动画文件。

根据网页的版面布局设计，在动画横幅（cartoonBanner）中既可以放置画面切换的 GIF 动画，也可以放置文字缩放自如的 SWF 动画。

【例 9-5】（由学生自己完成）使用 Fireworks 软件制作 GIF 动画，使用 Flash 软件制作 SWF 动画，具体要求如下：

（1）GIF 动画和 SWF 动画的场景大小：800px（宽）×80px（高）。

（2）GIF 动画为 XHTML、div+CSS 和 JavaScript 三个画面交替切换。

（3）SWF 动画为缩放自如的文字，文字内容为"XHTML+ div+CSS+JavaScript"，文字先由小变大，再由大变小。

（4）GIF 动画的文件名为 cartoonBanner.gif，SWF 动画的文件名为 cartoonBanner.swf。然后，将这两个文件分别保存在本地站点的公共文件夹 images 和 media 中。

## 9.6　创建实现网页版面布局的 CSS 文档

外部样式表中的 ID 选择器与 XHTML 文档中的 div 元素有着密切的关系。首先，在 CSS 文档的外部样式表中，定义 ID 选择器及其对应的 CSS 规则。然后，在 XHTML 文档中通过 div 元素及其 id 属性值应用外部样式表中的 ID 选择器及其对应的 CSS 规则，能够实现网页的版面布局。

在 9.4 节的网页版面布局中，共有 container、charBanner、cartoonBanner、naviBar、mainContent 和 footer 六个 div 盒子构成的矩形区域。其中，container 盒子是最大、最外层的 div 盒子，charBanner、cartoonBanner、naviBar、mainContent 和 footer 五个 div 盒子都包含在 container 盒子内。针对这六个 div 盒子，在外部样式表中需要定义六个相应的 ID 选择器及其对应的 CSS 规则。

【例 9-6】　使用 Dreamweaver 创建 CSS 文档，并在其中创建外部样式表。然后，将该 CSS 文档保存在本地站点的公共文件夹 css 中，并将该 CSS 文档命名为 default.css。CSS 规则及其代码如下：

```
#container { width:800px; margin:0 auto; }
  #charBanner { width:800px; height:30px; background-color:#CCC; }
  #cartoonBanner { width:800px; height:80px; }
  #naviBar { width:800px; height:2em; padding:0; background-color:#FA1; }
    #naviBar ul { width:800px; padding:0.5em 0; margin:0 auto; list-style:none; }
    #naviBar li { float:left; width:200px; text-align:center; }
    #naviBar a { text-decoration:none; color:red; }
    #naviBar a:hover { color:purple; }
  #mainContent { width:780px; padding:10px; background-color:#CFF; }
  #footer { width:800px; height:20px; background-color:#FF9; }
```

注意：在上述外部样式表中，ID 选择器#naviBar 与#naviBar ul、#naviBar li、#naviBar a 和#naviBar a:hover 四个后代选择器共同定义了水平导航条。

##  9.7　创建 HTML 模板

在一个网站中，通常有几十甚至上百个网页，其中许多网页不仅有相同的版面布局，而且在公共矩形区域中的内容也是一样的。为此，可以首先使用 Dreamweaver 将相同的网页版面布局和网页中的公共矩形区域固化在 HTML 模板中。然后，在 HTML 模板的基础上制作每个网页。这样，每个网页的相同版面布局和公共矩形区域中的内容将自动生成，只要在每个网页中添加各自的内容即可完成网页的制作。显然，利用 HTML 模板制作网页将大大提高网站建设和维护的效率。

【例 9-7】　使用 Dreamweaver 创建课程网站的 HTML 模板。具体步骤如下：

（1）新建 HTML 模板。进入 Dreamweaver 后，确认当前本地站点是 courseWebsite，在菜单栏中选择"文件"|"新建"命令，会弹出"新建文档"对话框。如图 9-8 所示，在"新建文档"对话框的"类别"列表框中选择"基本页"，在"基本页"列表框中选择"HTML 模板"，在"文档类型"下拉列表框中选择 XHTML 1.0 Strict。然后单击"创建"按钮，即可新建 HTML 模板，同时打开文档窗口。

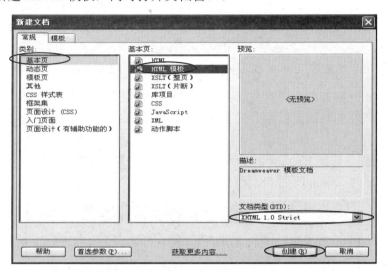

图 9-8　在"新建文档"对话框中新建 HTML 模板

（2）链接外部样式表。如图 9-9 所示，在 CSS 面板的右下角单击"附加样式表"按钮，会弹出"链接外部样式表"对话框。在"链接外部样式表"对话框中，单击"浏览"按钮。在弹出的"选择样式表文件"对话框中双击公共文件夹 css 中的 CSS 文档 default.css，即可返回"链接外部样式表"对话框。在"链接外部样式表"对话框中，单击"确定"按钮，即可在 HTML 模板中链接 CSS 文档 default.css 中的外部样式表。

图 9-9　链接外部样式表

此时，在 HTML 模板的头部将自动生成类似如下的 link 元素及其代码：

```
<link href="file:///E|/Web Page/exercise/ch09/css/default.css" rel="stylesheet"
type="text/css" />
```

**注意：**

① 从本质上讲，HTML 模板也是一种 HTML 文档。因此，在 HTML 模板的头部也可以通过 link 元素链接 CSS 文档中的外部样式表。但与一般 HTML 文档不同的是，在 HTML 模板的基础上，还可以制作其他的 HTML 文档。

② 此时，link 元素的 href 属性值使用绝对路径指向 CSS 文档 default.css。

（3）插入 div 元素，布局网页版面。在文档窗口的"代码"视图中，将光标定位于 body 元素的开始标签与结束标签之间。在菜单栏中选择"插入"|"布局对象"|"Div 标签"命令，会弹出"插入 Div 标签"对话框。如图 9-10 所示，在"插入 Div 标签"对话框的 ID 下拉列表框中选择 ID 选择器 container，然后单击"确定"按钮，即可在 body 元素内插入 id 属性值为 container 的 div 元素。

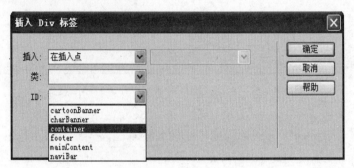

图 9-10　插入 div 元素

按照类似的操作方法，在 id 属性值为 container 的 div 元素内，依次插入 id 属性值为 charBanner、cartoonBanner、naviBar、mainContent 和 footer 五个 div 元素。此时，在 HTML 模板的主体中，将自动生成如下代码：

```
<div id="container">此处显示 id "container" 的内容
  <div id="charBanner">此处显示 id "charBanner" 的内容</div>
  <div id="cartoonBanner">此处显示 id "cartoonBanner" 的内容</div>
  <div id="naviBar">此处显示 id "naviBar" 的内容</div>
  <div id="mainContent">此处显示 id "mainContent" 的内容</div>
  <div id="footer">此处显示 id "footer" 的内容</div>
</div>
```

**注意：**上述代码及其顺序必须与网页版面布局中六个 div 盒子之间的关系相对应——container 盒子是最大、最外层的盒子。在 container 盒子内，从上到下依次包含 charBanner、cartoonBanner、naviBar、mainContent 和 footer 五个 div 盒子。

（4）利用【例 9-5】中制作的 GIF 动画和 SWF 动画文件，在该 HTML 模板中可以采用以下两种方法之一制作动画横幅。

① 利用 GIF 动画文件、使用 img 元素制作动画横幅。在文档窗口的"代码"视图中，选中 id 属性值为 cartoonBanner 的 div 元素中的文本内容"此处显示　id "cartoonBanner" 的内容"。在菜单栏中选择"插入"|"图像"命令，会弹出"选择图像源文件"对话框。如图 9-11 所示，在"选择图像源文件"对话框中选择公共文件夹 images 中的 GIF 动画文件 cartoonBanner.gif，然后单击"确定"按钮，会弹出"图像标签辅助功能属性"对话框。

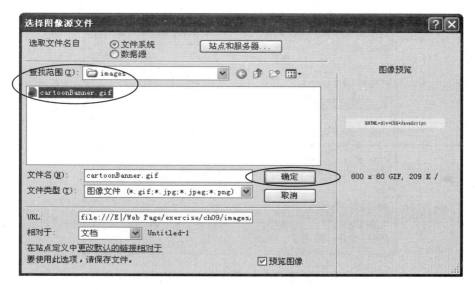

图 9-11　利用 GIF 文件、使用 img 元素制作动画横幅

如图 9-12 所示，在"图像标签辅助功能属性"对话框的"替换文本"文本框中输入"GIF 动画横幅"，然后单击"确定"按钮。

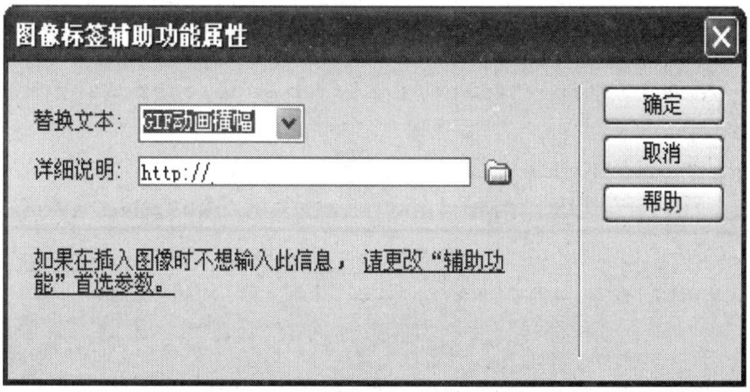

图 9-12　设置图像的替换文本

此时，在 id 属性值为 cartoonBanner 的 div 元素内将自动插入如下 img 元素及其代码：

```
<img src="file:///E|/Web Page/exercise/ch09/images/cartoonBanner.gif" width=
"800" height="80" alt="GIF动画横幅" />
```

注意：此时，img 元素的 src 属性值使用绝对路径指向 GIF 动画文件 cartoonBanner.gif。

② 利用 SWF 动画文件、使用 object 元素制作动画横幅。在文档窗口的"代码"视图中，删除 id 属性值为 cartoonBanner 的 div 元素中的文本内容"此处显示 id "cartoonBanner" 的内容"，并确认光标定位于该 div 元素内。在菜单栏中选择"插入"|"媒体"| Flash 命令，会弹出"选择文件"对话框。如图 9-13 所示，在"选择文件"对话框中选择公共文件夹 media 中的 SWF 动画文件 cartoonBanner.swf，然后单击"确定"按钮，会弹出"对象标签辅助功能属性"对话框。

**图 9-13 利用 SWF 文件、使用 object 元素制作动画横幅**

在"对象标签辅助功能属性"对话框中单击"确定"按钮，可以在 id 属性值为 cartoonBanner 的 div 元素内自动插入如下 object 元素及其代码：

```
<object  classid="clsid:D27CDB6E-AE6D-11cf-96B8-444553540000" codebase=
"http://download.macromedia.com/pub/shockwave/cabs/flash/swflash.cab#ve
rsion=7,0,19,0" width="800" height="80">
  <param name="movie" value="file:///E|/Web Page/exercise/ch09/media/cartoon
  Banner.swf" />
  <param name="quality" value="high" />
  <embed src="file:///E|/Web Page/exercise/ch09/media/cartoonBanner.swf"
  quality="high"  pluginspage="http://www.macromedia.com/go/getflashplayer"
  type="application/x-shockwave-flash" width="800" height="80"></embed>
</object>
```

**注意：** 在第 1 个 param 元素的 value 属性值以及 embed 元素的 src 属性值中均使用绝对路径指向 SWF 动画文件 cartoonBanner.swf。

（5）制作初步的水平导航条。如图 9-14 所示，在文档窗口的"代码"视图中，删除 id 属性值为 naviBar 的 div 元素中的文本内容，并确认光标定位于该 div 元素内。在菜单栏中选择"插入"|"标签"命令，会弹出"标签选择器"对话框。在"标签选择器"对话框的左边列表中依次展开"标记语言标签"|"HTML 标签"|"列表"，再在右边列表中双击 ul，会弹出"标签编辑器"对话框。

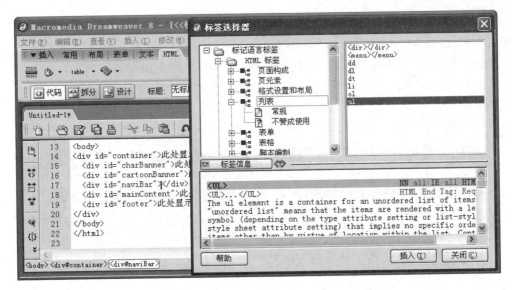

图 9-14　插入 ul 标签（a）

如图 9-15 所示，在"标签编辑器"对话框中单击"确定"按钮，即可在 id 属性值为 naviBar 的 div 元素内插入 ul 元素，同时关闭"标签编辑器"对话框。

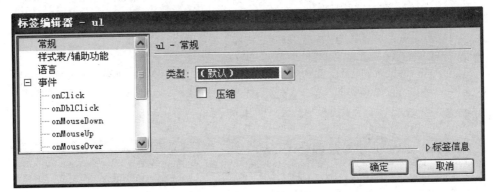

图 9-15　插入 ul 标签（b）

按照类似的操作方法，在 ul 元素内插入前后排列的四个 li 元素，并依次在每个 li 元素的开始标签和结束标签之间输入文本"课程介绍""课件下载""学习指南"和"JavaScript 演示"。然后，按照如下格式，在 id 属性值为 naviBar 的 div 元素内编辑和排版 HTML 代码：

```html
<div id="naviBar">
  <ul>
    <li>课程介绍</li>
    <li>课件下载</li>
    <li>学习指南</li>
    <li>JavaScript 演示</li>
  </ul>
</div>
```

（6）在 HTML 模板中设置可编辑区域。首先，切换到文档窗口的"设计"视图。在"设计"视图中删除 mainContent 盒子内的文本，并确认光标定位在其中。然后，在菜单栏中选择"插入"|"模板对象"|"可编辑区域"命令，会弹出"新建可编辑区域"对话框。在"新建可编辑区域"对话框中将可编辑区域的名称设定为 EditRegion，并单击"确定"按钮，即可在 mainContent 盒子内设置可编辑区域。如图 9-16 所示，除 mainContent 盒子内的可编辑区域外，HTML 模板的标题也属于可编辑区域。

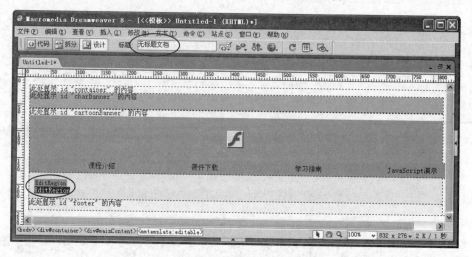

图 9-16　在 HTML 模板中设置可编辑区域

（7）保存 HTML 模板。在菜单栏中选择"文件"|"保存"命令，会弹出"另存为模板"对话框。如图 9-17 所示，在"另存为"文本框中，将 HTML 模板的文件名设定为 MyTemplate。然后，单击"保存"按钮，即可保存 HTML 模板。

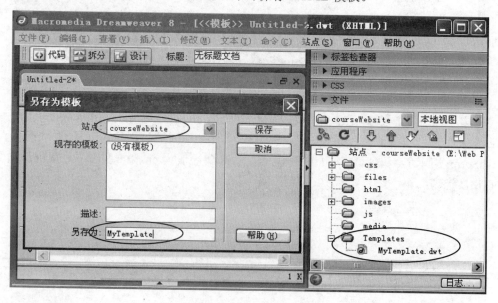

图 9-17　保存 HTML 模板

**注意：**

① 在本地站点 courseWebsite 中保存第 1 个 HTML 模板时，Dreamweaver 会在站点根文件夹中自动创建公共文件夹 Templates，并将第 1 个 HTML 模板保存在公共文件夹 Templates 中。HTML 模板文件的扩展名为.dwt。

② 如图 9-18 所示，保存 HTML 模板后，其中指向 CSS 文档、GIF 动画文件或 SWF 动画文件的路径将由绝对路径自动变为相对路径。

③ 在 HTML 模板中，在注释 <!-- TemplateBeginEditable name=" " --> 和 <!-- TemplateEndEditable -->之间定义了可编辑区域。

```
<!DOCTYPE html PUBLIC "-//W3C//DTD XHTML 1.0 Strict//EN" "http://www.w3.org/TR/xhtml1/DTD/xhtml1-strict.dtd">
<html xmlns="http://www.w3.org/1999/xhtml">
<head>
<meta http-equiv="Content-Type" content="text/html; charset=gb2312" />
<!-- TemplateBeginEditable name="doctitle" -->
<title>无标题文档</title>
<!-- TemplateEndEditable -->
<!-- TemplateBeginEditable name="head" -->
<!-- TemplateEndEditable -->
<link href="../css/default.css" rel="stylesheet" type="text/css" />
</head>
<body>
<div id="container">此处显示 id "container" 的内容
  <div id="charBanner">此处显示 id "charBanner" 的内容</div>
  <div id="cartoonBanner">此处显示 id "cartoonBanner" 的内容
    <object classid="clsid:D27CDB6E-AE6D-11cf-96B8-444553540000" codebase=
"http://download.macromedia.com/pub/shockwave/cabs/flash/swflash.cab#version=7,0,19,0" width="800" height="80">
      <param name="movie" value="../media/cartoonBanner.swf" />
      <param name="quality" value="high" />
      <embed src="../media/cartoonBanner.swf" quality="high" pluginspage="http://www.macromedia.com/go/getflashplayer" type=
"application/x-shockwave-flash" width="800" height="80"></embed>
    </object>
  </div>
  <div id="naviBar">
    <ul>
      <li>课程介绍</li>
      <li>课件下载</li>
      <li>学习指南</li>
      <li>JavaScript演示</li>
    </ul>
  </div>
  <div id="mainContent"><!-- TemplateBeginEditable name="EditRegion" -->EditRegion<!-- TemplateEndEditable --></div>
  <div id="footer">此处显示 id "footer" 的内容</div>
</div>
</body>
</html>
```

图 9-18 HTML 模板及其格式

## 9.8 运用模板制作网页

使用 Dreamweaver，在 HTML 模板基础上可以快速地制作网页。

【例 9-8】使用 Dreamweaver，在 HTML 模板基础上制作"课程介绍"网页。具体步骤如下：

（1）新建 XHTML 文档。进入 Dreamweaver 后，在菜单栏中选择"文件"|"新建"

命令，会弹出"从模板新建"对话框。如图 9-19 所示，在该对话框中选择"模板"选项卡，在左边的"模板用于"列表框中选择"站点'courseWebsite'"，在中间列表中选择模板 MyTemplate，并确认选中右下角的"当模板改变时更新页面"复选框。然后，单击"创建"按钮，即可在模板 MyTemplate 基础上新建 XHTML 文档。此时，Dreamweaver 会自动打开文档窗口，并切换到文档窗口的"设计"视图。

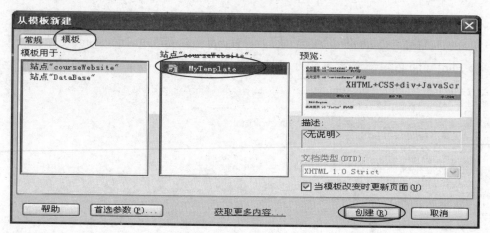

图 9-19    新建 XHTML 文档

如图 9-20 所示，id 属性值为 container、charBanner、cartoonBanner、naviBar、mainContent 和 footer 的六个 div 元素盒子会按照 HTML 模板中的版面布局自动添加到新建网页中。其中，HTML 文档头部的标题以及 id 属性值为 mainContent 的 div 元素盒子内部属于可编辑区域。

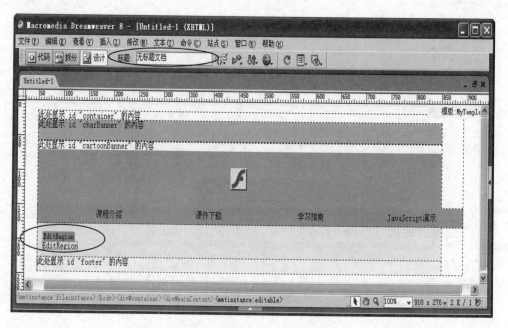

图 9-20    网页中的可编辑区域

（2）在可编辑区域中添加每个网页的专有内容。首先，在文档工具栏的"标题"文本框中输入文本"课程介绍"并按回车键，即可设置网页标题。然后，在 mainContent 盒子的可编辑区域中删除多余文本 EditRegion，并将在【例 9-3】中准备好的文字从文本文件 9-1.txt 中复制到该可编辑区域。

（3）设置段落。首先，切换到文档窗口的"代码"视图。然后，按照图 9-21，在 mainContent 盒子的可编辑区域中删除多余的 br 元素及其标签，并正确添加和使用三个 p 元素。这样，可以将可编辑区域中的整个文本结构化为三个段落。

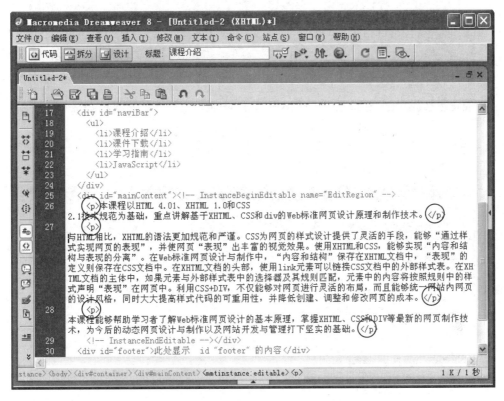

图 9-21　使用 p 元素将整个文本分段

注意：在基于 HTML 模板创建的网页中，只能在可编辑区域中编辑 XHTML 文档。而在可编辑区域之外，则不能对 XHTML 文档进行编辑或修改。

（4）保存 XHTML 文档。在菜单栏中选择"文件"|"保存"命令，在弹出的"另存为"对话框中选定并确认本地站点 courseWebsite 的根文件夹，并指定 XHTML 文档的文件名 index.htm。然后，单击"保存"按钮，即可保存 XHTML 文档及其中的 HTML 代码。

注意：通常情况下，将网站的首页（Home Page）保存在站点的根文件夹中，并且将该首页对应的 XHTML 文档名设定为 index.htm，而其他的 XHTML 文档则保存在公共文件夹 html 中。

（5）在 Web 浏览器中预览网页。如图 9-22 所示，在文档工具栏中单击"在浏览器中预览/调试"按钮，然后在弹出的快捷菜单中选择"预览在…"命令，即可在 Web 浏览器中预览网页。

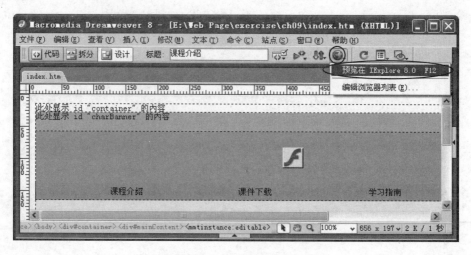

图 9-22　在 Web 浏览器中预览网页

"课程介绍"网页如图 9-23 所示。

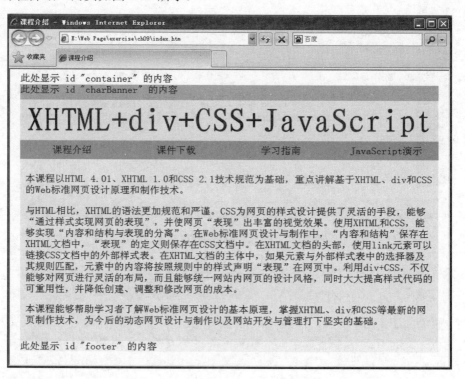

图 9-23　"课程介绍"网页

　　【例 9-9】使用 Dreamweaver，在 HTML 模板基础上制作"课件下载"网页（见图 9-24），然后将该网页的 XHTML 文档保存在本地站点的公共文件夹 html 中，并命名为 download.htm。要求在网页中创建表格，并在表格单元格中创建指向在【例 9-4】中制作的八个 PowerPoint 文件（ch01.ppt～ch08.ppt）的文本超链接。

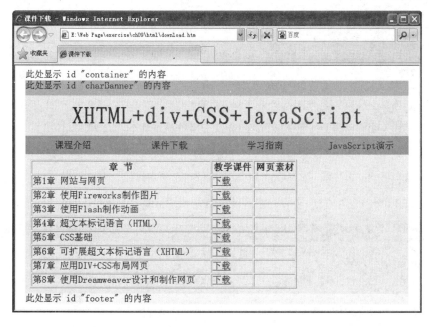

图 9-24　"课件下载"网页

"课件下载"网页的主要制作步骤如下：

（1）在可编辑区域中插入表格。首先，在 HTML 模板 MyTemplate 基础上新建 XHTML 文档，在"设计"视图中将光标定位于 mainContent 盒子的可编辑区域并删除其中的文本。然后，在菜单栏中选择"插入"|"表格"命令，会弹出"表格"对话框。如图 9-25 所示，在该对话框中设置相关的"表格"参数和属性，再单击"确定"按钮，即可在可编辑区中插入表格。

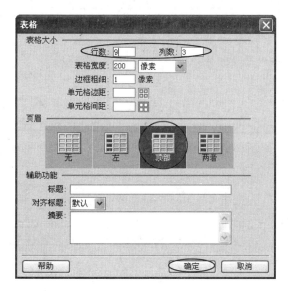

图 9-25　设置"表格"参数和属性

然后，按照图 9-24 在表格中输入相关文本并调整表格的列宽。

（2）设置网页标题。如图 9-26 所示，在文档工具栏的"标题"文本框中输入文本"课件下载"并按回车键，即可设置网页标题。然后，将 XHTML 文档保存在本地站点的公共文件夹 html 中，并命名为 download.htm。

（3）在文本上创建超链接。如图 9-26 所示，首先，在表格里选中第 1 章对应的"下载"。然后，将鼠标指针从"属性"面板中的"指向文件"按钮拖放到"文件"面板中的 PowerPoint 文件（ch01.ppt），再释放鼠标左键，即可在文本"下载"上创建指向课件的超链接。同时，在 XHTML 文档中对应的 td 元素内自动生成如下代码：

```
<td><a href="../files/ch01.ppt">下载</a></td>
```

其中，a 元素的 href 属性值使用相对路径指向 PowerPoint 文件 ch01.ppt。

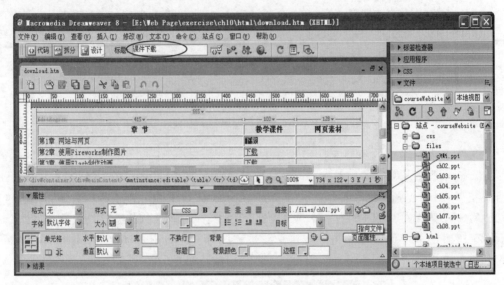

图 9-26    在文本上创建超链接

按照类似的操作方法，创建指向各章课件的文本超链接。完成后再次保存 XHTML 文档。

【例 9-10】（由读者自己完成）使用 Dreamweaver，在 HTML 模板基础上制作"学习指南"网页。然后，将该网页的 XHTML 文档保存在本地站点的公共文件夹 html 中，并命名为 reference.htm。在该网页中向学生提供相关开放式课程网站的链接，这些开放式课程网站及其网址如表 9-1 所示。

表 9-1    开放式课程网站及其网址

| 网 站 名 称 | 网 址 |
| --- | --- |
| w3school 在线教程 | www.w3school.com.cn |
| 慕课网 | www.imooc.com |
| HTML 4.01 Specification | www.w3.org/TR/1999/REC-html401-19991224 |
| XHTML 1.0 (Second Edition) | www.w3.org/TR/2002/REC-xhtml1-20020801 |
| CSS 2.1 Specification | www.w3.org/TR/2011/REC-CSS2-20110607 |
| ECMAScript Language Specification | www.ecma-international.org/publications/standards/Ecma-262.htm |

"学习指南"网页如图 9-27 所示。

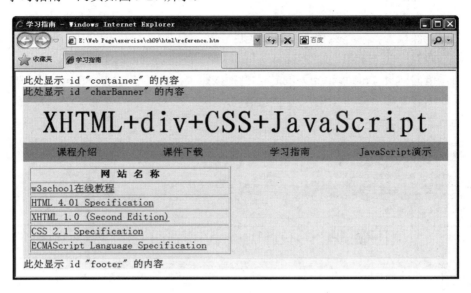

图 9-27　"学习指南"网页

## 9.9　通过 HTML 模板维护网站

如图 9-23、图 9-24 和图 9-27 所示，"课程介绍""课件下载"和"学习指南"三个网页有着相同的版面布局——在三个网页中，charBanner、cartoonBanner、naviBar 和 footer 四个 div 盒子矩形区域的尺寸及其中的内容都是一样的。三个网页的差别只在于网页标题和可编辑区域（mainContent 盒子矩形区域）中内容的不同，这是因为三个网页都是在同一个 HTML 模板（MyTemplate.dwt）基础上制作的。而且，在 HTML 模板（MyTemplate.dwt）基础上制作网页时，只能设置网页标题和在 mainContent 盒子中的可编辑区域内添加新的网页内容。

另一方面，对于在同一个 HTML 模板基础上制作的多个网页，可以通过修改 HTML 模板来同时修改这些网页。这样，可以提高网站的维护效率。

【例 9-11】通过 HTML 模板（MyTemplate.dwt）修改"课程介绍""课件下载"和"学习指南"三个网页。具体步骤如下：

（1）重新打开 HTML 模板。进入 Dreamweaver 后，在文件面板中双击公共文件夹 Templates 中的 HTML 模板 MyTemplate.dwt，即可在文档窗口中重新打开该 HTML 模板。

（2）删除无用内容。在每个 div 元素盒子内删除"此处显示 id "XXXXXX" 的内容"等文本。

（3）制作文字横幅。在 id 属性值为 charBanner 的 div 元素内输入文本"Web 标准网页设计原理与制作技术"。

（4）制作网页底部。在 id 属性值为 footer 的 div 元素内输入文本"Copyright @

2010-2017 《网页设计与制作》课程建设小组"，即可制作网页底部。

（5）完成水平导航条的制作。如图 9-28 所示，在 id 属性值为 naviBar 的 div 元素盒子内选中文本"课程介绍"。然后，将鼠标指针从"属性"面板中的"指向文件"按钮拖放到"文件"面板中的 HTML 文件（index.html），再释放鼠标左键，即可在文本"课程网站"上创建指向网页（index.html）的超链接。按照类似的操作方法，在 naviBar 盒子内的文本"课件下载"和"学习指南"上创建指向对应网页（download.htm 和 reference.htm）的超链接。

图 9-28　制作水平导航条

切换到"代码"视图，可以发现，在 ul 元素的前三个 li 子元素内自动插入了 a 元素及其相应代码，具体代码如下：

```
<ul>
  <li><a href="../index.htm">课程介绍</a></li>
  <li><a href="../html/download.htm">课件下载</a></li>
  <li><a href="../html/reference.htm">学习指南</a></li>
  <li>JavaScript 演示</li>
</ul>
```

（6）保存对 HTML 模板的修改。在菜单栏中选择"文件"|"保存"命令，会弹出"更新模板文件"对话框。如图 9-29（a）所示，由于 index.html、reference.htm 和 download.htm 三个 HTML 文件是在 HTML 模板 MyTemplate.dwt 基础上创建的，所以，Dreamweaver 会提示"要基于此模板更新所有文件吗？"。在"更新模板文件"对话框中单击"更新"按钮，会弹出"更新页面"对话框。如图 9-29（b）所示，在"更新页面"对话框中单击"关闭"按钮，即可保存对 HTML 模板的修改，同时完成对 index.html、reference.htm 和 download.htm 三个 HTML 文件的代码更新。

再次打开"学习指南"网页（reference.htm），网页中的内容会发生变化。如图 9-30 所示，不仅文字横幅和网页底部的文字发生了改变，而且单击水平导航条中的文本超链接，可以打开"课程介绍"（index.htm）和"课件下载"（download.htm）网页。

（a）"更新模板文件"对话框　　　　　　　（b）"更新页面"对话框

图 9-29　保存对 HTML 模板的修改

图 9-30　更新后的"学习指南"网页

## 9.10　通过 CSS 文档定制网站风格

如前所述，CSS 文档中的 ID 选择器与 XHTML 文档中的 div 元素相结合，能够实现网页的版面布局。此外，通过 CSS 文档中的外部样式表还可以定制网站风格。

【例 9-12】　通过 CSS 文档（default.css）中的外部样式表定制网站 courseWebsite 的风格。具体步骤如下：

（1）打开在【例 9-6】中已创建的 CSS 文档（default.css），准备对其修改。

（2）增加全局 CSS 定义。在外部样式表中增加以下三条 CSS 规则：

```
body { background-color:#FCF;  font-family:STSong; }
table { border-collapse:collapse;  margin:20px auto; }
th, td { padding:8px 16px;  border:1px solid; }
```

　　这三条 CSS 规则是对全局共用的 body、table、th 和 td 元素进行样式定义——无论这些元素出现在任何 HTML 文件中的任何地方，都将使网页表现出统一的风格。例如，第 1 条 CSS 规则定义了网页的背景颜色以及网页中的文本字体；在第 2 条 CSS 规则中，特性声明 border-collapse:collapse 定义合并式的表格边框（使边框变为一条实线），特性声明 margin:20px auto 能够使表格水平居中；在第 3 条 CSS 规则中，特性声明 border:1px solid 定义了表头单元格和数据单元格的边框宽度（1px）和边框样式（solid 代表实线）。

　　（3）将 CSS 规则

```
#footer { width:800px; height:20px; background-color:#FF9; }
```

修改为

```
#footer { width:780px; height:20px; padding:10px; background-color:#FF9;
text-align:center; }。
```

　　在新的 CSS 规则中，特性声明 text-align:center 能够使网页底部 footer 盒子中的文本"Copyright @ 2010-2017《网页设计与制作》课程建设小组"水平居中。特性声明 padding:10px 能够使 footer 盒子中的文本距离边框有 10px 的空间。width 特性值的 780px 与 padding 特性值的 10px，能够使 footer 盒子的横向尺寸恰好为 800px。

　　（4）保存对 CSS 文档（default.css）的修改，然后使用 Web 浏览器重新打开"学习指南"（reference.htm）网页。该网页的显示效果如图 9-31 所示。

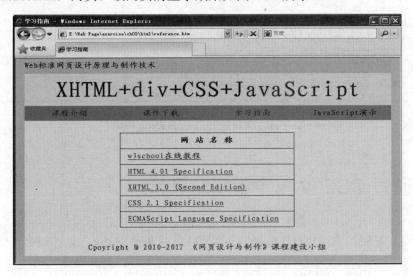

图 9-31　修改 CSS 文档后的"学习指南"网页

##  9.11　规范化 HTML 文档

　　Dreamweaver 是一个具有可视化编程功能的网页制作工具。在 Dreamweaver 中，网页制作者使用菜单命令以及各种对话框，能够快速和自动地生成大量 HTML 代码，但这些代码不一定完全符合 Web 标准。尤其对于 Strict 类型的 XHTML 文档，在由 Dreamweaver 自动生成的 HTML 代码中可能会出现一些不符合语法规范的代码。

例如，在上述"课件下载"网页（download.htm）中会出现如下 HTML 代码。

```
<table width="670" border="1">
  <tr>
    <th width="425" scope="col">章 节</th>
    <th width="115" scope="col">教学课件</th>
    <th width="108" scope="col">网页素材</th>
  </tr>
  ...
</table>
```

其中，在 table 和 th 元素的开始标签中使用了 width、border 和 scope 等表现性属性，而这与"内容和结构与表现相分离"的 Web 标准与原则相冲突。另一方面，表现性属性的功能也可以使用样式表及 CSS 规则来替代，而且使用样式表及 CSS 规则还能实现更丰富的表现。例如，在【例 9-12】中向 CSS 外部样式表增加了如下 CSS 规则：

```
th,td { padding:8px 16px;  border:1px solid; }
```

该 CSS 规则中的特性声明（border:1px solid）完全可以替代 th 和 td 元素开始标签中的 border 属性及其属性值。同理，其他 HTML 元素开始标签中的 width 属性也可以用样式特性 width 替代。因此，可以将上面一段 HTML 代码改写为：

```
<table>
  <thead>
    <tr>
      <th>章 节</th><th>教学课件</th><th>网页素材</th>
    </tr>
  </thead>
  <tbody>
    <tr>
      ...
    </tr>
  </tbody>
</table>
```

显而易见，改写后的 HTML 代码体现和遵循了"内容和结构与表现相分离"的 Web 标准与原则，因此更加规范。也正是由于"内容和结构与表现相分离"，使得这段 HTML 代码更加简洁，更加具有可读性。

## 9.12　网页测试

在 WWW 技术中，Web 浏览器负责对 HTML、CSS 和 JavaScript 等文档中代码的解释执行，并最终生成显示在屏幕上的网页。

但不同厂商的 Web 浏览器对网页代码（包括 HTML、CSS 和 JavaScript 代码）的解释执行存在一定的差异性。在 IE 浏览器中显示正常的网页，在 Chrome 浏览器中也许不能正常显示。即使是同一厂商不同版本的 Web 浏览器，对同一个 HTML 文档的解释执行也可能是不一样的。在 IE 11 中能够正常显示的网页，在 IE 8 中完全有可能无法正常显示。

因此，在网页制作完成后，需要用不同厂商或同一厂商不同版本的 Web 浏览器来对其进行测试。如果网页能够在不同厂商或同一厂商不同版本的 Web 浏览器中正常显示，网页制作才算最终完成。否则，就需要对 HTML 和 CSS 文档中的代码进行修改，然后对网页进行重新测试，直至网页通过测试。

根据 StatCounter 公司 2017 年 10 月的统计数据，在中国使用的各种桌面浏览器中，市场份额从高到低依次是 Chrome（61.62%）、IE（11.83%）、QQ Browser（7.08%）、Sogou Explorer（5.98%）、Firefox（4.61%）、Edge（2.31%）。为此，不妨选用 Chrome 和 IE 作为网页测试的基准 Web 浏览器。

## 9.13　小结

网站建设需要做的工作很多，图 9-32 简要说明了使用 Dreamweaver 创建本地站点和进行网站建设的工作流程。

在网站建设过程中使用 HTML 模板，可以提高网页制作效果。

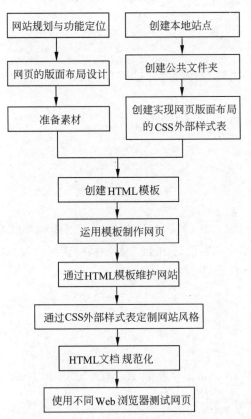

图 9-32　创建本地站点和进行网站建设的工作流程

在网页中插入 GIF 图片（包括 GIF 动画）有两种方法。

第 1 种方法是在样式表的 CSS 规则中使用 background-image 特性。具体代码如下：

```
#cartoonBanner { background-image:url("../images/cartoonBanner.gif");… }
```

第 2 种方法是在 HTML 模板或 HTML 文档中使用 img 元素。具体代码如下：

```
<img src="../images/cartoonBanner.gif" alt=" " />
```

在网页中插入 SWF 动画，需要在 HTML 模板或 HTML 文档中使用 object 元素。

## 9.14　习题

1．分别使用以下三种不同方法制作本章课程网站的动画横幅。

（1）在外部样式表的 CSS 规则中，使用 background-image 特性插入 GIF 动画。

（2）在 HTML 模板或 HTML 文档中，使用 img 元素插入 GIF 动画。

（3）在 HTML 模板或 HTML 文档中，使用 object 元素插入 SWF 动画。

2．按照图 9-33 中的要求，进一步修改 CSS 文档（default.css）中的外部样式表。

①将文字横幅中的文本设置为 40px、粗体、居中、绿色、且距离 charBar 盒子边界 20px

②将段落的首行缩进设置为两个字符

图 9-33　进一步修改 CSS 文档的要求

3．对本章各例中的网页及其 XHTML 文档进行规范化修改。

4．为本课程网站设计一个 LOGO，以体现本课程的主旨或突出 Web 标准的精髓，然后将该 LOGO 加入到课程网站。

 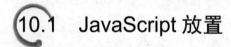

# JavaScript 基础

JavaScript 是目前万维网上最流行的脚本语言（Script Language）。JavaScript 使 Web 浏览器及客户机端（Client-Side）具备了编写和运行程序的能力。使用 JavaScript，可以向 HTML 文档写入 HTML 代码、验证表单数据和为页面添加动态特性。

## 10.1 JavaScript 放置

JavaScript 既可以出现在 HTML 文档的主体或头部，也可以单独保存在外部脚本文档中。

### 10.1.1 在 HTML 文档主体直接插入 JavaScript

使用 script 元素，可以在 HTML 文档主体直接插入 JavaScript。在 JavaScript 中，可以向 HTML 文档写入包括元素标签和文本内容在内的 HTML 代码。

【例 10-1】 在 Web 浏览器中输出乘法表。XHTML 及 JavaScript 代码如下：

```
<!DOCTYPE html PUBLIC "-//W3C//DTD XHTML 1.0 Strict//EN"
 "http://www.w3.org/TR/xhtml1/DTD/xhtml1-strict.dtd">
<html xmlns="http://www.w3.org/1999/xhtml">
<head>
 <meta http-equiv="Content-Type" content="text/html; charset=gb2312"/>
 <title>在 HTML 文档主体直接插入 JavaScript</title>
</head>
<body>
 <script type="text/javascript">
   var i,j
   //使用 document 对象的 write 方法，可以向 HTML 文档写入元素标签和文本内容
   document.write("<h1>乘法表</h1>")
   for(i=1;i<=9;i++) {
     for(j=1;j<=i;j++)
       document.write(i+"*"+j+"="+i*j+" ")
```

```
      document.write("<br/>")
    }
  </script>
</body>
</html>
```

**注意:**

（1）在 HTML 文档主体插入 JavaScript，需要使用 script 元素，并在其开始标签中将 type 属性值设置为 text/javascript。这样，开始标签<script type="text/javascript">和结束标签</script>就可以告诉 Web 浏览器 JavaScript 从何处开始、在何处结束。

（2）在 JavaScript 中，变量名的书写必须遵循以下两条规则:

① 变量名是区分字母大小写的。例如，x 和 X 代表两个不同的变量。

② 变量名必须以字母、下画线（_）或美元符号（$）开始。

（3）在 JavaScript 中，使用保留字 var 定义变量。定义变量时，无须指明变量的类型。

（4）document 是 JavaScript 中的常用对象。使用该对象的 write 方法，可以向 HTML 文档写入包括元素标签和文本内容在内的 HTML 代码，这些 HTML 代码能被 Web 浏览器解析并在 Web 浏览器中进行相应的输出。

（5）对于在 HTML 文档主体插入的 JavaScript，在 Web 浏览器加载 HTML 文档时就会被执行。

（6）在 JavaScript 中，可以由多条语句组成语句块。语句块以左花括号开始，以右花括号结束。

（7）为了增强代码的可读性，在 JavaScript 中可以添加单行注释或多行注释。单行注释以//开始，多行注释以 /* 开头、以 */ 结尾。

（8）利用 Web 浏览器的漏洞编制的一些恶意 JavaScript 可能会威胁网页浏览者的计算机系统。因此，在加载含有 JavaScript 的 HTML 文档时，安全级别设置较高的 Web 浏览器会阻止 JavaScript 代码的运行，如图 10-1 所示。这时，可以单击提示信息栏并在弹出的快捷菜单中选择"允许阻止的内容"命令，然后在弹出的"安全警告"对话框中单击"是"按钮，即可运行 HTML 文档中的 JavaScript。

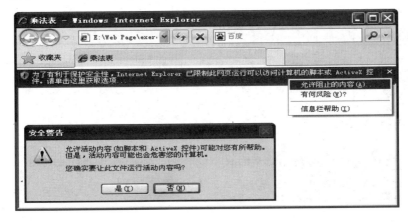

图 10-1　含有 JavaScript 的 HTML 网页被 IE 浏览器阻止

（9）在 Web 浏览器中输出的乘法表如图 10-2 所示，但虚线中的个别等式还需前后对齐。

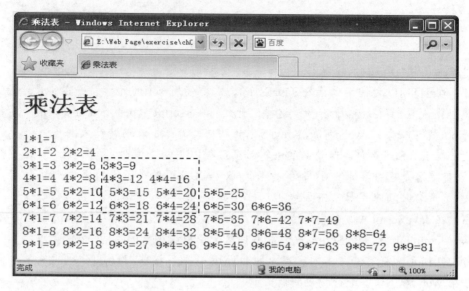

图 10-2　在 Web 浏览器中输出乘法表

（10）虽然可以使用记事本（notepad.exe）软件编辑 HTML 代码和 JavaScript，但仍然建议使用 Dreamweaver 软件。如图 10-3 所示，在 Dreamweaver 的 HTML 编辑器中输入 JavaScript 时，容易根据特定代码之间的颜色差异发现一些明显的 JavaScript 语法错误。

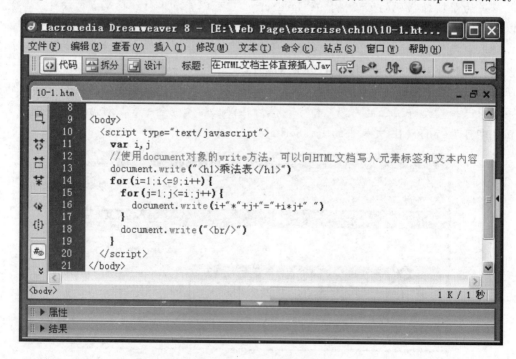

图 10-3　使用 Dreamweaver 软件编辑 JavaScript 代码

## 10.1.2　在 IE 浏览器中调试 JavaScript

从 IE 8 开始，微软在 IE 浏览器中内置了一个 JavaScript 调试器（Debugger），但在默认状态下该调试器是关闭的。可以按照以下步骤启动 IE 浏览器内置的 JavaScript 调试器。

（1）在 IE 浏览器的菜单中选择"工具"|"Internet 选项"命令，可以打开"Internet 选项"对话框。

（2）如图 10-4 所示，在"Internet 选项"对话框中单击"高级"选项卡，取消选中"浏览"部分中的"禁用脚本调试（Internet Explorer）"复选框。然后，单击下方的"确定"按钮，即可启动 IE 浏览器内置的 JavaScript 调试器。

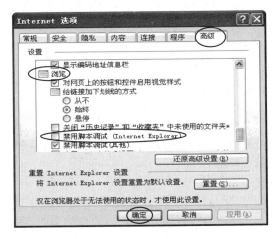

图 10-4　启动 IE 浏览器内置的 JavaScript 调试器

启动 IE 浏览器内置的 JavaScript 调试器后，可以通过以下两种方式之一打开用于调试 JavaScript 的"开发人员工具"窗口。

方式一：如果在 JavaScript 中存在一些明显的语法错误，则用 IE 浏览器打开 HTML 文档时，会弹出"网页错误"对话框。如图 10-5 所示，在"网页错误"对话框中单击"是"按钮，可以打开"开发人员工具"窗口。

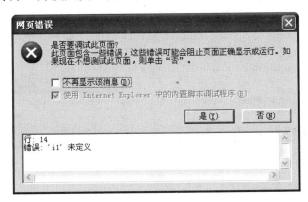

图 10-5　"网页错误"对话框

如图 10-6 所示，在"开发人员工具"窗口的"脚本"选项卡中将直接指示错误出现的位置并给出相关的错误提示。根据这些错误提示，可以在 JavaScript 编辑器中修改错误代码，然后用 IE 浏览器重新打开网页或在 IE 浏览器中"刷新"网页。

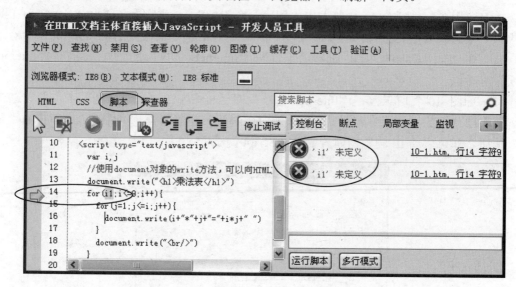

图 10-6    在"脚本"选项卡中直接指示错误出现的位置并给出相关的错误提示

方式二：如果在 JavaScript 中不存在语法错误，则可以用 IE 浏览器直接打开 HTML 文档，然后在菜单栏中选择"工具"|"开发人员工具"命令（或直接按 F12 键），也可以打开"开发人员工具"窗口。在"开发人员工具"窗口中单击"脚本"选项卡，即可看到 JavaScript。

在"开发人员工具"窗口中，可以在 JavaScript 中设置断点、启动调试、停止调试和查看局部变量的当前值。如图 10-7 所示，在"开发人员工具"窗口中单击"脚本"选项卡，可以在左边面板中看到 JavaScript。

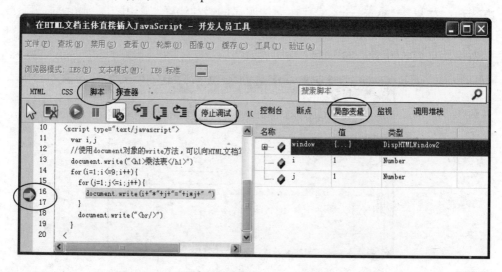

图 10-7    在"开发人员工具"窗口中调试 JavaScript

（1）设置断点。在"开发人员工具"窗口的左边面板中，单击 JavaScript 代码行左侧的行号，即可在当前 JavaScript 代码行设置断点。此时，在 JavaScript 代码行号的左侧会出现一个标识断点的红色圆点。

（2）启动调试。在"开发人员工具"窗口的工具栏中，单击"启动调试"按钮，即可启动 JavaScript 的调试，同时"启动调试"按钮转换为"停止调试"按钮。如果在启动调试之前预先设置了断点，JavaScript 会于断点所在代码行自动暂停执行。

（3）查看局部变量的当前值。JavaScript 暂停执行后，可以在"开发人员工具"窗口的右边面板中单击"局部变量"选项卡，即可查看局部变量的当前值。

**注意**：如果"停止调试"后重新"启动调试"，必须在 IE 浏览器中"刷新"网页，之后才能再次调试 JavaScript。

## 10.1.3 JavaScript 函数

在程序设计中，函数（Function）是一个具有可重用性的语句块，可反复用来完成某个特定功能。

通常将需要反复执行的多条语句组织在一个函数中，而在需要时通过函数调用执行其中的语句。因此，函数能够实现程序设计的模块化。

JavaScript 既提供了系统预先定义的函数，也允许用户根据需要自行定义函数。

在 JavaScript 中，可以按照以下语法定义函数：

```
function function_name(arg1,arg2,…,argN) {
  statements
   [return expression ]
}
```

其中，function 是 JavaScript 中用来定义函数的保留字。function_name 是函数名。argX 称为参数变量，也称"形式参数"。一个函数可以没有形式参数，也可以有多个形式参数。arg1,arg2,…,argN 是形式参数列表，形式参数之间用逗号隔开。在函数定义中声明形式参数时，无须指明形式参数的类型。statements 是由若干条语句组成的函数体。使用 return 语句（即代码 return expression）可以返回函数值，但 return 语句是可选项——如果省略 return 语句，则函数没有返回值。

## 10.1.4 在 HTML 文档头部定义 JavaScript 函数

除在 HTML 文档主体直接插入 JavaScript 外，也可以先在 HTML 文档头部定义 JavaScript 函数，然后在 HTML 文档主体通过函数调用执行 JavaScript 函数中的语句。

**【例 10-2】** 在 HTML 文档头部定义函数 printMultiplicationTable，该函数能够在 Web 浏览器中输出乘法表，然后在 HTML 文档主体调用该函数。XHTML 及 JavaScript 代码如下：

```
<!DOCTYPE html PUBLIC "-//W3C//DTD XHTML 1.0 Strict//EN"
```

```
    "http://www.w3.org/TR/xhtml1/DTD/xhtml1-strict.dtd">
<html xmlns="http://www.w3.org/1999/xhtml">
<head>
  <meta http-equiv="Content-Type" content="text/html; charset=gb2312"/>
  <title>JavaScript 函数</title>
  <script type="text/javascript">
    //在头部定义函数 printMultiplicationTable
    function printMultiplicationTable() {
      var i,j
      document.write("<h1>乘法表</h1>")
      for(i=1;i<=9;i++) {
        for(j=1;j<=i;j++)
          document.write(i+"*"+j+"="+i*j+" ")
        document.write("<br/>")
      }
    }
  </script>
</head>
<body>
  <script type="text/javascript">
    //在主体调用函数 printMultiplicationTable
    printMultiplicationTable()
    //第 2 次调用函数 printMultiplicationTable
    printMultiplicationTable()
  </script>
</body>
</html>
```

**注意：**

① 如果以函数形式将 JavaScript 组织在 HTML 文档头部，并在 HTML 文档主体调用这些函数，在 Web 浏览器加载 HTML 文档时，就会首先加载在头部定义的 JavaScript 函数及其中的语句。之后，在 HTML 文档主体即可通过函数调用执行 JavaScript 函数中的语句。

② 在 HTML 文档头部定义 JavaScript 函数、在 HTML 文档主体调用 JavaScript 函数，都需要使用 script 元素。

③ 通过调用 JavaScript 函数，在 HTML 文档主体可以多次执行函数中的 JavaScript 代码，而无须在 HTML 文档的多个地方重复出现相同的 JavaScript 代码。这样，不仅可以实现 JavaScript 的模块化设计，而且能够提高 JavaScript 的编程效率。

④ 函数 printMultiplicationTable 没有返回值，但可以实现输出乘法表的功能。

## 10.1.5　在外部脚本文档定义 JavaScript 函数

很多时候，需要在多个 HTML 文档中执行一组相同的 JavaScript 语句。此时，可以以函数形式将这些 JavaScript 语句组织和保存在以.js 为扩展名的脚本文档中。然后，在 HTML 文档中调用外部脚本文档中的 JavaScript 函数。这样，在多个 HTML 文档中即可执行相同的 JavaScript 语句。

【例 10-3】　在 HTML 文档中调用外部脚本文档中的 JavaScript 函数。

（1）将以下 JavaScript 函数及其中的语句保存在脚本文档（10-3.js）中。

```javascript
function printMultiplicationTable() {
  var i,j

  document.write("<h1>乘法表</h1>")
  for(i=1;i<=9;i++) {
    for(j=1;j<=i;j++)
      document.write(i+"*"+j+"="+i*j+" ")
    document.write("<br/>")
  }
}
```

**注意：**

① 可以使用 Dreamweaver 的 JavaScript 编辑器输入 JavaScript。与在 Dreamweaver 的 HTML 编辑器中输入 JavaScript 类似，在 JavaScript 编辑器中输入 JavaScript 时，同样容易根据特定代码之间的颜色差异发现一些明显的 JavaScript 语法错误。

② 在外部脚本文档中无须使用、也不能使用 script 元素及其标签，且只能包含 JavaScript 函数及其中的语句。

③ 外部脚本文档的扩展名为.js，即 JavaScript 的缩写。

（2）在 HTML 文档（10-3.htm）中使用如下代码。

```html
<!DOCTYPE html PUBLIC "-//W3C//DTD XHTML 1.0 Strict//EN"
  "http://www.w3.org/TR/xhtml1/DTD/xhtml1-strict.dtd">
<html xmlns="http://www.w3.org/1999/xhtml">
<head>
  <meta http-equiv="Content-Type" content="text/html; charset=gb2312"/>
  <title>在 XHTML 文档中调用在外部脚本文档中定义的 JavaScript 函数</title>
  <!--在 script 元素的开始标签中使用 src 属性指定外部脚本文档-->
  <script type="text/javascript" src="10-3.js"></script>
</head>
<body>
  <script type="text/javascript">
    //调用在外部脚本文档中定义的 JavaScript 函数 printMultiplicationTable
    printMultiplicationTable()
  </script>
</body>
</html>
```

注意：

① 在 HTML 文档头部使用 script 元素及其 src 属性，可以指向定义有 JavaScript 函数的外部脚本文档。这样，在 Web 浏览器加载 HTML 文档的同时，也将加载外部脚本文档中的 JavaScript 函数及其中的语句。

② 在 HTML 文档主体的 script 元素内，通过 JavaScript 函数名并提供相应的参数变量（也称实际参数），即可调用在外部脚本文档中定义的 JavaScript 函数，然后执行函数中的 JavaScript 语句。

## 10.2　变量和类型

在 JavaScript 中，变量和类型是两个非常基础的概念。

### 10.2.1　变量

同其他程序设计语言类似，在 JavaScript 中，变量（Variable）用于存储可以变化的数据。

在 JavaScript 中，可以使用保留字 var 定义变量。使用一个保留字 var 可以同时定义多个变量。

在 JavaScript 中，变量名的书写必须遵循以下两条规则：

（1）变量名是区分字母大小写的（Case Sensitive）。例如，x 和 X 代表两个不同的变量。

（2）变量名必须以字母、下画线（_）或美元符号（$）开头，后面可以跟字母、下画线、美元符号和数字。

此外，当变量名由多个英文单词组成时，建议遵循以下原则：

（1）变量名中的英文单词尽量使用名词。

（2）第 1 个英文单词全部小写，以后每个英文单词的第 1 个字母大写，如 myBookName。

### 10.2.2　类型

在 JavaScript 中，变量或数据主要有以下几种类型（Types）。

（1）boolean 类型。这种类型有两个值，即 true 和 false。

（2）number 类型。这种类型支持整数和浮点数，并且这种类型的变量或数据可以参与算术运算。

（3）string 类型。这种类型没有固定大小，并且这种类型的值由一个字符串构成。

（4）undefined 类型。这种类型的值只有一个，即 undefined。当一个变量只是被定义、但还没有被赋值时，该变量的类型和值都是 undefined。

（5）object 类型。这种类型的变量可以指向一个对象，如数组对象。

（6）function 类型。可以先定义函数再将函数名赋值给这种类型的变量，也可以将函数及其定义直接赋值给这种类型的变量。

其中，boolean、number、string 和 undefined 属于原始数据类型（Primitive Data Type）。在 JavaScript 中，使用 typeof 运算符可以返回变量的类型。

【例 10-4】 使用 typeof 运算符测试变量的类型。HTML 文档主体中的 JavaScript 代码如下：

```
<script type="text/javascript">
  var b=true;   document.write("变量 b 的类型为 "+(typeof b)+"，值是 "+b+"<br/>");
  var n1=100;   document.write("变量 n1 的类型为 "+(typeof n1)+"，值是 "+n1+"<br/>")
  var n2=3.14;  document.write("变量 n2 的类型为 "+(typeof n2)+"，值是 "+n2+"<br/>")
  var n2="C#";  document.write("变量 n2 的类型为 "+(typeof n2)+"，值是 "+n2+"<br/>")
  var s="Java"; document.write("变量 s 的类型为 "+(typeof s)+"，值是 "+s+"<br/>")
  var u;        document.write("变量 u 的类型为 "+(typeof u)+"，值是 "+u+"<br/>");

  var o=null;   document.write("变量 o 的类型为 "+(typeof o)+"，值是 "+o+"<br/>");
  var o={ "name":"Bob", "age":22 };
  document.write("变量 o 的类型为 "+(typeof o)+"，name 属性值是 "+o.name+"，age
属性值是 "+o.age+"<br/>");

  function add(a,b) { return a+b }
  var f=add    //将函数名 add 赋值给变量 f
  document.write("变量 f 的类型为 "+(typeof f)+"，值是 "+f+"<br/>")
  var reVal=f(2,3)    //通过变量 f 调用函数 add
  document.write("函数 add 的返回值是 "+reVal+"<br/>")
</script>
```

使用 IE 浏览器打开的网页如图 10-8 所示。

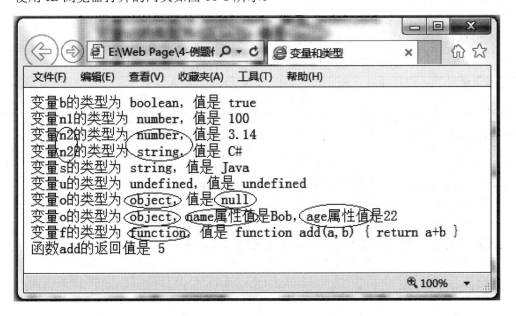

图 10-8　变量的值及其类型

**注意：**

① 在 JavaScript 中，保存整数和浮点数的变量都属于 number 类型。

② 在 JavaScript 中，使用保留字 var 定义变量时，无须指定变量的类型。因此，JavaScript 是一种弱类型语言。此外，变量的类型是由其所保存数据的类型决定的，并且可以发生变化。如本例中，当 n2=3.14 时，变量 n2 的类型是 number；当 n2="C#"时，变量 n2 的类型是 string。但不建议在程序中使用同一变量保存不同类型的数据。

③ 在 JavaScript 中，允许在同一行中书写多条语句。此时，除最后一条语句外，每条语句必须用分号（;）结束，但建议每条语句均以分号（;）结束。

④ 在本例中，当 object 类型变量 o 的值为 null 时，表示该变量尚未指向任何对象。之后，变量 o 保存的是一个"学生"对象及其数据，该"学生"对象有 name 和 age 两个属性——name 属性值是字符串"Bob"，age 属性值是整数 22。

⑤ 在本例中，先定义函数 add，再将函数名 add 赋值给 function 类型的变量 f，之后即可通过变量 f 调用函数 add。换言之，可以将函数当作变量使用。

## 10.3　运算符与表达式

同其他程序设计语言类似，在 JavaScript 中，可以通过各种运算对数据进行加工和处理。描述各种运算的符号称为运算符，参与运算的数据称为操作数。常量和变量是最常见的操作数。使用操作数、运算符、函数调用以及配对的圆括号，可以构成表达式。在 JavaScript 中，依据操作数以及运算结果的类型，运算符和表达式通常分为以下几类。

### 1. 算术运算符与算术表达式

在 JavaScript 中，算术运算符（Arithmetic Operators）负责算术运算。表 10-1 列出了在 JavaScript 中常用的算术运算符。参与算术运算的变量和数据应该属于 number 类型。使用算术运算符可以构成算术表达式。

表 10-1　算术运算符与算术表达式

| 算术运算符 | 含　义 | 算术表达式（假设 a=2） | 表达式的值 |
|---|---|---|---|
| + | 加 | a+3 | 5 |
| − | 减 | a−1 | 1 |
| * | 乘 | a*2 | 4 |
| / | 除 | a/2 | 1 |
| % | 取模（求余） | a%2 | 0 |
| ++ | 自增 | a++, ++a | 2, 3 |
| −− | 自减 | a−−, −−a | 2, 1 |

**注意：**自增（自减）运算符可以位于变量名之后，也可以位于变量名之前，但所构成表达式的值则不相同。并且，在自增（自减）运算之后，变量的值会自动增加（减少）1。

### 2. 关系运算符与关系表达式

如表 10-2 所示，关系运算符（Relational Operators）负责判断两个值是否满足给定的比较关系。使用关系运算符可以构成关系表达式。

表 10-2 关系运算符与关系表达式

| 关系运算符 | 含 义 | 关系表达式（假设 x=55,y=88,z="55"） | 表达式的值 |
|---|---|---|---|
| == | 是否等于 | x==y，x==z | false，true |
| === | 是否严格等于 | x===z | false |
| != | 是否不等于 | x!=y | true |
| !== | 是否严格不等于 | x!==z | true |
| > | 是否大于 | x>y | false |
| < | 是否小于 | x<y | true |
| >= | 是否大于等于 | x>=y | false |
| <= | 是否小于等于 | x<=y | true |

注意：

① 在关系表达式中，参与关系运算的操作数可以是 number 或 string 类型的变量或数据。

② 关系表达式的值是 boolean 类型，即 true 或 false。

### 3. 逻辑运算符与逻辑表达式

如表 10-3 所示，逻辑运算符（Logical Operators）包括&&（与）、||（或）和！（非）三种。参与逻辑运算的操作数通常是关系表达式，也可以是 boolean 类型的变量。使用逻辑运算符可以构成逻辑表达式。

表 10-3 逻辑运算符及逻辑表达式

| 逻辑运算符 | 说明 | 逻辑表达式（假设 x=6,y=3） | 表达式的值 |
|---|---|---|---|
| && | 与 | (x<10)&&(y>1) | true |
| \|\| | 或 | (x==5)\|\|(y==5) | false |
| ! | 非 | !(x==y) | true |

注意：与关系表达式类似，逻辑表达式的值也是 boolean 类型，即 true 或 false。因此，通常将关系表达式和逻辑表达式统称为布尔表达式。

### 4. 字符串连接运算符

对于 string 类型的变量或数据，可以使用字符串连接运算符"+"进行连接（Concatenation）运算，这样可以将两个字符串前后连接起来。例如，以下 JavaScript 代码：

```
var s1="Java", s2="Script", s3;
s3=s1+s2;
document.write("s1="+s1+"  s2="+s2+"  s1+s2="+s3+"<br/>");
```

可以在 Web 浏览器中输出：

```
s1=Java  s2=Script  s1+s2=JavaScript
```

注意：在上述 JavaScript 代码中，第 1、2、3、4、5、7 和 8 个"+"是字符串连接运算符，但第 6 个"+"则不是字符串连接运算符。

### 5. 赋值运算符

在 JavaScript 中，基本的赋值运算符（Assignment Operators）是 "=" 符号，它将其右边表达式的值赋给左边的变量。此外，JavaScript 还支持带操作的赋值运算符，如表 10-4 所示。

表 10-4　赋值运算符

| 赋值运算符 | 赋值语句（x=12，y=5） | 等价的赋值语句 | 运算结果 |
| --- | --- | --- | --- |
| = | x=y | — | x=5 |
| += | x+=y | x=x+y | x=17 |
| -= | x-=y | x=x-y | x=7 |
| *= | x*=y | x=x*y | x=60 |
| /= | x/=y | x=x/y | x=2.4 |
| %= | x%=y | x=x%y | x=2 |

由此可见，当赋值运算符左边的变量在赋值运算符右边也作为第 1 个操作数参与运算时，可以使用带操作的赋值运算符。

【例 10-5】 验证运算符与表达式。HTML 文档主体中的 JavaScript 代码如下：

```javascript
<script type="text/javascript">
 var x=12, y=5
 x%=y
 document.write("x="+x+"<br/>")
 x=y--
 document.write("x="+x+"  y="+y+"<br/>")

 var b1=false, b2=true
 b1=b1&&b2;  document.write("b1="+b1+"<br/>");

 var s1="Java", s2="Script"
 s1+=s2+x;   document.write("s1="+s1+"<br/>");
</script>
```

上述 JavaScript 在 Web 浏览器中的输出如下：

```
x=2
x=5 y=4
b1=false
s1=JavaScript5
```

**注意：**

① 在 JavaScript 中，可以使用分号（;）表示一条语句的结束；如果每条语句都在不同的行中，可以省略分号（;）；如果多条语句在同一行中，除最后一条语句外，不能省略分号（;）。

② 当表达式中只有 number 类型的变量或数据时，"+" 是一个算术运算符；当表达式中只有 string 类型的变量或数据时，"+" 则是一个字符串连接运算符。

③ 当表达式中既有 number 类型、又有 string 类型的变量或数据时，"+" 是一个字符

串连接运算符。此时，表达式中 number 类型的数据会被隐式地转换为 string 类型的数据，然后参与字符串的连接运算。例如，在上述语句 s1+=s2+x 中，number 类型的变量 x 就被隐式地转换为 string 类型的数据，然后参与字符串的连接运算。

### 6．条件运算符（Conditional Operator）

条件运算符（ ? : ）是 JavaScript 中常见的运算符，并且经常和赋值运算符共同构成赋值语句，其基本形式为：

```
variable = boolean_expression ? true_value : false_value;
```

该赋值语句将根据布尔表达式 boolean_expression 的值有条件地给变量 variable 赋值。如果布尔表达式 boolean_expression 的值为 true，就将表达式 true_value 的值赋给变量 variable；如果布尔表达式 boolean_expression 的值为 false，就将表达式 false_value 的值赋给变量 variable。

在以下赋值语句中，

```
var iMax = (iNum1 > iNum2) ? iNum1 : iNum2;
```

变量 iMax 将被赋予变量 iNum1 和 iNum2 中的较大值，即如果 iNum1 大于 iNum2，布尔表达式 iNum1>iNum2 的值为 true，则将 iNum1 的值赋给变量 iMax；但如果 iNum2 大于或等于 iNum1，布尔表达式 iNum1>iNum2 的值为 false，则将 iNum2 的值赋给变量 iMax。

上述赋值语句实际上等价于如下 if-else 语句：

```
if (iNum1>iNum2) iMax=iNum1;
else iMax=iNum2;
```

## 10.4　全局变量和局部变量

在 JavaScript 中，变量可以分为全局变量和局部变量。在函数外部定义的变量属于全局变量，在函数内部定义的变量以及函数定义中的形式参数属于局部变量。全局变量既可以在函数外部赋值和引用，也可以在函数内部赋值和引用。局部变量只能在函数内部定义、赋值和引用，而不能在函数外部赋值和引用。

【例 10-6】　理解全局变量以及局部变量。HTML 文档主体中的 JavaScript 代码如下：

```
<script type="text/javascript">
  var v1=0;
  document.write("全局变量 v1 的初始值："+v1+"<br/>");

  function f1() {
    var v2=100;
    v1=v1+1;
    document.write("局部变量 v2 的值："+v2+"<br/>");
  }
```

```
f1();  document.write("第 1 次函数调用后，全局变量 v1 的值："+v1+"<br/>");

f1();  document.write("第 2 次函数调用后，全局变量 v1 的值："+v1+"<br/>");

//document.write("局部变量 v2 的值是"+v2+"<br/>");    此条语句将出错
</script>
```

上述 JavaScript 在 Web 浏览器中的输出如下：

```
全局变量 v1 的初始值：0
局部变量 v2 的值：100
第 1 次函数调用后，全局变量 v1 的值：1
局部变量 v2 的值：100
第 2 次函数调用后，全局变量 v1 的值：2
```

**注意：**

① 在 JavaScript 中使用变量时，应该遵循"首先定义，然后赋值，最后引用"的原则，也就是首先使用保留字 var 对变量进行定义，然后使用赋值运算符给变量赋值，这样才可以在之后的程序中引用变量。

② 在 JavaScript 中，也可以在定义变量的同时给变量赋值，例如 var v2=100。

③ 避免使用同名的全局变量和局部变量。

④ 每次调用函数 f1，都会使全局变量 v1 的值加 1。而且每次调用函数 f1 之后，变量 v1 仍然存在。因此，多次调用函数 f1 能够使全局变量 v1 的值连续累加 1。

⑤ 每次调用函数 f1，都将重新定义局部变量 v2，并对局部变量 v2 重新赋值 100。而且每次调用函数 f1 之后，局部变量 v2 就不再存在。因此，不能在函数 f1 的外部引用局部变量 v2。

## 10.5　类型转换

在 JavaScript 中，有时候需要将保存在某些变量中的数据转换为另一种类型的数据。

### 10.5.1　隐式类型转换

在 JavaScript 表达式中，如果 boolean 或 number 类型的变量或数据与 string 类型的变量或数据之间有运算符"+"，该运算符"+"会被 Web 浏览器解析为字符串连接运算符。此时，表达式中 boolean 或 number 类型的数据会被隐式地转换为 string 类型的数据，然后参与字符串的连接运算。例如，

```
var b=true,n1=100, n2=3.14;
var s="JavaScript "+b+" "+n1+" "+n2;
```

其中表达式 "JavaScript "+b+" "+n1+" "+n2 中的"+"就是字符串连接运算符。执行第 2 条语句后，string 类型变量 s 的值为"JavaScript true 100 3.14"。

## 10.5.2　显式类型转换

与隐性类型转换相对应，JavaScript 提供预先定义的方法实现显式类型转换。

在 JavaScript 中，boolean 或 number 类型的变量也可以作为一个对象，此时可以使用这些对象的 toString 方法将其中的数据显式地转换为字符串。例如，

```
var b=true,n1=100, n2=3.14;
var s="JavaScript "+b.toString()+" "+n1.toString()+" "+n2.toString();
```

执行第 2 条语句后，string 类型变量 s 的值为"JavaScript true 100 3.14"。

【例 10-7】 将 boolean 或 number 类型的数据转换为字符串。HTML 文档主体中的 JavaScript 代码如下：

```
<script type="text/javascript">
  var b=true,n1=100, n2=3.14;
  var s="Java "+b+" "+n1+" "+n2;
  document.write("string 类型的变量 s 的值是："+s+"<br/>");

  s="JavaScript "+b.toString()+" "+n1.toString()+" "+n2.toString();
  document.write("string 类型的变量 s 的值是："+s+"<br/>");
</script>
```

上述 JavaScript 在 Web 浏览器中的输出如下：

```
string 类型的变量 s 的值是：Java true 100 3.14
string 类型的变量 s 的值是：JavaScript true 100 3.14
```

在 JavaScript 中，使用函数 parseInt 或 parseFloat 可以将字符串显式地转换为整数或浮点数。

parseInt 函数会从左向右逐个字符解析整个字符串，具体过程如下：首先分析第 1 个字符，判断它是否是数字字符；如果第 1 个字符不是数字字符，该函数将停止解析字符串，并返回 NaN，表示"Not a Number"；如果第 1 个字符是数字字符，该函数将继续逐个分析后续字符……这一过程将持续到发现非数字字符或最后一个数字字符为止，此时该函数将把之前的数字字符串转换成相应的整数。

parseFloat 函数和 parseInt 函数的工作原理类似。

【例 10-8】将字符串转换为整数或浮点数。HTML 文档主体中的 JavaScript 代码如下：

```
<script type="text/javascript">
  var s1="16",s2="1.6";
  var n=parseInt(s1)+parseInt(s2);
  document.write("nunber 类型变量 n 的值是："+n+"<br/>");
  n=parseFloat(s1)+parseFloat(s2);
  document.write("nunber 类型变量 n 的值是："+n+"<br/>");
```

```
document.write("parseInt 的返回值是: "+parseInt("16px")+"<br/>");
document.write("parseInt 的返回值是: "+parseInt("sd16")+"<br/>");

s1="1.6.7";
document.write("parseFloat(s1)的返回值是: "+parseFloat(s1)+"<br/>");
s1=".16sd";
document.write("parseFloat(s1)的返回值是: "+parseFloat(s1)+"<br/>");
s1="sd1.6";
document.write("parseFloat(s1)的返回值是: "+parseFloat(s1)+"<br/>");

document.write("parseInt 的返回值是: "+parseInt("016")+"<br/>");
document.write("parseInt 的返回值是: "+parseInt("0xA0")+"<br/>");
document.write("parseInt 的返回值是: "+parseInt("16",8)+"<br/>");
document.write("parseInt 的返回值是: "+parseInt("A0",16)+"<br/>");
document.write("parseInt 的返回值是: "+parseInt("A0")+"<br/>");
</script>
```

**注意：**

① 如果字符串的第 1 个字符是 0，parseInt 函数会对其后的数字字符按照八进制进行解析，并将有效的数字字符转换为相应的十进制整数。如果字符串的前两个字符是 0x 或 0X，parseInt 函数则对其后的数字字符按照十六进制进行解析，并将有效的数字字符转换为相应的十进制整数。例如，parseInt("016")的返回值是 14，而 parseInt("0xA0")的返回值则是 160。

② 调用 parseInt 函数时，也可以使用第 2 个参数指定某个进制，然后按照该进制对第 1 个参数中的字符串进行解析。例如，parseInt("16",8)将按照八进制解析字符串"16"，所以返回值是 14；而 parseInt("A0",16) 将按照十六进制解析字符串"A0"，所以返回值是 160。

③ 调用 parseInt 函数时，如果没有使用第 2 个参数，则 parseInt 函数将按照十进制解析字符串。例如，parseInt("A0")将按照十进制解析字符串"A0"，所以返回值是 NaN。

## 10.6　JavaScript 中的流程控制语句

与 C 和 Java 等程序设计语言类似，JavaScript 支持结构化程序设计——不仅可以实现顺序结构（Sequential Structure）、选择结构（Selection Structure）和循环结构（Repetition Structure）三种基本的程序结构，而且能够对程序流程进行选择控制和循环控制。

### 10.6.1　选择控制语句

选择结构又称分支结构，或选取结构。使用选择结构，能够在不同条件下执行相应的数据处理任务。选择结构又可进一步分为单分支、双分支和多分支三种类型。其中，单分支和双分支选择结构与关系运算符、逻辑运算符以及布尔表达式密切相关。

在 JavaScript 中，单分支、双分支和多分支三种类型的选择结构分别使用 if、if-else 和 switch 三种选择控制语句实现。

使用 if 语句可以实现单分支选择结构，if 语句的语法格式如下：

```
if ( boolean-expression )
  statement | statement-block
```

其中，布尔表达式 boolean-expression 可以是表示简单条件的关系表达式，也可以是表示复合条件的逻辑表达式，用于控制选择结构中的程序流程。statement 表示一条语句，statement-block 表示用一对花括号"{"和"}"组合在一起的一组语句。这对花括号及其中的语句统称语句块（Statement Block）。

使用 if-else 语句可以实现双分支选择结构，if-else 语句的语法格式如下：

```
if ( boolean-expression )
  statement | statement-block
else
  statement | statement-block
```

使用 switch 语句可以实现多分支选择结构，switch 语句的语法格式如下：

```
switch ( integral-expression ) {
  case integral-value1: statement1;
    break;
  case integral-value2: statement2;
    break;
  ...
  case integral-valuen: statementn;
    break;
  default: statement;
}
```

其中，integral-expression 可以是保存整数的变量，也可以是运算结果为整数的算术表达式。statement1、statement2、……、statementn 和 statement 可以是一条语句，也可以是一个语句块。

## 10.6.2　循环控制语句

在 JavaScript 中，循环控制语句主要有三种，分别是 while、do-while 和 for 语句。

while 语句的语法格式如下：

```
while ( boolean-expression )
  statement | statement-block
```

其中，布尔表达式 boolean-expression 可以是表示简单条件的关系表达式，也可以是表示复合条件的逻辑表达式，用于控制循环结构中的程序流程，因此也称循环控制条件。

statement 表示一条语句，statement-block 表示一个语句块。statement 或 statement-block 统称为循环体。

while 语句的执行过程如下：在每次循环体开始之前判断一次布尔表达式 boolean_expression。如果布尔表达式 boolean_expression 的值为 true，就会反复执行循环体中的语句；如果布尔表达式 boolean_expression 的值为 false，就会终止执行 while 语句及其循环体中的语句，然后执行 while 语句后面的语句。

do-while 语句的语法格式如下：

```
do {
  statements;
} while ( boolean-expression )
```

其中，花括号及其中的语句为循环体，布尔表达式 boolean_expression 为判断是否再次执行循环体的循环控制条件。

do-while 语句的执行过程如下：在每次循环体结束之后判断一次布尔表达式 boolean_expression。如果布尔表达式 boolean_expression 的值为 true，就会再次执行循环体中的语句；直到布尔表达式 boolean_expression 的值为 false，才会终止执行 do-while 语句及其循环体中的语句，然后执行 do-while 语句后面的语句。

while 语句和 do-while 语句的区别在于：while 语句是首先判断循环控制条件，然后再执行循环体，如果第 1 次循环控制条件就不成立，则一次也不执行循环体；do-while 语句是首先执行一次循环体，然后再判断循环控制条件，因此，至少执行一次循环体。

for 语句的语法格式如下：

```
for ( ForInit; boolean-expression; ForUpdate )
  statement | statement-block
```

其中，statement 表示一条语句，statement-block 表示一个语句块，两者统称循环体。布尔表达式 boolean_expression 为判断是否执行循环体的循环控制条件。

for 语句的执行过程如下：在第 1 次执行循环体之前，首先执行初始化语句 ForInit。接着测试循环控制条件，如果循环控制条件 boolean-expression 成立，就执行循环体。然后执行 ForUpdate，并再次测试循环控制条件，如果循环控制条件 boolean-expression 仍然成立，就继续执行循环体；否则，终止执行 for 语句及其循环体中的语句，然后执行 for 语句后面的语句。

【例 10-9】 for 语句、条件运算符和求余运算符的应用。HTML 文档主体中的 JavaScript 代码如下：

```
<script type="text/javascript">
  var pictureIndex=0;

  for(var i=1;i<=9;i++) {
    var previousPictureIndex=(pictureIndex==0)?3:(pictureIndex-1);
    document.write("第"+i+"次循环: "+"pictureIndex="+pictureIndex+
      ",previousPictureIndex="+previousPictureIndex+"<br/>");
    pictureIndex=(pictureIndex+1)%4;
```

```
    }
</script>
```

以上 JavaScript 代码实现了一个 for 循环：第 1 次循环时，变量 pictureIndex 的值是 0，经过条件运算，变量 previousPictureIndex 的值变为 3，然后变量 pictureIndex 的值变为 1；第 2 次循环时，变量 pictureIndex 的值是 1，经过条件运算，变量 previousPictureIndex 的值变为 0，然后变量 pictureIndex 的值变为 2……第 4 次循环时，变量 pictureIndex 的值是 3，经过条件运算，变量 previousPictureIndex 的值变为 2，然后变量 pictureIndex 的值变为 0；这样，第 5 次循环时又会出现第 1 次循环时的情况——变量 pictureIndex 的值是 0，经过条件运算，变量 previousPictureIndex 的值变为 3，然后变量 pictureIndex 的值变为 1……如此反复，变量 pictureIndex 的值始终依次在 0、1、2 和 3 之间循环切换，而变量 previousPictureIndex 的值则相应地始终依次在 3、0、1 和 2 之间循环切换。

以上 JavaScript 代码的执行结果如下：

```
第 1 次循环：pictureIndex=0,previousPictureIndex=3
第 2 次循环：pictureIndex=1,previousPictureIndex=0
第 3 次循环：pictureIndex=2,previousPictureIndex=1
第 4 次循环：pictureIndex=3,previousPictureIndex=2
第 5 次循环：pictureIndex=0,previousPictureIndex=3
第 6 次循环：pictureIndex=1,previousPictureIndex=0
第 7 次循环：pictureIndex=2,previousPictureIndex=1
第 8 次循环：pictureIndex=3,previousPictureIndex=2
第 9 次循环：pictureIndex=0,previousPictureIndex=3
...
```

## 10.7　小结

JavaScript 是一种轻量级的编程语言，具有短小精悍的特点，并使 Web 浏览器及客户机端具备了运行程序的能力。

JavaScript 的运行离不开 Web 浏览器。换言之，JavaScript 不能脱离 Web 浏览器而独立运行。因此，Web 浏览器也被称为 JavaScript 的宿主环境（Host Environment）。

目前，任何一款版本较高的 Web 浏览器都带有 JavaScript 解释器。在每次运行 JavaScript 之前，都需要通过解释器将 JavaScript 翻译为计算机能够执行的机器代码。

JavaScript 可以出现在 HTML 文档的主体或头部，但更多的是以 JavaScript 函数的形式单独保存在外部脚本文档中。

出现在 HTML 文档主体或头部的 JavaScript 必须放在 script 元素内，若将 JavaScript 保存在外部脚本文档中，则不能使用 script 元素。

出现在 HTML 文档头部和外部脚本文档中的 JavaScript 通常放在 JavaScript 函数中，然后在 HTML 文档主体调用 JavaScript 函数。

定义在 HTML 文档头部的 JavaScript 函数只能在同一 HTML 文档中被调用。定义在外部脚本文档中的 JavaScript 函数则可以在多个 HTML 文档中被调用。换言之，在不同

HTML 文档中可以调用在同一个外部脚本文档中定义的 JavaScript 函数。

在 HTML 文档头部使用 script 元素及其 src 属性，可以指向定义有 JavaScript 函数的外部脚本文档。这样，在 Web 浏览器加载 HTML 文档的同时，也将加载外部脚本文档中的 JavaScript 函数及其中的语句。

JavaScript 是一种弱类型语言。在 JavaScript 中使用保留字 var 定义变量时，无须指明变量的类型。

在函数外部定义的变量属于全局变量，在函数内部定义的变量以及函数定义中的形式参数属于局部变量。全局变量既可以在函数外部赋值和引用，也可以在函数内部赋值和引用。局部变量只能在函数内部定义、赋值和引用，而不能在函数外部赋值和引用。

使用字符串连接运算符"+"，可以隐式地将 boolean 或 number 类型的数据转换为 string 类型的数据。在 JavaScript 中，boolean 或 number 类型的变量也可以作为一个对象，此时可以使用这些对象的 toString 方法将其中的数据显式地转换为字符串。使用 parseInt 或 parseFloat 函数可以将字符串显式地转换为整数或浮点数。

在 JavaScript 中，使用函数 parseInt 或 parseFloat 可以将字符串显式地转换为整数或浮点数。

JavaScript 支持结构化程序设计。在 JavaScript 中，使用 if、if-else 和 switch 语句可以分别实现单分支、双分支和多分支选择结构。使用 while、do-while 和 for 语句可以实现循环结构。

## 10.8　习题

1. 编写 JavaScript 代码，验证表 10-1 中算术表达式的值。
2. 编写 JavaScript 代码，验证表 10-2 中关系表达式的值。
3. 编写 JavaScript 代码，验证表 10-3 中逻辑表达式的值。
4. 编写 JavaScript 代码，验证表 10-4 中变量 x 的值。
5. 通过编程观察以下 JavaScript 在 Web 浏览器中的输出，然后分析每个"+"是算术运算符、还是字符串连接运算符？

```
var x=12, y=5;
document.write(x+y+"<br/>");
document.write("x="+x+y+"<br/>");
```

如果想要在 Web 浏览器中输出"x=17"，应该如何改写最后一条语句？

6. 如图 10-2 所示，【例 10-1】、【例 10-2】和【例 10-3】在 Web 浏览器输出的乘法表中，虚线内的上下等式还需靠左对齐。为此，可以在输出每个等式后对其中的乘积进行判断，当乘积小于 10 时可以多输出一个空格。为此，改写【例 10-3】中函数 printMultiplicationTable 的代码，使乘法表中的所有上下等式均靠左对齐。

**提示**：在 HTML 文档及网页中，无间断空格使用实体名称" "或实体编号" "替代。

# 第11章 JavaScript 内置对象

JavaScript 支持结构化程序设计，同时也是一种基于对象的脚本语言。JavaScript 预先创建了一些内置对象（Built-in Objects），常用的内置对象包括数组（Array）、布尔（Boolean）、日期和时间（Date）、函数（Function）、数学（Math）、数值（Number）、对象（Object）、正则表达式（RegExp）和字符串（String）等。在每个内置对象中又预先定义了相应的属性（Property）和方法（Method）。以下主要介绍 Date 对象、String 对象、RegExp 对象、Array 对象和 Math 对象及其应用。

## 11.1 对象、属性和方法

和 Java、C++和 C#等面向对象的程序设计语言类似，在 JavaScript 中，对象（Object）也拥有属性和方法。属性描述了对象的一些基本特征，而方法则是能够通过对象执行的操作。

访问对象属性的基本语法是：

`objectName.propertyName`

通过对象调用方法的基本语法是：

`objectName.methodName`

## 11.2 Date 对象

在 JavaScript 中，通过 Date 对象可以调用表 11-1 中的方法处理日期和时间。

表 11-1　Date 对象的常用方法

| 方　　法 | 作用及返回值 |
| --- | --- |
| getFullYear | 返回以四位数字表示的年份 |
| getMonth | 返回月份（0～11）。0 表示 1 月，1 表示 2 月，以此类推，11 表示 12 月 |
| getDate | 返回一个月中的某一天（1～31） |
| getDay | 返回一周中的某一天（0～6）。0 表示星期日，1 表示星期一，以此类推，6 表示星期六 |
| getHours | 返回小时 |

续表

| 方　　法 | 作用及返回值 |
| --- | --- |
| getMinutes | 返回分钟 |
| getSeconds | 返回秒 |
| setDate | 设置 Date 对象中月的某一天（1~31） |
| toLocaleString | 将时间/时间转换为当地格式的字符串，如"2013 年 3 月 18 日星期一 07:38:36" |

【例 11-1】在 JavaScript 中创建 Date 对象，并使用和验证 Date 对象的常用方法。HTML 文档主体中的 JavaScript 代码如下：

```javascript
<script type="text/javascript">
  //可以使用 new 运算符和以下多种构造函数创建 Date 对象
  var today=new Date();        //获取系统的当前日期和时间
  //var today= new Date("November 11,2012");
  //var today= new Date("November 11,2012 11:22:33");
  //var today= new Date("11 November 2012");
  //var today= new Date(2012,10,11,22,33,44);   //第 2 个参数 10 表示 11 月
  //var today= new Date(2012,10,11);             //第 2 个参数 10 表示 11 月
  document.write("变量 today 的类型为 "+(typeof today)+"<br/>");

  var iYear=today.getFullYear();
  var iMonth=today.getMonth()+1;                 //月份是从 0 开始的
  var iDate=today.getDate();
  var iDay=today.getDay();                        //周几是从 0 开始的，0 代表周日
  var sDay="";

  switch(iDay) {
    case 0:   sDay="星期日";     break;
    case 1:   sDay="星期一";     break;
    case 2:   sDay="星期二";     break;
    case 3:   sDay="星期三";     break;
    case 4:   sDay="星期四";     break;
    case 5:   sDay="星期五";     break;
    case 6:   sDay="星期六";     break;
    default:  sDay="error";
  }

  document.write("今天是"+iYear+"年"+iMonth+"月"+iDate+"日"+","+sDay+"<br/>");

  today.setDate(today.getDate()+5);
  document.write("5 天以后是："+today.toLocaleString());
</script>
```

注意：

① 需要使用 new 运算符、并调用 Date 构造函数才能创建 Date 对象。

② 在以上代码中，变量 today 用于指代一个 Date 对象，属于 object 类型。

③ 代码 Date(2012,10,11,22,33,44) 和 Date(2012,10,11) 中，第 2 个参数 10 表示

11 月。

# 11.3　String 对象

在 JavaScript 中，使用 String 对象可以存储和处理字符串。

## 11.3.1　创建 String 对象

与创建 Date 对象类似，需要使用 new 运算符、并调用 String 构造函数才能创建 String 对象。例如，

```
var idno=new String("51101219641111441X");  //变量 idno 用于存储身份证号码
```

在以上代码中，首先使用 new 运算符、并调用 String 构造函数创建一个 String 对象。然后通过赋值运算符，使变量 idno 指代该 String 对象。因此，变量 idno 属于 object 类型。

## 11.3.2　String 对象的属性

每个 String 对象都拥有属性 length，该属性表示字符串的长度，即字符串中的字符个数。在 JavaScript 中，可以按照 "String 对象名.length" 的格式访问一个字符串的长度。例如，idno.length 就表示字符串 idno 的长度，即字符串中的字符个数。

以下 JavaScript 可以判断字符串 idno 中是否包含 18 个字符。

```
if (idno.length!=18)
document.write("身份证号码不是 18 位！");
else{
  …
}
```

## 11.3.3　String 对象的方法

通过 String 对象，可以调用表 11-2 中的方法处理其所存储的字符串。

表 11-2　String 对象的常用方法

| 方　　法 | 作用及返回值 | 应用举例 |
|---|---|---|
| indexOf(substring,fromindex) | 从 fromindex 指定的位置开始，检索子串 substring 在字符串中首次出现的位置。如果要检索的子串 substring 在字符串中没有出现，则返回-1。如果省略 fromindex，则从字符串的首字符开始检索子串 substring | var email="a@b.cd"<br>var atpos1=email.indexOf("@")<br>var atpos2=email.indexOf("@",2)<br>执行上述 JavaScript 代码后，atpos1 的值是 1，atpos2 的值是-1 |

| 方　　法 | 作用及返回值 | 应用举例 |
|---|---|---|
| lastIndexOf(substring) | 返回子串 substring 在字符串中最后出现的位置。如果要检索的子串 substring 在字符串中没有出现，则返回-1 | var email="a@b.cd"<br>var dotpos=email.lastIndexOf(".")<br>执行上述 JavaScript 代码后，dotpos 的值是 3 |
| search(substring) | 在字符串中，检索指定的或与正则表达式相匹配的子串 substring，并返回子串 substring 在字符串中首次出现的位置。如果要检索的子串 substring 在字符串中没有出现，则返回-1 | var s="Hello world!"<br>document.write(s.search("Hello")) //显示 0<br>document.write(s.search("world")) //显示 6<br>document.write(s.search("World")) //显示-1 |
| substr(start,length) | 在字符串中，从起始位置 start 开始提取指定长度 length 的子串 | var idno="51101219641111441X"<br>var birthdayYear=idno.substr(6,4)<br>执行上述 JavaScript 代码后，birthdayYear 的值是"1964" |
| substring(start,end) | 在字符串中，从起始位置（start）开始、到终止位置（end-1）截止提取子串 | var idno="51101219641111441X"<br>var birthdayYear=idno.substring(6,10)<br>执行上述 JavaScript 代码后，birthdayYear 的值是"1964" |
| split(separator) | 以 separator 为分隔符，将字符串分割为若干子串，再将这些子串作为元素组织在一个数组中，最后返回该数组 | var monthString="East:West:South:North";<br>var arrayOfStrings=monthString.split(":");<br>执行上述 JavaScript 代码后，arrayOfStrings 的值是数组 ["East","West","South","North"] |

**注意：**

① 第 1 个字符在整个字符串中的位置为 0，第 2 个字符在字符串中的位置为 1，……，第 n 个字符在字符串中的位置为 n-1。

② 如果没有特别说明，检索或匹配的字符串是区分字母大小写的。

## 11.3.4　String 对象和 string 类型的变量

在 JavaScript 中，String 对象和 string 类型的变量都可以用于存储和处理字符串。

但是，String 对象是使用 new 运算符、并调用 String 构造函数创建的，String 对象拥有 length 属性，并且可以直接调用在 String 对象中预先定义的方法。而 string 类型的变量则属于 string 基本类型。

在 JavaScript 中，string 类型的变量可以转换为 String 对象，同样拥有 length 属性，同样可以调用在 String 对象中预先定义的方法。

【例 11-2】　String 对象和 string 类型的变量。HTML 文档主体中的 JavaScript 代码如下：

```
<script>
  var idno1=new String("51101219641111441X");  //18 个字符
  document.write("变量 idno1 的类型为"+(typeof idno1)+"<br/>");
  document.write("idno1.length="+idno1.length+"<br/>");
```

```
document.write("idno1.substring(6,10)="+idno1.substring(6,10)+"<br/>");

var idno2="51101219641111441";              //17 个字符
document.write("变量 idno2 的类型为"+(typeof idno2)+"<br/>");
document.write("idno2.length="+idno2.length+"<br/>");
document.write("idno2.substring(6,10)="+idno2.substring(6,10)+"<br/>");
</script>
```

在以上代码中，idno1 是指代 String 对象的变量，属于 object 类型，拥有 length 属性，可以直接调用 substring 方法。idno2 则是 string 类型的变量，但可以当作 String 对象使用，可以拥有 length 属性，也可以调用 substring 方法。

实际上，在 JavaScript 中经常使用 string 类型的变量存储字符串，并通过 string 类型的变量调用在 String 对象中预先定义的方法，同样可以完成字符串处理任务。

## 11.3.5　String 对象的应用

在计算机程序中，有时需要对具有特定规律或格式的字符串数据进行验证或处理。例如，在电子邮箱字符串中，必须包含 at 符号（@），并且 at 符号（@）不能是首个字符。此外，at 符号（@）之后至少间隔一个字符应该有一个句号（.）。

【例 11-3】　应用 String 对象的 indexOf 和 lastIndexOf 方法验证电子邮箱字符串的格式有效性。HTML 文档主体中的 JavaScript 代码如下：

```
<script type="text/javascript">
  var email="a@b.cd";
  //var email="ab.cd"
  //var email="@ab.cd"
  //var email="a@bcd"
  atpos=email.indexOf("@")            //第 1 个 at 符号（@）在字符串 email 中的位置
  dotpos=email.lastIndexOf(".")       //最后一个句号（.）在字符串 email 中的位置
  document.write(email+" "+"atpos:"+atpos+" "+"dotpos:"+dotpos)

  if (atpos<1||dotpos-atpos<2) alert("电子邮箱无效! ")
  else alert("电子邮箱有效! ")
</script>
```

**注意：**

① 在上述 JavaScript 中，alert 是 JavaScript 提供的警告框函数。执行该函数时，会弹出一个警告框，并依据该函数的参数向用户显示一些信息，用户只有单击其中的“确定”按钮才能继续执行后面的 JavaScript。

② 在上述 JavaScript 中，如果布尔表达式 atpos<1 的值为 true，则表示字符串中或者不包含 at 符号（@），或者 at 符号（@）是首个字符；如果布尔表达式 dotpos-atpos<2 的值为 true，则表示字符串不符合规则“at 符号（@）之后至少间隔一个字符应该有一个句号（.）”。因此，如果整个布尔表达式 atpos<1||dotpos-atpos<2 的值为 true，则表示“电子邮箱无效”。

【例 11-4】 定义 JavaScript 函数 validateEmail，该函数按照以下三条规则验证电子邮箱字符串的格式有效性：

（1）字符串中必须包含 at 符号（@）。

（2）在字符串中，at 符号（@）不能是首个字符。

（3）at 符号（@）之后至少间隔一个字符应该有一个句号（.）。

此外，对于函数 validateEmail 及其功能还有以下一些要求：

（1）函数定义中的形式参数名使用 s_email，表示一个电子邮箱字符串。

（2）如果字符串 s_email 符合上述三条规则，函数的返回值为 true，表示电子邮箱字符串的格式有效。否则，函数的返回值为 false，表示电子邮箱字符串的格式无效。

然后，用字符串数据 a@b.cd、ab.cd、@ab.cd 和 a@bcd 测试函数 validateEmail，以验证该函数及其返回值的正确性。

XHTML 及 JavaScript 代码如下：

```
<!DOCTYPE html PUBLIC "-//W3C//DTD XHTML 1.0 Strict//EN"
  "http://www.w3.org/TR/xhtml1/DTD/xhtml1-strict.dtd">
<html xmlns="http://www.w3.org/1999/xhtml">
<head>
  <meta http-equiv="Content-Type" content="text/html; charset=gb2312"/>
  <title>应用 String 对象及其方法验证电子邮箱字符串的格式有效性</title>
  <script type="text/javascript">
    //定义验证电子邮箱字符串格式有效性的函数 validateEmail
    function validateEmail(s_email) {
    var reVal=true  //假设电子邮箱字符串格式有效
    var atpos=s_email.indexOf("@")
    var dotpos=s_email.lastIndexOf(".")

    if (atpos<1||dotpos-atpos<2) reVal=false

    return reVal
    }
  </script>
</head>
<body>
  <script type="text/javascript">
    var email="a@b.cd"
    //var email="ab.cd"
    //var email="@ab.cd"
    //var email="a@bcd"
    //var email="a#c(@(b.cd"
    document.write("电子邮箱"+email)

    if (validateEmail(email)) document.write("通过验证！")
    else document.write("没有通过验证！")
  </script>
</body>
</html>
```

注意：由于函数 validateEmail 返回布尔值 true 或 false，因此表达式 validateEmail (email)可以构成 if 语句中的条件。

## 11.3.6　正则表达式及其应用

除电子邮箱字符串外，其他一些特殊用途的字符串数据同样要求具有共同的特征或格式。例如，中国大陆的邮政编码是 6 个连续的数字字符。又如，手机号码是 11 个连续的数字字符，并且第一个数字字符是 1。再如，身份证号码包括 18 个字符，并且前 17 个字符是数字字符，最后 1 个字符是数字字符或大写字母 X。

在 Java、JavaScript 和 PHP 等很多编程语言中，可以使用正则表达式（Regular Expression）描述这些特殊用途的字符串数据所共同具有的特征或格式，并将正则表达式用于模式匹配（Pattern Matching）——在给定的字符序列中查找具有指定特征的子序列。

如表 11-3 所示，在 JavaScript 的正则表达式中，需要使用一些特殊的字符或字符组合来表示字符集合（Character Sets）、量词（Quantifiers）、边界（Boundaries）和字符类别（Character Classes）等特定的含义。

表 11-3　正则表达式中的特殊字符或字符组合及其含义

| 字符或字符组合分类 | 举　例 | 含　义 |
|---|---|---|
| 字符集合 | [abc] | 左右方括号之间的任意单个字符，如 a、b 和 c |
| | [^abc] | 不在左右方括号之间的任何字符，如 A、d 和 1 |
| | [0-9] | 从 0~9 的任何数字字符 |
| | [a-z] | 从小写 a 到小写 z 的任何字符 |
| | [A-Z] | 从大写 A 到大写 Z 的任何字符 |
| | [0-9|X] | 从 0~9 的任何数字字符，或大写字母 X |
| 量词 | s? | 零个或一个 s |
| | s* | 零个或多个 s |
| | s+ | 一个或多个 s |
| | s{n} | s 正好出现 n 次 |
| | s{n,} | s 至少出现 n 次 |
| | s{n,m} | s 出现 n 至 m 次 |
| 边界 | ^ | 一行字符串的开始 |
| | $ | 一行字符串的结尾 |
| 字符类别 | .（句号） | \r（回车）和\n（换行）除外的任意字符 |
| | \d | 数字字符，等价于 [0-9] |
| | \w | 单词字符（数字字符、大写字母、下画线和小写字母），等价于 [0-9A-Z_a-z] |

正则表达式的字面值（Literals）总是以斜杠（/）开头和结尾。例如，正则表达式 /[0-9]{6}/ 或者 /\d{6}/ 表示 6 个连续的数字字符。又如，正则表达式 /1[0-9]{10}/ 或者 /1\d{10}/ 表示 11 个连续的数字字符，并且第一个数字字符是 1。再如，正则表达式 /\d{17}[\dX]/ 表示 18 个字符，并且前 17 个字符是数字字符，最后 1 个字符是数字字符或大写字母 X，因此，该正则表达式描述了身份证号码必须具有的特征或格式。

应用正则表达式和 String 对象的 search 方法，可以方便地验证某些字符串数据的格式有效性。

**【例 11-5】** 正则表达式和 String 对象的 search 方法的应用——验证身份证号码的格式有效性。HTML 文档主体中的 JavaScript 代码如下：

```
<script type="text/javascript">
  var idno1=new String("51101219641111441X")   //18 个字符
  var flag=idno1.search(/\d{17}[\dX]/)
  document.write("身份证号码:"+idno1+" flag:"+flag+"<br/>")

  var idno2=new String("51101229641111441X3")   //19 个字符
  flag=idno2.search(/\d{17}[\dX]/)
  document.write("身份证号码:"+idno2+" flag:"+flag+"<br/>")

  var idno3=new String("A51101229641111441X")   //19 个字符
  flag=idno3.search(/\d{17}[\dX]/)
  document.write("身份证号码:"+idno3+" flag:"+flag+"<br/>")

  var idno4="51101219641111441A"   //18 个字符
  flag=idno4.search(/\d{17}[\dX]/)
  document.write("身份证号码:"+idno4+" flag:"+flag+"<br/>")

  var idno5="511012196A41111441"   //18 个字符
  flag=idno5.search(/\d{17}[\dX]/)
  document.write("身份证号码:"+idno5+" flag:"+flag+"<br/>")

  var idno6="51101219641111144"    //17 个字符
  flag=idno6.search(/\d{17}[\dX]/)
  document.write("身份证号码:"+idno6+" flag:"+flag+"<br/>")
</script>
```

**注意：**

① 在以上 JavaScript 中，String 对象 idno1 和 idno2 中的前 18 个字符均满足正则表达式 /\d{17}[\dX]/ 所描述的格式要求，所以 flag 的值均为 0。但 String 对象 idno2 包含 19 个字符，因此并不是有效的身份证号码。

② 在 String 对象 idno3 中，从第 2 个字符开始、连续的 18 个字符满足正则表达式 /\d{17}[\dX]/ 所描述的格式要求，所以 flag 的值为 1。但由于 String 对象 idno3 中的第 1 个字符是 A、并且 String 对象 idno3 包含 19 个字符，因此也不是有效的身份证号码。

③ 虽然 String 对象 idno4 和 idno5 均只有 18 个字符，但均不满足正则表达式 /\d{17}[\dX]/所描述的格式要求，所以 flag 的值均为-1。

④ String 对象 idno6 只有 17 个字符，因此不满足正则表达式 /\d{17}[\dX]/ 所描述的格式要求，所以 flag 的值也为-1。

综上所述，当 flag 的值不等于 0 或者字符串的长度（即字符个数）不等于 18 时，字符串数据就不是有效的身份证号码。换言之，只有当 flag 的值等于 0，并且字符串的长度（即字符个数）等于 18 时，字符串数据才有可能是有效的身份证号码。

【例 11-6】　定义 JavaScript 函数 validateIdno，该函数按照以下三条规则验证身份证号码的格式有效性：

（1）身份证号码必须且只能包括 18 个字符。

（2）前 17 个字符是数字字符。

（3）最后 1 个字符是数字字符或大写字母 X。

此外，对于函数 validateIdno 及其功能还有以下一些要求：

（1）函数定义中的形式参数名使用 s_idno，表示一个身份证号码字符串。

（2）如果字符串 s_idno 符合上述三条规则，函数的返回值为 true，表示满足身份证号码的基本格式要求；否则，函数的返回值为 false，表示不满足身份证号码的基本格式要求。

根据以上对函数 validateIdno 的要求，可以画出相应的程序流程图，如图 11-1 所示。

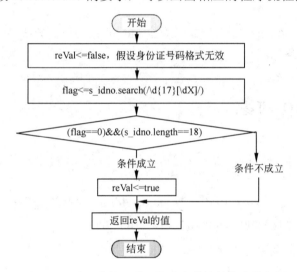

图 11-1　验证身份证号码格式有效性的程序流程图

根据图 11-1 中的程序流程图，可以在 HTML 文档头部定义函数 validateIdno，JavaScript 代码如下：

```
<script type="text/javascript">
  //定义验证身份证号码格式有效性的函数 validateIdno
  function validateIdno(s_idno) {
    var reVal=false  //假设身份证号码格式无效
    var flag=s_idno.search(/\d{17}[\dX]/)

    if (flag==0&&s_idno.length==18) reVal=true
    return reVal
  }
</script>
```

然后，用【例 11-5】中的字符串数据测试函数 validateIdno，以验证该函数及其 JavaScript 代码的正确性。可以在 HTML 文档主体使用如下 JavaScript 代码：

```
<script type="text/javascript">
  var idno="51101219641111441X"    //18 个字符
  //var idno="51101229641111441X3"  //19 个字符
  //var idno="A51101229641111441X"  //19 个字符
  //var idno="51101219641111441A"   //18 个字符
  //var idno="511012196A41111441"   //18 个字符
  //var idno="51101219641111144"    //17 个字符
  document.write("身份证号码"+idno)

  if (validateIdno(idno)) document.write(" 通过验证! ")
  else document.write(" 没有通过验证! ")
</script>
```

**注意**：由于函数 validateIdno 返回布尔值 true 或 false，因此表达式 validateIdno(idno) 可以构成 if 语句中的条件。

## 11.4 RegExp 对象

除 String 对象及其 search 方法外，也可以通过 RegExp 对象及其 test 方法验证特定字符串的格式有效性。

**【例 11-7】** 改写【例 11-6】中的函数 validateIdno，应用 RegExp 对象验证身份证号码的格式有效性。定义函数 validateIdno 的 JavaScript 代码如下：

```
function validateIdno(s_idno) {
  var regex=/^\d{17}[\dX]$/
  return regex.test(s_idno);
}
```

在上述 JavaScript 代码中，第 1 条语句直接使用正则表达式的字面值 /^\d{17}[\dX]$/ 创建 RegExp 对象 regex。在正则表达式 /^\d{17}[\dX]$/ 中，脱字符（^）表示必须以其后的特定字符（或字符串）开始，美元符号（$）表示必须以其前的特定字符（或字符串）结束。

在第 2 条语句中，通过 RegExp 对象 regex 调用 test 方法验证在 string 类型的变量 s_idno 中存储的字符串是否是有效的身份证号码。如果是有效的身份证号码，则 test 方法返回 true；否则，test 方法返回 false。

而使用正则表达式 /^\w+((\.)?\w+)*@\w+((\.)?\w+)*(\.\w{2,3})+$/ 则可以更有效地验证电子邮箱字符串的格式有效性，其中各个部分的含义如下：

（1）\w 是一个转义结构的字符类别，表示一个数字字符（0～9）、大写字母（A～Z）、下画线（_）或小写字母（a～z）。\w+表示转义结构\w 可以出现一次或多次。

（2）\.也是一个转义结构，表示一个句号（.）。(\.)?表示句号（.）可以出现零次或一次。

（3）(\.)?\w+表示(\.)?和\w+的连接，((\.)?\w+)*表示(\.)?\w+可以出现零次或多次。

（4）\w{2,3}表示转义结构\w 可以出现 2 次或 3 次。\.\w{2,3}表示句号（.）和\w{2,3}的连接。(\.\w{2,3})+表示\.\w{2,3}可以出现一次或多次。

**【例 11-8】** 改写【例 11-4】中的函数 validateEmail，应用 RegExp 对象验证电子邮箱字符串的格式有效性。定义函数 validateEmail 的 JavaScript 代码如下：

```
function validateEmail(s_email) {
  var regex=/^\w+((\.)?\w+)*@\w+((\.)?\w+)*(\.\w{2,3})+$/
  //var regex=new RegExp("^\\w+((\\.)?\\w+)*@\\w+((\\.)?\\w+)*(\\.\\w{2,3})+$")
  return regex.test(s_email);
}
```

然后，用以下 JavaScript 代码测试函数 validateEmail。

```
<script type="text/javascript">
  var email="Lisi@sina.com"
  //var email="si.Li@sina.com"
  //var email="si_Li@sina.com"
  //var email="si._Li@sina.com.cn"
  //var email="si_.Li@sina.com.cn"
  //var email="si.si.Li@sinaGoogle.com.cn"

  //var email="si..Li@sina.com"
  //var email=".siLi@sina.com.cn"
  //var email="si.Li@sina.com.china"
  document.write("电子邮箱"+email)

  if (validateEmail(email)) document.write(" 通过验证！")
  else document.write(" 没有通过验证！")
</script>
```

由于..与(\.)?不匹配，所以字符串 "si..Li@sina.com" 不是有效的电子邮箱；字符串 ".siLi@sina.com.cn" 中的第 1 个字符是句号（.），与^\w+不匹配，因此也不是有效的电子邮箱；.china 与(\.\w{2,3})+$不匹配，所以字符串 "si.Li@sina.com.china" 也不是有效的电子邮箱。

注意：

① 在正则表达式中，单个的句号（.）是一个属于字符类别且具有特定含义的字符，表示除\r（回车）和\n（换行）外的任意字符。因此，在验证电子邮箱格式有效性的正则表达式 /^\w+((\.)?\w+)*@\w+((\.)?\w+)*(\.\w{2,3})+$/ 中，必须使用转义结构 \. 表示一个句

号（.）。

② 在函数 validateEmail 中，可以使用两种方法之一创建 RegExp 对象——第 1 条语句使用正则表达式的字面值 /^\w+((\.)?\w+)*@\w+((\.)?\w+)*(\.\w{2,3})+$/ 创建 RegExp 对象，第 2 条语句通过调用构造函数 new RegExp("…") 创建 RegExp 对象。

③ 通过调用构造函数 new RegExp("…") 创建 RegExp 对象时，需要对\w 和\.进行二次转义，即在\w 和\.的前面再加一个反斜杠（\）。

## 11.5　Array 对象

在程序设计中经常需要使用数组。数组（Array）通常是由一组相同类型的元素构成的有序集合。数组可以是一维的，也可以是二维的。在数组及其应用中，最常见的是一维数组。

### 11.5.1　数组的逻辑结构

图 11-2 是一维数组的逻辑结构示意图。其中，$e_i$ 表示一维数组中的第 $i+1$ 个元素（Element）。数组中的所有元素属于同一种类型。数组中的元素个数称为数组长度（Length）。数组中的元素可以用下标（Index）标识和指定。在一维数组中，第 $i$ 个元素 $e_{i-1}$ 的下标是 $i-1$。因此，元素的下标介于 0 和数组长度减 1 之间。

图 11-2　数组长度、元素及其下标

### 11.5.2　创建 Array 对象

在 JavaScript 中，数组及其功能是通过 Array 对象实现的。在 JavaScript 中，可以使用以下两种方法创建 Array 对象，同时为每个数组元素赋初值。

```
var title=new Array("新浪网","百度网");
var link=["http://www.sina.com","http://www.baidu.com","http://www.sohu.com"];
```

其中，第 1 种方法使用 new 运算符和 Array 构造函数创建了数组名为 title 的 Array 对象，第 2 种方法直接使用方括号创建了数组名为 link 的 Array 对象，两个数组各有 2 个和 3 个元素，每个元素都是一个字符串。

### 11.5.3　Array 对象的 length 属性和数组元素

每个 Array 对象都拥有属性 length，该属性表示数组的长度，即数组中的元素个数。在 JavaScript 中，可以按照"数组名.length"的格式访问一个数组的长度。例如，title.length 就表示数组 title 的长度，即该数组中的元素个数。

在 JavaScript 中，可以按照"数组名[下标]"的格式访问数组元素，例如，title[0]表示数组 title 中的第 1 个元素，title[2]表示数组 title 中的第 3 个元素。

【例 11-9】　Array 对象及其应用。HTML 文档主体中的 JavaScript 代码如下：

```
<script type="text/javascript">
  var title=new Array("新浪网","百度网");
  alert(title.length);   //?
  title[title.length]="搜狐网";   //在数组最后追加一个元素
  alert(title.length);   //?
  alert((typeof title));        //?
  alert((typeof title[0]));   //?

  var link=["http://www.sina.com","http://www.baidu.com","http://www.sohu.com"];
  var pictureIndex=0;

  for(i=1;i<=7;i++) {
    document.write("第"+i+"次循环: "+"<a href='"+
      link[pictureIndex]+"'>"+title[pictureIndex]+"</a><br/>");
    pictureIndex=(pictureIndex+1)%3;
  }
</script>
```

在以上 JavaScript 代码的 for 循环中，反复使用数组 title 和 link 中的字符串创建文本超链接。以上 JavaScript 代码在 IE 浏览器中的输出如图 11-3 所示。

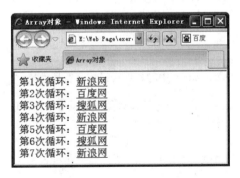

图 11-3　使用数组中的字符串创建文本超链接

注意：在本例中，title 是一个指代 Array 对象的变量，因此属于 object 类型。同时，title 也表示一个数组。在 title 数组中，每个元素 title[pictureIndex]用于存储字符串，属于 string 类型。类似地，link 也是一个指代 Array 对象的变量，属于 object 类型。在 link 数组中，每个存储字符串的元素 link[pictureIndex]属于 string 类型。

### 11.5.4　Array 对象的方法

通过 Array 对象，可以调用表 11-4 中的常用方法对数组中的元素进行相应的处理。

表 11-4　Array 对象的常用方法

| 方　　法 | 作用及返回值 |
| --- | --- |
| concat(arr1,arr2,…) | 合并两个或多个数组，并返回一个新数组 |
| reverse() | 将数组中元素的位置颠倒，即第 1 个元素成为最后一个，第 2 个元素成为倒数第 2 个……最后一个元素成为第 1 个 |
| sort(compareFunction) | 依据函数 compareFunction 定义的顺序（即根据函数 compareFunction 比较数组中元素的大小）对数组元素进行排序。如果省略比较函数 compareFunction，元素将按照转换为的字符串的逐个字符的 Unicode 编码进行排序 |

注意：concat 方法不会改变原有数组，而只是返回一个合并了原有数组中元素的新数组。

【例 11-10】　Array 对象的方法。HTML 文档主体中的 JavaScript 代码如下：

```
<script type="text/javascript">
 var arr1=new Array(1,2);
 var arr2=[4,8];
 var arr3=new Array();   arr3[0]=8;  arr3[1]=16
 document.write("-----数组合并之前: <br>");
 document.write("数组 arr1 中的元素: "+arr1+"<br>");
 document.write("数组 arr2 中的元素: "+arr2+"<br>");
 document.write("数组 arr3 中的元素: "+arr3+"<br>");

 var arr4=arr1.concat(arr2,arr3);
 document.write("-----数组合并之后: <br>");
 document.write("数组 arr4 中的元素: "+arr4+"<br>");
 document.write("数组 arr1 中的元素: "+arr1+"<br>");
 document.write("数组 arr2 中的元素: "+arr2+"<br>");
 document.write("数组 arr3 中的元素: "+arr3+"<br>");

 //直接排序时，首先将数组 arr4 中的数据转换为字符串数据，然后再排序
 arr4.sort();
 document.write("-----数组元素直接排序（按字符串数据排序）之后: <br>");
 document.write("数组 arr4 中的元素: "+arr4+"<br>");

 function compareFunction(e1,e2) {  //首先定义比较函数 compareFunction
   return parseInt(e1)-parseInt(e2);
 }
 arr4.sort(compareFunction);  //然后依据比较函数 compareFunction 的返回值排序
 //如果 compareFunction(e1,e2)小于 0，e1 排在 e2 之前
 //如果 compareFunction(e1,e2)等于 0，e1 和 e2 的前后顺序不变
 //如果 compareFunction(e1,e2)大于 0，e1 排在 e2 之后
 document.write("-----按数值（整数）升序排序之后: <br>");
```

```
document.write("数组 arr4 中的元素: "+arr4+"<br>");

//颠倒数组中元素的位置。第 1 个元素成为最后一个，第 2 个元素成为倒数第 2 个……最后一个
元素成为第 1 个
arr4.reverse();
document.write("-----颠倒数组中元素的位置（即相当于降序排序）之后: <br>");
document.write("数组 arr4 中的元素: "+arr4+"<br>");
</script>
```

在本例中，首先创建并定义了 arr1、arr2 和 arr3 三个数组，每个数组包含 2 个元素，每个元素又都是整数。然后通过 arr1 数组对象调用 concat 方法，将数组 arr1、arr2 和 arr3 三个数组中的元素合并在一个新的数组 arr4 中。新数组 arr4 包含六个元素，分别来自 arr1、arr2 和 arr3 三个数组，而 arr1、arr2 和 arr3 三个数组中元素并不会发生改变。

接下来，直接调用 sort 方法对数组 arr4 进行排序。此时，sort 方法首先将数组 arr4 中的整数转换为字符串数据然后再排序，此后数组中元素的顺序为 1 16 2 4 8 8。

也可以首先定义比较函数 compareFunction(e1,e2)，然后在调用 sort 方法时将比较函数 compareFunction 作为参数，这样可以依据比较函数 compareFunction 的返回值对数组 arr4 进行排序。此时，如果 compareFunction(e1,e2)小于 0，则元素 e1 排在元素 e2 之前；如果 compareFunction(e1,e2) 等于 0，则元素 e1 和元素 e2 的前后顺序不变；如果 compareFunction(e1,e2) 大于 0，则元素 e1 排在元素 e2 之后。此后，数组中元素的顺序将变为 1 2 4 8 8 16，这种排序结果符合数值升序的含义。

最后，通过数组对象 arr4 继续调用 reverse 方法，可以颠倒数组中元素的位置。此时，数组中元素的顺序将变为 16 8 8 4 2 1，这种排序结果符合数值降序的含义。

注意：JavaScript 支持结构化程序设计，同时也是一种基于对象的脚本语言。此外，JavaScript 还支持函数式程序设计（Functional Programming）。在函数式程序设计中，一个函数可以作为另一个函数的参数。如在本例中调用 sort 函数对数组 arr4 进行排序时，即是将比较函数 compareFunction 作为参数，这样可以依据比较函数 compareFunction 的返回值对数组 arr4 进行排序。

## 11.5.5　使用 for-in 语句遍历数组

遍历数组，也称迭代(Iteration)，是指依次访问数组中的每个元素。在 JavaScript 中，可以使用 for-in 语句遍历数组。

【例 11-11】 使用 for-in 语句验证【例 11-8】中电子邮箱字符串的格式有效性。HTML 文档主体中的 JavaScript 代码如下:

```
<script type="text/javascript">
  var emails=["Lisi@sina.com","si.Li@sina.com","si_Li@sina.com",
    "si_.Li@sina.com.cn","si_.Li@sina.com.cn","si.si.Li@sinaGoogle.com.cn",
    "si..Li@sina.com",".siLi@sina.com.cn","si.Li@sina.com.china"]

  for (var index in emails) {
    document.write("电子邮箱"+emails[index])

    if (validateEmail(emails[index])) document.write(" 通过验证! <br/>")
```

```
        else document.write(" 没有通过验证! <br/>")
    }
</script>
```

在上述 JavaScript 代码中，首先将需要验证格式有效性的电子邮箱字符串组织在数组 emails 中，然后在 for-in 语句的循环体中调用函数 validateEmail 验证每个电子邮箱字符串的格式有效性。在 for-in 语句中，变量 index 指代数组元素的下标。

## 11.6　Math 对象

在 JavaScript 中，内置对象 Math 拥有一组表示数学常数的属性，如 Math.E 表示自然对数的底数（约等于 2.718），Math.PI 表示圆周率。

通过 Math 对象，可以调用表 11-5 中的常用方法进行相应的数学计算。

表 11-5　Math 对象的常用方法

| 方　　法 | 作用及返回值 | 应用举例 |
|---|---|---|
| Math.abs(x) | 返回数值 x 的绝对值 | Math.abs(−10)的返回值是 10<br>Math.abs(−10.2)的返回值是 10.2 |
| Math.ceil(x) | 返回大于或等于数值 x 的最小整数 | Math.ceil(3.45)的返回值是 4<br>Math.ceil(−3.45)的返回值是−3 |
| Math.floor(x) | 返回小于或等于数值 x 的最大整数 | Math.floor(3.45)的返回值是 3<br>Math.floor(−3.45)的返回值是−4 |
| Math.random() | 随机生成一个区间[0,1)内的小数 | |
| Math.round(x) | 返回一个四舍五入后最接近数值 x 的整数 | Math.round(20.49)的返回值是 20<br>Math.round(20.5)的返回值是 21<br>Math.round(−20.5)的返回值是−20<br>Math.round(−20.51)的返回值是−21 |

注意：内置对象 Math 的所有属性和方法都是静态的。因此，访问 Math 对象的属性时，必须使用 Math.propertyName 的格式，如 Math.PI；而通过 Math 对象调用方法时，必须使用"Math.methodName"的格式，如 Math.ceil(3.45)。

## 11.7　小结

JavaScript 支持结构化程序设计，同时也是一种基于对象的脚本语言。JavaScript 预先创建了一些内置对象（Built-in Objects），在每个内置对象中又预先定义了相应的属性（Property）和方法（Method）。

在 JavaScript 中，对象（Object）也拥有属性和方法。属性描述了对象的一些基本特征，而方法则是能够通过对象执行的操作。

在 JavaScript 中，为了使用在 Date、String 和 Array 内置对象中预先定义的属性和方法，必须首先创建相应的 Date、String 和 Array 对象。

　　Date 对象用于存储和处理日期和时间，String 对象用于存储和处理字符串，Array 对象用于保存和处理一组具有相同类型的数据。

　　在 JavaScript 中经常使用 string 类型的变量存储字符串，并通过 string 类型的变量调用在 String 内置对象中预先定义的方法，同样可以完成字符串处理任务。

　　使用正则表达式，可以描述某些特殊用途的字符串数据所共同具有的特征或格式。

　　应用正则表达式和 String 对象的 search 方法（或者 RegExp 对象的 test 方法），可以方便地验证某些字符串数据的格式有效性。

　　JavaScript 支持函数式程序设计。在函数式程序设计中，一个函数可以作为另一个函数的参数。因为 JavaScript 也是一种函数式编程语言。

　　内置对象 Math 的所有属性和方法都是静态的。

## 11.8　习题

　　1．编写 JavaScript，验证表 11-2 中有关 String 对象方法的应用举例。

　　2．将【例 11-4】和【例 11-6】中的 JavaScript 函数 validateEmail 和 validateIdno 定义在同一个外部脚本文档中，然后在一个 HTML 文档中演示对这两个函数的调用。

　　3．在 HTML 文档头部定义 JavaScript 函数 getAge，该函数能够根据格式有效的身份证号码计算年龄。具体要求如下：

　　（1）函数定义中的形式参数名使用 s_idno，表示一个身份证号码字符串。

　　（2）函数的返回值即是根据身份证号码计算的年龄，且是一个整数。

　　然后，在 HTML 文档主体用一个格式有效的身份证号码字符串测试函数 getAge，并在 Web 浏览器中输出该身份证号码及相应的年龄，以验证该函数及其 JavaScript 代码的正确性。

　　4．分析并判断以下 JavaScript 在 Web 浏览器中的输出，然后通过上机编程验证你的判断。

```
<script type="text/javascript">
  var regex=/^[abc]$/
  document.write(regex.test("a")+" "+regex.test("ab")+"<br/>")

  regex=/^[^abc]$/
  document.write(regex.test("A")+" "+regex.test("a")+"<br/>")

  regex=/^[0-9]$/
  document.write(regex.test("0")+" "+regex.test("a0")+"<br/>")

  regex=/[0-9]/
  document.write(regex.test("0")+" "+regex.test("a0")+"<br/>")

  regex=/^([0-9]|X)$/
```

```
document.write(regex.test("0")+" "+regex.test("0X")+"<br/>")

regex=/([0-9]|X)/
document.write(regex.test("0")+" "+regex.test("0X")+"<br/>")

regex=/^(red|blue|green)$/
document.write(regex.test("red")+" "+regex.test("yellow")+"<br/>")
</script>
```

5．某班同学及其成绩使用字符串数据表示如下：

var nameScoreStr="小明:87;小花:81;小红:97;小天:76;小张:74;小小:94;小西:90;小伍:76;小迪:64;小曼:76"

现在要求按照如下格式显示相关信息：

XXXX 年 XX 月 XX 日 星期 X
班级总分为：815
平均分为：82

具体要求如下：
（1）显示当前日期，格式类似"XXXX 年 XX 月 XX 日 星期 X"。
（2）统计班级总分，并计算班级平均分（四舍五入保留整数）。

# 第12章
# 处理和验证表单数据

表单（Form）是网页中常见的要素。通过表单，Web 浏览器可以接收用户输入的数据，然后使用 JavaScript 处理表单数据或验证表单数据的有效性。

## 12.1 表单、控件及其属性

使用 HTML 中的 form 元素和 input 元素，可以在网页中定义和创建表单。定义和创建表单的主要代码及格式如下：

```
<form action=" ">
  <input type=" " name=" " value=" "/>
  ...
  <input type=" " name=" " value=" "/>
</form>
```

其中，form 元素的开始标签和结束标签定义表单的开头和结尾。form 元素的 action 属性值可以用于指定提交表单之后将进入的下一个页面。

form 元素内部通常包含若干个 input 元素，每个 input 元素定义一个控件（Control）。

在 input 元素中，type 属性用于指定 input 元素所定义控件的类型。常用的 type 属性值有 text、password、button、submit 和 reset，分别定义文本框、密码域、按钮、提交按钮和重置按钮五种类型的控件。其中，文本框和密码域用于接收用户输入的数据，按钮用于一般表单操作，提交按钮和重置按钮用于特定表单操作。

name 属性用于对 input 元素所定义的控件进行命名，在 JavaScript 中可以使用 name 属性值指定 input 元素所定义的控件。这样，JavaScript 即可根据 name 属性值对控件进行引用或操作。

value 属性可用于指定文本框和密码域的初始值，也可用于设置在按钮、提交按钮和重置按钮上显示的文字。

【例 12-1】 使用 form 和 input 元素在网页中定义和创建表单。HTML 文档主体中的代码如下：

```
<form action="http://www.sina.com">
  *电子邮箱: <input type="text" name="email" value="a@b.cd"/>
  身份证号码: <input type="text" name="idno" value="123456789012345678"/>
  密码: <input type="password" name="pwd"/>
```

```
    <input type="submit" value="提交"/>
    <input type="reset" value="重置"/>
</form>
```

如图 12-1 所示，表单包含由 input 元素定义的五个控件。

第 1 个控件是文本框，用于接收用户输入的电子邮箱，其初始值即是 value 属性值 "a@b.c"。

第 2 个控件也是文本框，用于接收用户输入的身份证号码，其初始值即是 value 属性值 "123456789012345678"。

第 3 个控件是密码域，用于接收用户输入的密码。文本框和密码域的作用基本相同，都可以接收用户输入的数据。两者的主要区别在于：在密码域中输入密码时，密码字符以圆点来显示。这样，旁边的其他人就看不到密码字符；而在文本框中则直接显示用户输入的字符。

第 4 个控件是提交按钮，在该按钮上显示的文字即是 value 属性值 "提交"。单击该按钮，可以打开由 form 元素的 action 属性值所指向的网页。

第 5 个控件是重置按钮，在该按钮上显示的文字即是 value 属性值 "重置"。单击该按钮，可以重置文本框和密码域中的初始值。

图 12-1  表单及其控件

注意：在 HTML 中，input 元素是行内元素。如图 12-1 所示，由 input 元素所定义的五个控件在同一行中从左向右依次排列。

【例 12-2】 参照图 12-2 所示，使用 ul 和 li 元素以及 div+CSS 对图 12-1 中的表单控件重新布局。

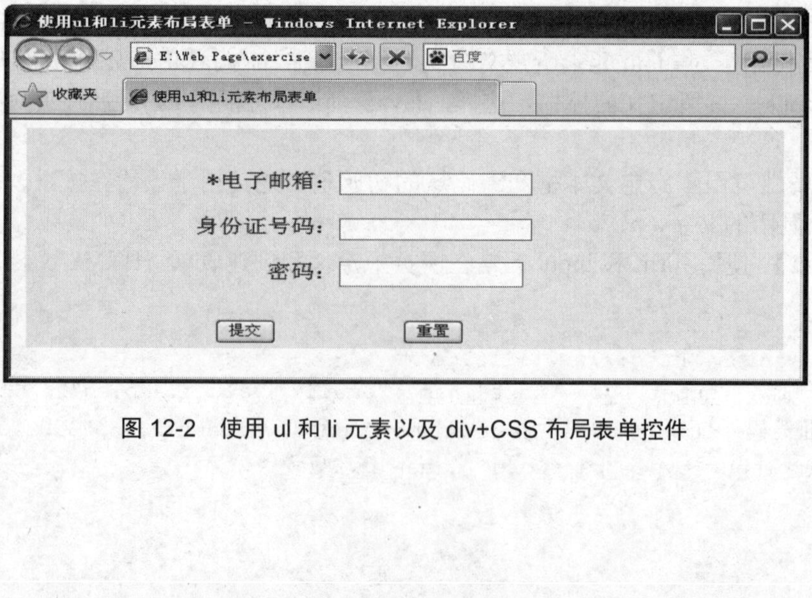

图 12-2  使用 ul 和 li 元素以及 div+CSS 布局表单控件

为此，首先在 HTML 文档头部定义内部样式表，具体代码如下：

```css
<style type="text/css">
  #container { width:800px; margin:0 auto; }
    #mainContent { width:780px; padding:10px; background-color:#CFF; }

    .formstyle { list-style:none; }
    .formstyle li { padding:10px 0px; }

    label { display:block; float:left; width:300px;
     padding-top:3px; text-align:right; }
    .submitDiv, .resetDiv { display:block; float:left;
     width:200px; padding:10px 50px; }
    .submitDiv { text-align:right; }
    .resetDiv { text-align:left; }
</style>
```

然后，在 HTML 文档主体定义和创建表单，具体代码如下：

```html
<div id="container">
  <div id="mainContent">
    <form action="">
      <ul class="formstyle">
        <li>
          <label>*电子邮箱：</label><input type="text" name="email"/>
        </li>
        <li>
          <label>身份证号码：</label><input type="text" name="idno"/>
        </li>
        <li>
          <label for="pwdID">密码：</label><input type="password" id="pwdID"/>
        </li>
        <li>
          <div class="submitDiv"><input type="submit" value="提交"/></div>
          <div class="resetDiv"><input type="reset" value="重置"/></div>
        </li>
      </ul>
    </form>
  </div>
</div>
```

如上述 HTML 代码，在 input 元素的前面可以结合使用 label 元素，这两个元素的具体用法如下：首先，在后面的 input 元素中使用 id 属性为对应的控件分配唯一的 ID，然后在前面的 label 元素中使用 for 属性，并使该属性值与后面对应 input 元素的 id 属性值一致。这样就可以将前面的 label 元素与后面的 input 元素绑定在一起，并由 label 元素中的文本为 input 元素对应的控件定义标记。在本例中，由于"密码"对应的 input 和 label 元素分别通过 id 和 for 属性绑定在一起，所以在表单中单击文本"密码："时，焦点将自动定位于后面的密码域。

注意：由于"电子邮箱"对应的 input 和 label 元素没有绑定在一起，所以在表单中单击文本"*电子邮箱："时，焦点不会自动定位于后面的 email 文本框。类似地，在表单中单击文本"身份证号码："时，焦点同样不会自动定位于后面的 idno 文本框。

## 12.2　表单事件和事件属性

表单在用户和 Web 浏览器之间提供了一种交互界面，而表单事件则最终促成了用户和 Web 浏览器之间的交互。表单有提交（submit）和重置（reset）两种事件。

例如，在如图 12-1 所示的表单中，由 type 属性值为 submit 的 input 元素定义"提交"按钮，单击"提交"按钮会触发提交表单事件。在 form 元素的开始标签中使用 onsubmit 属性值，可以当发生提交表单事件时通过调用 JavaScript 函数处理表单数据。之后，还可以打开由 form 元素的 action 属性值所指向的网页。

与"提交"按钮及其功能类似，在表单中由 type 属性值为 reset 的 input 元素定义"重置"按钮，单击"重置"按钮会触发重置表单事件。当发生重置表单事件时，可以重置文本框和密码域中的初始值。

【例 12-3】　测试表单事件和事件属性。在如图 12-3 所示的表单中，"登录名"文本框的初始值是 abc，"密码"密码域的初始值是 123。单击"提交"按钮，会将"登录名"和"密码"字符串连接在一起，并在警告框中显示。然后，在警告框中单击"确定"按钮，可以打开【例 12-1】中的网页（见图 12-1）。

图 12-3　表单事件及事件属性

XHTML 及 JavaScript 代码如下：

```
<!DOCTYPE html PUBLIC "-//W3C//DTD XHTML 1.0 Strict//EN"
  "http://www.w3.org/TR/xhtml1/DTD/xhtml1-strict.dtd">
<html xmlns="http://www.w3.org/1999/xhtml">
```

```
<head>
  <meta http-equiv="Content-Type" content="text/html; charset=gb2312"/>
  <title>表单事件及事件属性</title>
  <script type="text/javascript">
    //定义连接文本函数
    function contatenateText(thisForm) {
      alert(thisForm.login_name.value+thisForm.pwd.value);
    }
  </script>
</head>
<body>
  <form action="12-1-表单.htm" onsubmit="contatenateText(this)">
    登录名: <input type="text" name="login_name" value="abc">
    密码: <input type="password" name="pwd" value="123">
    <input type="submit" value="提交"/>
    <input type="reset" value="重置"/>
  </form>
</body>
</html>
```

**注意:**

① 在 XHTML 文档头部定义了 JavaScript 函数 contatenateText，该函数的形式参数 thisForm 指代一个表单。

② 在 XHTML 文档主体的 form 元素中使用了 onsubmit 属性，其属性值 contatenateText(this)实际上是一条调用函数 contatenateText 的 JavaScript 语句，其中的实际参数 this 指代当前 form 元素（即表单）。这样，当发生提交表单事件时，就会调用函数 contatenateText。

③ 函数 contatenateText 的形式参数 thisForm 与函数调用语句 contatenateText(this)中的实际参数 this 相对应。函数内的代码 thisForm.login_name 对应表单中的"登录名"文本框，而代码 thisForm.login_name.value 则对应该文本框中的字符串数据。类似地，函数内的代码 thisForm.pwd 对应表单中的"密码"密码域，而代码 thisForm. pwd.value 则对应该密码域中的字符串数据。

## 12.3　验证表单数据

除处理表单数据外，还可以利用表单事件验证用户输入的数据，这样不仅可以减轻服务器端的工作负荷，而且能够充分利用客户机端的计算能力，从而避免提交表单数据后客户机等待服务器响应的时间过长。因此，验证表单数据也是 JavaScript 在客户机端的重要应用之一。

验证表单数据主要分以下两种情况：一是必填项验证，即要求在某些文本框中必须输入数据；二是格式验证，即要求在某些文本框中输入的数据必须符合一定的格式。

如图 12-4 所示，在"电子邮箱"文本框中必须输入非空字符串。否则，单击"提交"按钮时，将通过警告框显示"必须填写电子邮箱！"。

图 12-4　验证表单中的必填项

【例 12-4】 实现如图 12-4 所示的表单数据必填项验证。XHTML 及 JavaScript 代码如下：

```
<!DOCTYPE html PUBLIC "-//W3C//DTD XHTML 1.0 Strict//EN"
  "http://www.w3.org/TR/xhtml1/DTD/xhtml1-strict.dtd">
<html xmlns="http://www.w3.org/1999/xhtml">
<head>
  <meta http-equiv="Content-Type" content="text/html; charset=gb2312"/>
  <title>表单数据必填项验证</title>
  <script type="text/javascript">
    //必填项验证函数
    function validateRequired(s_field) {
     var reVal=true  //假设字符串 s_field 非空
     if (s_field=="") reVal=false;
     return reVal;
    }
    //表单数据验证函数
    function validateFormData(thisForm) {
     var reVal=true  //假设表单中的所有数据都有效

     if (!validateRequired(thisForm.email.value)) {
       alert("必须填写电子邮箱！")
       thisForm.email.focus()
       reVal=false
     }

     return reVal;
    }
  </script>
</head>
```

```
<body>
  <form action="" onsubmit="return validateFormData(this)">
    *电子邮箱：<input type="text" name="email"/>
    <input type="submit" value="提交"/>
    <input type="reset" value="重置"/>
  </form>
</body>
</html>
```

在 XHTML 文档头部，定义了两个 JavaScript 函数：函数 validateRequired 验证参数 s_field 是否为空字符串，即进行必填项验证；函数 validateFormData 用于验证表单中的各项数据（在该表单中只有"电子邮箱"一项数据），并在其中调用函数 validateRequired 以验证表单 email 文本框中的输入是否为空字符串。

在 XHTML 文档主体定义和创建了一个表单，其中包括一个 email 文本框、一个 submit 类型的"提交"按钮和一个 reset 类型的"重置"按钮。由于"提交"按钮属于 submit 类型控件，所以单击"提交"按钮会触发提交表单事件。

在 form 元素的开始标签中，onsubmit 属性值是调用函数 validateFormData 的 JavaScript。这样，提交表单事件就与函数 validateFormData 绑定在一起——当单击"提交"按钮时，会触发提交表单事件，然后通过 onsubmit 属性值调用函数 validateFormData。函数 validateFormData 也因此称为与提交表单事件绑定的事件处理函数（Event Handler）。

在 form 元素的开始标签中，通过 onsubmit 属性值调用事件处理函数 validateFormData 时，使用了指代当前 form 元素（即表单）的保留字 this 作为实际参数。相应地，函数 validateFormData 定义中的形式参数 thisForm 也同样指代表单。在函数 validateFormData 中调用函数 validateRrequired 时，实际参数 email.value 指代表单 email 文本框中的字符串数据。相应地，函数 validateRrequired 定义中的形式参数 s_field 也同样指代表单 email 文本框中的字符串数据。

如果在表单 email 文本框中没有输入任何字符或输入的是空字符串，函数 validateRrequired 的返回值就是 false，表示此项数据没能通过必填项验证。相应地，函数 validateFormData 中的 if 条件成立，然后通过警告框显示"必须填写电子邮箱！"，并返回 false。此时，由于函数 validateFormData 的返回值是 false，所以不会打开由 form 元素的 action 属性值所指向的网页，而在 Web 浏览器中保持当前页面。

如果在表单 email 文本框中输入非空字符串，函数 validateRequired 的返回值就是 true，表示此项数据通过必填项验证。相应地，函数 validateFormData 中的 if 条件不成立，并返回 true。此时，由于函数 validateFormData 的返回值是 true，所以准备打开由 form 元素的 action 属性值所指向的网页。但由于 action 属性值为空值，所以也将在 Web 浏览器中保持当前页面。

注意：
① 单击"提交"按钮会触发提交表单事件。此时，首先调用事件处理函数 validateFormData，然后在函数 validateFormData 中还会进一步调用函数 validateRequired，

并由函数 validateRequired 验证表单 email 文本框中的输入是否为空字符串。

② 在 JavaScript 中，可以将表单及其中的控件看作对象。例如，在函数 validateFormData 中，代码 email.value 表示 email 文本框对象的 value 属性，代码 email.focus()表示通过 email 文本框对象调用 focus 方法并将焦点定位于该文本框中。

【例 12-5】 参照图 12-4 中的表单设计，并在【例 12-4】的基础上实现"电子邮箱"的必填项验证以及格式验证。单击"提交"按钮后，验证"电子邮箱"的过程按照以下步骤进行：

（1）对"电子邮箱"进行必填项验证。如果不能通过必填项验证，则通过警告框显示"必须填写电子邮箱！"，然后终止表单数据验证过程，并将焦点定位于"电子邮箱"文本框中。

（2）对"电子邮箱"进行格式验证。如果不能通过格式验证，则通过警告框显示"电子邮箱格式无效！"，然后终止表单数据验证过程，并将焦点定位于"电子邮箱"文本框中。

其他要求如下：

（1）定义和使用函数 validateRequired(s_field)对"电子邮箱"进行必填项验证，其中的形式参数 s_field 是一个表示"电子邮箱"的字符串。

（2）定义和使用函数 validateEmail(s_email)对"电子邮箱"进行格式验证，其中的形式参数 s_email 也是一个表示"电子邮箱"的字符串。

（3）定义和使用函数 validateFormData(thisForm)进行表单数据验证，其中的形式参数 thisForm 指代表单。此外，在该函数内依次调用函数 validateRequired 和 validateEmail 以实现"电子邮箱"的必填项验证以及格式验证。

为了实现"电子邮箱"的格式验证，首先在【例 12-4】的 XHTML 文档头部增加函数 validateEmail 的定义，具体的 JavaScript 代码如下：

```
function validateEmail(s_email) {
  var reVal=true  //假设字符串 s_email 表示的电子邮箱格式有效
  var atpos=s_email.indexOf("@")
  var dotpos=s_email.lastIndexOf(".")

  if (atpos<1||dotpos-atpos<2) reVal=false
  return reVal
}
```

然后，在 XHTML 文档头部的函数 validateFormData 中增加一些 JavaScript 代码，以调用实现"电子邮箱"格式验证的函数 validateEmail，并根据函数返回值进行相应的流程控制，具体的 JavaScript 代码如下：

```
function validateFormData(thisForm) {
  var reVal=true  //假设表单中的所有数据都有效

  if (!validateRequired(thisForm.email.value)) {
    alert("必须填写电子邮箱！")
```

```
  thisForm.email.focus()
  reVal=false
}
else
  if (!validateEmail(thisForm.email.value)) {
    alert("电子邮箱格式无效！");
    thisForm.email.focus()
    reVal=false
  }

  return reVal
}
```

# 12.4　网页的 Web 标准

JavaScript 及其验证表单数据的功能体现了网页 Web 标准的一个层次：行为（Behavior）——用户能够通过表单与 Web 浏览器进行交互，不仅能够向 Web 浏览器提供数据，而且可以在客户机端处理和验证数据。这样，JavaScript 与 XHTML、CSS 共同构成了网页 Web 标准的四个层次。

## 12.4.1　网页 Web 标准的四个层次

如图 12-5 所示，网页 Web 标准包括内容（Content）、结构（Structure）、表现（Presentation）和行为（Behavior）四个层次。

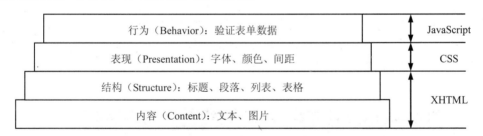

图 12-5　网页 Web 标准的四个层次

第 1 层次是内容。内容是指通过网页可以直接展示的元素，包括文本和图片。

第 2 层次是结构。结构反映了网页中内容(包括文本和图片)之间的逻辑关系。例如，在 HTML 文档中，标题元素（h1、h2、h3、h4、h5 和 h6）、段落元素（p）、列表元素（ul 和 li 元素）和表格元素（table、caption、thead、tbody、th、tr 和 td）就能够反映网页中文本内容之间的逻辑关系。

第 3 层次是表现。使用字体（font-family）、大小（font-size）、粗细（font-weight）、颜色（color）、字符间距（letter-spacing）和文本对齐（text-align）等 CSS 样式特性，能够使文本和图片等内容在网页中"表现"出特定的视觉效果。

此外，网页布局也是一种表现。例如，使用 div+CSS 技术可以将整个网页平面从上到下依次划分为标志、横幅、水平导航条、主要内容和底部等矩形区域。"网页布局"这种表现构成了文本和图片内容之间的平面排列关系。

第 4 层次是行为。行为是指网页浏览者与 Web 浏览器以及网页内容之间的交互及操作效果。例如，使用 JavaScript 可以处理和验证表单数据。

在设计和制作 Web 标准网页时，应该尽量按照"分离"原则将"内容和结构""表现"与"行为"组织在不同类型的文档中——将网页的内容和结构保存在 XHTML 文档中，将与表现有关的样式代码保存在 CSS 文档的外部样式表中，而将体现行为的 JavaScript 函数及其代码保存在外部脚本文档中。这样，XHTML、CSS 和 JavaScript 也就分别承担和实现了相应的功能——XHTML 主要用来组织网页的内容和结构，CSS 主要用来描述网页的表现，而 JavaScript 则是专门为网页添加行为的。

但 XHTML、CSS 和 JavaScript 三者的功能存在着一定的重叠。首先，XHTML 也有微弱的描述表现的能力。例如，在 XHTML 文档中也可以使用行内样式和内部样式表；又如，在 XHTML 文档中，em 和 strong 元素能够使需要强调的文本内容表现出特定的视觉效果。其次，CSS 也有一定的响应事件的行为能力。例如，如果在类型选择器 a 后面使用:link、:visited、:hover 和:active 四个伪类并定义相应的 CSS 规则，就能够使文本超链接对鼠标操作做出相应的响应。XHTML、CSS 和 JavaScript 三者的功能如图 12-6 所示。

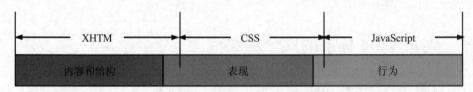

图 12-6　XHTML、CSS 和 JavaScript 在 Web 标准网页中的功能

【例 12-6】　按照"分离"原则实现【例 12-5】中"电子邮箱"的必填项验证以及格式验证。单击"提交"按钮后，验证"电子邮箱"的过程按照【例 12-5】中的步骤进行。此外，参照图 12-7 和【例 12-2】中的代码，同时使用 ul 和 li 元素以及 div+CSS 对表单中的控件进行布局。

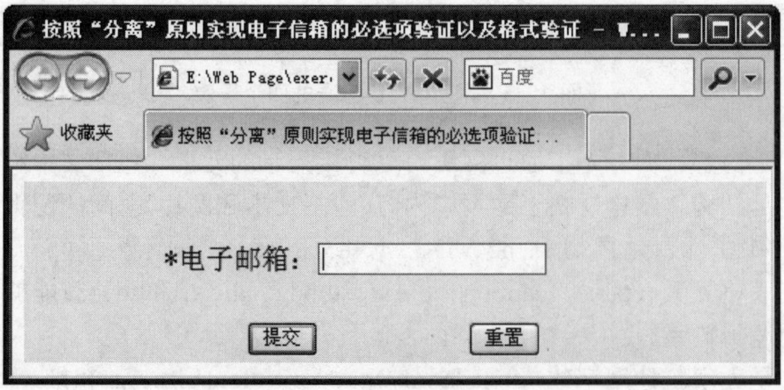

图 12-7　使用 ul 和 li 元素以及 div+CSS 布局表单控件

首先，使用外部样式表描述网页的"表现"。为此，参照【例 12-2】中的代码，在 CSS 文档（12-6.css）中创建外部样式表。CSS 文档中的代码如下：

```
#container { width:500px; margin:0 auto; }
  #mainContent { width:480px; padding:10px; background-color:#CFF; }

    .formstyle { list-style:none; }
    .formstyle li { padding:10px 0px; }

    label { display:block; float:left; width:150px; padding-top:3px;
      text-align:right; }
    .submitDiv,.resetDiv { display:block; float:left; width:100px; padding:
    10px 50px; }
    .submitDiv { text-align:right; }
    .resetDiv { text-align:left; }
```

然后，使用 JavaScript 为网页添加"行为"。为此，可以将【例 12-4】中的 JavaScript 函数 validateRequired 以及【例 12-5】中的 JavaScript 函数 validateEmail 和 validateFormData 保存在外部脚本文档（12-6.js）中。

最后，将网页的"内容和结构"保存在 XHTML 文档（12-6.htm）中。XHTML 文档中的代码如下：

```
<!DOCTYPE html PUBLIC "-//W3C//DTD XHTML 1.0 Strict//EN"
  "http://www.w3.org/TR/xhtml1/DTD/xhtml1-strict.dtd">
<html xmlns="http://www.w3.org/1999/xhtml">
<head>
  <meta http-equiv="Content-Type" content="text/html; charset=gb2312"/>
  <title>按照"分离"原则实现电子信箱的必选项验证以及格式验证</title>
  <link rel="stylesheet" type="text/css" href="12-6.css">
  <script type="text/javascript" src="12-6.js"></script>
</head>
<body>
  <div id="container">
    <div id="mainContent">
      <form action="" onsubmit="return validateFormData(this)">
        <ul class="formstyle">
          <li>
            <label>*电子邮箱: </label><input type="text" name="email"/>
          </li>
          <li>
            <div class="submitDiv"><input type="submit" value="提交"/></div>
            <div class="resetDiv"><input type="reset" value="重置"/></div>
          </li>
```

```
            </ul>
          </form>
        </div>
      </div>
    </body>
  </html>
```

在 XHTML 文档（12-6.htm）头部，使用 link 元素及其 href 属性可以链接包含外部样式表的 CSS 文档（12-6.css），使用 script 元素及其 src 属性可以指向定义有 JavaScript 函数的外部脚本文档（12-6.js）。这样，当 Web 浏览器加载 XHTML 文档时，既能够加载 CSS 文档中的外部样式表，又可以加载外部脚本文档中的 JavaScript 函数及其中的语句。

## 12.4.2　Web 标准系列

实际上，网页的 Web 标准也是一系列标准的集合。与网页的结构、表现和行为三个层次相对应，网页的 Web 标准可分为结构标准、表现标准和行为标准三类。结构标准主要包括 XML 和 XHTML，表现标准主要包括 CSS，行为标准主要包括 ECMAScript 和 DOM 等。这些标准大都是由 W3C 起草和发布的。下面简要介绍一下这些标准。

**1．结构标准**

（1）XML。XML 是 Extensible Markup Language（可扩展标记语言）的缩写。目前推荐遵循的是 W3C 于 2000 年 10 月 6 日发布的 XML 1.0(Second Edition)。和 HTML 一样，XML 同样来源于 SGML，但 XML 是一种能定义其他语言的语言。设计 XML 的最初目的是弥补 HTML 的不足，以强大的扩展性满足网络信息发布的需要，后来 XML 逐渐用于网络数据的描述和转换。

（2）XHTML。目前推荐遵循的是 W3C 于 2002 年 8 月 1 日修订的 XHTML 1.0（Second Edition）。虽然 XML 的数据转换能力强大，并有望取代 HTML，但面对数以亿计的已有站点和网页，直接采用 XML 还为时过早。因此，W3C 在 HTML 4.0 的基础上，参照 XML 的规则对其进行扩展，即制订了 XHTML。简单地说，建立 XHTML 的目的就是实现 HTML 向 XML 的过渡。

**2．表现标准**

目前推荐遵循的是 W3C 于 2011 年 6 月 7 日修订的 CSS 2.1。制订 CSS 标准的目的是以 CSS 取代 HTML 中的表现性元素、表现性属性以及表格式布局。XHTML 与 CSS 文档中的外部样式表相结合能够帮助网页设计者将"内容和结构"与"表现"进行分离，同时使网站风格更加统一、网页更加易于维护。

**3．行为标准**

（1）ECMAScript。ECMAScript 是由 ECMA（European Computer Manufacturers Association）制订的，JavaScript 即参照和遵循 ECMAScript。目前推荐遵循的是 ECMA 于 2011 年 6 月发布的 ECMAScript 262。

（2）DOM。DOM 是 Document Object Model（文档对象模型）的缩写。W3C 制定的 DOM 标准分为三个级别（Levels）。各种主流 Web 浏览器能够支持 DOM Level 1 和 DOM Level 2 中的大部分功能。借助于 DOM，JavaScript 能够访问和修改 HTML 文档的内容、结构和表现，进而使网页中的文本和图片产生"动态变化"的动画和视觉效果。

## 12.5　小结

表单是网页中常见的要素。通过表单，Web 浏览器可以接收用户输入的数据，然后使用 JavaScript 对表单数据进行处理或验证其有效性。

在表单中，可以包括文本框、密码域、按钮、提交按钮和重置按钮等多种类型的控件。

表单有 submit 和 reset 两种事件。单击提交按钮会触发提交表单事件，单击重置按钮会触发重置表单事件。

在 form 元素的开始标签中使用 onsubmit 属性值，可以当发生提交表单事件时通过调用 JavaScript 函数处理和验证表单数据。之后，还可以打开由 form 元素的 action 属性值所指向的网页。

当发生重置表单事件时，可以重置文本框和密码域中的初始值。

表单数据验证主要分为必填项验证和格式验证两种。

在 JavaScript 中，可以将表单及其中的控件看作对象，它们都拥有属性和方法。

网页的 Web 标准包括内容、结构、表现和行为四个层次。

在设计和制作 Web 标准网页时，应该尽量按照"分离"原则将"内容和结构""表现"与"行为"组织在不同类型的文档中——将网页的内容和结构保存在 XHTML 文档中，将与表现有关的样式代码保存在 CSS 文档的外部样式表中，而将体现行为的 JavaScript 函数及其代码保存在外部脚本文档中。

## 12.6　习题

1. 在【例 12-3】中，如果 form 元素的 onsubmit 属性值是 JavaScript 代码"contatenate Text (this.login_name.value,this.pwd.value)"，则应该如何重新定义函数 contatenateText。通过上机验证重新定义的函数 contatenateText 及其中的 JavaScript 代码。

2. 按照如下要求重做【例 12-5】：

（1）将函数 validateRequired 和 validateEmail 定义在外部脚本文档中。

（2）将函数 validateFormData 仍然定义在 XHTML 文档中。

3. 画出【例 12-5】中函数 validateFormData 对应的程序流程图，并与图 12-8 中的程序流程图做对比，然后根据图 12-8 中的程序流程图改写函数 validateFormData 中的 JavaScript 代码。

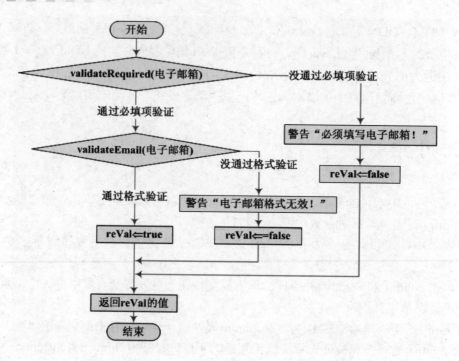

图 12-8　修改函数 validateFormData 的程序流程图

# 第13章

# BOM 和 DOM

浏览器对象模型（Browser Object Model，BOM）和文档对象模型（Document Object Model，DOM）为 JavaScript 编程提供了更多的功能。在 JavaScript 中使用 BOM 提供的专门对象可以与 Web 浏览器进行交互，而 DOM 则使得 JavaScript 对 HTML 文档有了空前的访问和处理能力。

## 13.1 浏览器对象模型

BOM 提供的专门对象主要包括 window、navigator、document、screen 和 location 等，并且这些对象都是预先声明的。其中，window 对象是核心，其他对象都以某种方式与 window 对象关联。BOM 中主要对象之间的关系如图 13-1 所示。

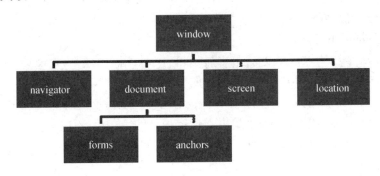

**图 13-1　BOM 对象关系图**

在 BOM 中，window 对象代表 Web 浏览器窗口，但不包括其中的页面内容。

在 Web 浏览器宿主环境中，window 对象是 JavaScript 的全局对象，因此在访问 window 对象的属性或通过 window 对象调用方法时不需要特别指明 window 对象。例如，在 JavaScript 中经常使用的 alert 方法实际上就是通过 window 对象调用的一个方法，调用该方法的完整的 JavaScript 代码应该是 window.alert，但通常在 JavaScript 代码中省略 window，而直接写成 alert。

访问 window 对象的属性或通过 window 对象调用方法可以直接对 Web 浏览器窗口进行操作，同时实现各种相应的功能。

## 13.1.1  访问 window 对象的属性

实际上,BOM 中的 navigator、document、screen 和 location 等对象就是 window 对象的属性，也可以理解为 window 对象包含 navigator、document、screen 和 location 等对象。此外，使用 window 对象的 status 属性，可以设置或获取在 Web 浏览器窗口下方的状态栏中显示的文字。

【例 13-1】  window 对象的属性。HTML 文档主体中的 JavaScript 代码如下：

```
<script type="text/javascript">
  alert("属性 navigator 的类型："+typeof window.navigator);
  alert("属性 document 的类型："+typeof window.document);
  window.status="看看 Web 浏览器窗口下方的状态栏中有哪些文字？";
  //也可以写为 status="看看 Web 浏览器窗口下方的状态栏中有哪些文字？";
  alert("属性 status 的类型："+typeof window.status);
  alert("属性 status 的值："+status);
</script>
```

## 13.1.2  通过 window 对象调用的方法

通过 window 对象调用方法可以直接对 Web 浏览器窗口进行多种操作，同时实现相应的功能。根据功能的不同，可以将通过 window 对象调用的常用方法分为以下几类。

**1. 生成模态对话框**

这类方法包括以下三个。

（1）alert(message)方法。该方法用于显示包含一条指定消息和一个"确定"按钮的警告框。其中的参数 message 是用于指定消息的字符串。

（2）confirm(message)方法。该方法用于显示包含一条指定消息和"确定"及"取消"按钮的确认框。其中的参数 message 是用于指定消息的字符串。

在确认框中，单击"确定"按钮，该方法返回布尔值 true；单击"取消"按钮，则该方法返回布尔值 false。

【例 13-2】  确认框和警告框。HTML 文档主体中的 JavaScript 代码如下：

```
<script type="text/javascript">
  var reVal=confirm("当前是确认框，单击下方的其中一个按钮！");
  if (reVal) alert("当前是警告框，刚才你在确认框中单击了确认按钮！");
  else alert("当前是警告框，刚才你在确认框中单击了取消按钮！");
</script>
```

**注意**：由于 confirm 方法返回布尔值 true 或 false，因此变量 reVal 即可构成 if 语句中的条件。

（3）prompt(message, defaultText)方法。该方法用于显示一个提示框，其中包含一个能够接受用户输入的字符串的文本框、一个"确定"按钮和一个"取消"按钮。其中，参数

message 是显示给用户、起提示作用的字符串，参数 defaultText 是文本框中的默认字符串。在提示框中，单击"确定"按钮，该方法返回文本框中的字符串（可能是空字符串）；单击"取消"按钮，则该方法返回 null。

【例 13-3】 提示框。HTML 文档主体中的 JavaScript 代码如下：

```
<script type="text/javascript">
  var name=prompt("请在下方的文本框中输入您的姓名","比尔·盖茨")
  if (name=="") document.write("请在文本框中输入您的姓名！")
  else document.write("你好, "+name+"！")
</script>
```

【思考题】 在本例的提示框中，如果单击"取消"按钮，在 Web 浏览器窗口中会显示什么？为什么？

注意：警告框、确认框或提示框等属于模态对话框（Modal Dialog Box），且具有排他性——在单击"确定"或"取消"按钮、关闭警告框、确认框或提示框之前，将阻止用户对 Web 浏览器的其他任何操作。因此，在调用 alert、confirm 和 prompt 方法时，将暂停 JavaScript 的执行，直至关闭警告框、确认框或提示框。

**2．打开窗口和关闭窗口**

这类方法主要包括以下两个。

（1）open(strUrl,strWindowName,[strWindowFeatures])方法。该方法可以在一个新打开的 Web 浏览器窗口（也可以在当前 Web 浏览器窗口）中显示指定的网页。各参数的含义和用法如下：

- strUrl——一个字符串，可以用于声明将要显示的 HTML 文档的 URL，例如，"http://www.sina.com"。如果该参数是空字符串，那么在 Web 浏览器窗口中不会显示任何 HTML 文档。

- strWindowName——一个字符串，其中包括数字、字母和下画线，可以用于声明新打开的 Web 浏览器窗口的名称。也可以是_blank 和_self 等具有特殊意义的窗口名称，其中_blank 表示在新浏览器窗口中显示目标网页，_self 表示在当前浏览器窗口中显示目标网页。

- strWindowFeatures——可选参数，一个不包含任何空白字符的字符串，该字符串是一个由逗号分隔的特征列表，用于声明 Web 浏览器窗口的特征。例如，"width=500,height=100"表示 Web 浏览器窗口的宽度为 500px、高度为 100px。其他常用的窗口特征及其声明方法如下：

① left——相对于屏幕左上角，Web 浏览器窗口的 x 坐标，以像素计。

② top——相对于屏幕左上角，Web 浏览器窗口的 y 坐标，以像素计。

③ menubar——取值为 yes 或 no，表示是否显示菜单栏。

④ toolbar——取值为 yes 或 no，表示是否显示工具栏。

⑤ location——取值为 yes 或 no，表示是否显示地址栏。

⑥ status——取值为 yes 或 no，表示是否显示状态栏。

⑦ resizable——取值为 yes 或 no，表示是否可以调整窗口的尺寸。

⑧ scrollbars——取值为 yes 或 no，表示是否显示水平和垂直滚动条。

如果省略整个的 strWindowFeatures 参数，Web 浏览器窗口将具有标准特征。

当在一个新打开的 Web 浏览器窗口中显示指定网页时，该方法返回指代新打开的浏览器窗口的 window 对象，利用这个 window 对象可以操作新打开的浏览器窗口。

（2）close()方法。该方法用于关闭一个 Web 浏览器窗口。

### 3．定时操作

有时需要利用 window 对象在 Web 浏览器窗口中进行定时操作，其目的主要有两个。一个是将某些操作延迟一段时间后再执行。例如，打开某些网站的首页时，会同时打开一个临时的广告窗口，广告窗口会在几十秒钟后自动关闭，相当于关闭广告窗口的操作延迟几十秒钟后再执行。另一个则是周期性执行某些操作。例如，在网页中显示时钟，需要每隔一秒钟更新一次时间的显示；又如在网页上漂浮的广告图片，就是首先让广告图片在网页上的某个位置静止几毫秒，然后再更新广告图片在网页上的位置，相当于周期性更新广告图片在 Web 浏览器窗口中的位置，这样即可产生广告图片在网页上漂浮的动画效果。

利用 window 对象进行定时操作，可以调用以下几个方法。

（1）setTimeout("code",millisec)方法。该方法用于设置定时器，以便在一段时间之后执行指定的 JavaScript 代码。各参数的含义和用法如下：

- code——指定需要执行的 JavaScript 代码。可以是简短的 JavaScript 语句，也可以是调用 JavaScript 函数的语句。
- millisec——在执行由参数 code 指定的 JavaScript 代码之前需要等待的时间，以毫秒计。

setTimeout 方法将为每个定时器分配一个唯一的 ID 值，且返回该定时器的 ID 值。

注意：setTimeout 方法只执行由参数 code 指定的 JavaScript 代码一次。

【例 13-4】通过 window 对象调用 open、close 和 setTimeout 方法。HTML 文档主体中的 HTML 及 JavaScript 代码如下：

```
<p>这是当前的 Web 浏览器窗口! </p>
<script type="text/javascript">
  newWindow=window.open("","_blank","width=500,height=100")
  newWindow.document.write("这是新打开的 Web 浏览器窗口! ")
  newWindow.document.write("这个新打开的 Web 浏览器窗口会在 20 秒钟之后自动关闭! ")
  newWindow.setTimeout("close()",20000)
</script>
```

以上 JavaScript 代码的执行过程如下：首先，在打开的 Web 浏览器窗口中显示"这是当前的 Web 浏览器窗口! "；然后，由当前 Web 浏览器窗口调用 open 方法，可以打开另一个新的 Web 浏览器窗口；接着，通过新打开的 Web 浏览器窗口调用 write 方法，并在新打开的 Web 浏览器窗口中显示两个 write 方法中的文字；最后，通过新打开的 Web 浏览器窗口调用 setTimeout 方法，在 20000 毫秒后调用 close 方法关闭自己。

【思考题】在本例的 open 方法调用中，如果将第二个参数由_blank 改为_self，会出现什么情况？为什么？

（2）clearTimeout(id_of_settimeout)方法。该方法用于清除由 setTimeout 方法设置的定时器。其中的参数 id_of_settimeout 是需要清除的定时器的 ID 值，该 ID 值是之前的某个 setTimeout 方法的返回值。

（3）setInterval("code",millisec)方法。该方法用于设置定时器，以便每隔一段时间周期性执行指定的 JavaScript 代码。各参数的含义和用法如下：

- code——指定需要执行的 JavaScript 代码。可以是简短的 JavaScript 语句，也可以是调用 JavaScript 函数的语句。
- millisec——周期性执行由参数 code 指定的 JavaScript 代码之间的时间间隔，以毫秒计。

setInterval 方法将为每个定时器分配一个唯一的 ID 值，且返回该定时器的 ID 值。

（4）clearInterval(id_of_setinterval)方法。该方法用于清除由 setInterval 方法设置的定时器。其中的参数 id_of_setinterval 是需要清除的定时器的 ID 值，该 ID 值是之前的某个 setInterval 方法的返回值。

注意：setTimeout 和 setInterval 方法的区别在于，前者只执行由参数 code 指定的 JavaScript 代码一次，而后者则反复地执行由参数 code 指定的 JavaScript 代码，直到使用 clearInterval 方法清除由 setInterval 方法设置的定时器或关闭 Web 浏览器窗口。

## 13.1.3  screen 对象

screen 对象用于访问有关屏幕尺寸的各种数据。在 JavaScript 中使用这些数据可以实现特殊的显示要求。例如，根据有关屏幕尺寸的数据将新打开的 Web 浏览器窗口定位在屏幕的右下角。screen 对象的常见属性及其含义如下：

- availHeight——屏幕的可用高度（除 Windows 任务栏之外），以像素计。
- availWidth——屏幕的可用宽度，以像素计。
- height——屏幕的高度，以像素计。
- width——屏幕的宽度，以像素计。

正常情况下，屏幕的高度（height）大于屏幕的可用高度（availHeight），而屏幕的宽度（width）则等于屏幕的可用宽度（availWidth）。

## 13.2  文档对象模型及 HTML 文档树

与 BOM 不同，文档对象模型（Document Object Model，DOM）定义了访问和处理 HTML 文档的标准接口和方法，使得 JavaScript 对 HTML 文档有了空前的访问和处理能力。基于 DOM，JavaScript 可以对 HTML 元素进行深层次操作——或者修改 HTML 元素的内容，或者修改 HTML 元素的属性。

### 13.2.1  文档对象模型

在 DOM 中，HTML 文档的每个成分都被看作一个节点（Node）。DOM 规定：
（1）整个 HTML 文档对应一个文档节点（Document Node）。

（2）每个 HTML 元素是一个元素节点（Element Node）。

（3）HTML 元素的每个属性是一个属性节点（Attribute Node）。

（4）包含在 HTML 元素中的文本称为文本节点（Text Node）。

（5）注释属于注释节点（Comment Node）。

此外，在 DOM 中，HTML 文档的所有节点构成了一个 HTML 文档树（也称 HTML 节点树）。例如，以下 HTML 代码：

```html
<html>
  <head>
    <title>文档标题</title>
  </head>
  <body>
    <a href="#">文本链接</a>
    <h1>一级标题</h1>
  </body>
</html>
```

对应于图 13-2 中的 HTML 文档树。

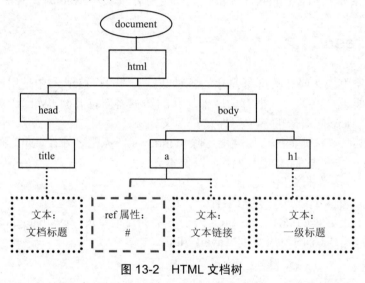

图 13-2    HTML 文档树

HTML 文档及其中的每个元素、属性、文本和注释等都对应着 HTML 文档树中的一个节点。HTML 文档树起始于文档节点（Document Node），并由此继续向下伸出枝条，直到 HTML 文档树中级别最低的节点为止。

在 HTML 文档树中，每个节点处于不同的层次和位置，并且其中的某些节点彼此间存在一定的关系。

除文档节点 document 外，每个节点都有一个唯一的父节点（Parent）。例如，在图 13-2 的 HTML 文档树中，html 元素节点的父节点是文档节点 document，head 和 body 两个元素节点的父节点是 html 元素节点，文本节点"文档标题"的父节点是 title 元素节点。

除 br 等某些空元素节点外，大部分元素节点都会有子节点（Child）。例如，在图 13-2 的 HTML 文档树中，head 元素节点有一个子节点，即 title 元素节点；h1 元素节点也有一个子节点，即文本节点"一级标题"；而 body 元素节点则有两个子节点：一个是 a 元素节点，另一个是 h1 元素节点。

当几个节点共享同一个父节点时，它们就是同辈（Sibling）。例如，在图 13-2 的 HTML 文档树中，a 和 h1 两个元素节点就是同辈，因为它们的父节点均是 body 元素节点。

一个节点也可以拥有后代（Descendant），后代指某个节点的所有子节点，或者这些子节点的子节点，以此类推。例如，在图 13-2 的 HTML 文档树中，所有的文本节点都是 html 元素节点的后代，而文本节点"文档标题"也是 head 元素节点的后代。

一个节点还可以拥有先辈（Ancestor），先辈指某个节点的父节点，或者这些父节点的父节点，以此类推。例如，在图 13-2 的 HTML 文档树中，所有的文本节点都可把 html 元素节点作为先辈。

在 JavaScript 中，HTML 文档树的文档节点 document 以及每个元素节点都被看作一个对象。文档节点 document 对应的对象称为 document 对象，元素节点对应的对象称为元素对象。document 对象和元素对象都拥有属性，通过 document 对象和元素对象可以调用相应的方法。

## 13.2.2　使用 innerHTML 属性和 innerText 属性访问元素的内容

对应于 HTML 文档树中的元素节点，每个元素对象都拥有 innerHTML 属性，该属性值是一个字符串。对于 br、img 等空元素对象，innerHTML 属性值是空字符串，即""。而对于非空元素对象，innerHTML 属性值是位于元素的开始标签和结束标签之间的 HTML 代码。例如，对于以下 HTML 代码

```
<p id="p1">这是一个段落</p>
<div id="d2">这是一个<strong>块</strong></div>
```

p 元素对象的 innerHTML 属性值就是"这是一个段落"，而 div 元素对象的 innerHTML 属性值就应该是"这是一个块"。

除 innerHTML 属性外，对应于 HTML 文档树中的元素节点，每个元素对象还拥有 innerText 属性，该属性值也是一个字符串。对于 br、img 等空元素对象，innerText 属性值是空字符串，即""。而对于非空元素对象，innerText 属性值是位于该元素的开始标签和结束标签之间，但剔除其中后代元素的开始标签和结束标签的文本内容。例如，对于以下 HTML 代码

```
<p id="p1">这是一个段落</p>
<div id="d2">这是一个<strong>块</strong></div>
```

p 元素对象的 innerText 属性值就是"这是一个段落"，而 div 元素对象的 innerText 属性值就应该是"这是一个块"。

注意：元素的属性和元素对象的属性是两个不同的概念。元素的属性出现在 HTML 文档中某个元素的开始标签内，而元素对象的属性是指 HTML 文档树中某个元素节点（对象）所具有的属性。

## 13.2.3　调用 getElementById 方法访问 HTML 文档树中的元素节点

在 HTML 文档中某个元素的开始标签内使用 id 属性及属性值可以唯一地标识该元

素。因此，对于指定的 id 属性值，在 HTML 文档中只可能存在唯一的具有该 id 属性值的元素。而通过 document 对象调用 getElementById 方法，即可根据指定的 id 属性值返回 HTML 文档树中唯一的具有该 id 属性值的元素节点，无论这个元素节点位于 HTML 文档树中的任何位置。

调用 getElementById 方法的具体语法为：

```
document.getElementById("id_of_element");
```

其中的参数 id_of_element 是某个 HTML 元素在其开始标签中的 id 属性值，该方法返回 HTML 文档树中唯一一个 id 属性值为 id_of_element 的元素节点（对象）。因此，该方法的返回值属于 object 类型。

【例 13-5】 调用 getElementById 方法，并使用 innerHTML 属性以及 innerText 属性获取和设置元素的内容。HTML 文档主体中的 HTML 及 JavaScript 代码如下：

```
<p id="p1">这是一个段落</p>
<div id="d2">这是一个<strong>块</strong></div>
<script type="text/javascript">
 var pElement=document.getElementById("p1");
 alert("变量 pElement 的类型是: "+(typeof pElement));
 alert("p 元素对象的 innerHTML 属性值是: "+pElement.innerHTML);
 alert("p 元素对象的 innerText 属性值是: "+pElement.innerText);

 divElement=document.getElementById("d2");
 alert("div 元素对象的 innerHTML 属性值是: "+divElement.innerHTML);
 alert("div 元素对象的 innerText 属性值是: "+divElement.innerText);

 var reVal=confirm("是否改变 div 元素的内容? ");
 if (reVal) divElement.innerHTML="这是一个块"
</script>
```

**注意：**

① getElementById 方法的返回值属于 object 类型，因此变量 pElement 或 divElement 可以指向一个元素对象，该元素对象又对应于 HTML 文档树中的一个元素节点。

② 由于 confirm 方法返回布尔值 true 或 false，因此变量 reVal 即可构成 if 语句中的条件。

【例 13-6】 使用 setInterval 方法实现时钟。HTML 及 JavaScript 代码如下：

```
<!DOCTYPE html PUBLIC "-//W3C//DTD XHTML 1.0 Strict//EN"
  "http://www.w3.org/TR/xhtml1/DTD/xhtml1-strict.dtd">
<html xmlns="http://www.w3.org/1999/xhtml">
<head>
 <meta http-equiv="Content-Type" content="text/html; charset=gb2312"/>
 <title>使用 setInterval 方法实现时钟</title>
 <script type="text/JavaScript">
  function displayTime() {
    //根据元素 id 获取元素
    var aElement=document.getElementById("clock");
    //使用 Date 对象的 toLocaleString 方法将时间转换成当地格式
```

```
      var timeString=(new Date()).toLocaleString();
      //将时间显示在 aElement 元素的内部
      aElement.innerHTML=timeString;
    }
  </script>
</head>
<body>
  <div id="clock"></div>
  <script type="text/JavaScript">
    //每隔 5 秒显示一次时间
    window.setInterval("displayTime()",5000);
  </script>
</body>
</html>
```

**注意**：代码 window.setInterval("displayTime()",5000)设置了一个定时器，该定时器能够控制每隔 5 秒钟调用一次 displayTime 函数，但第 1 次调用 displayTime 函数是在 5 秒钟之后。所以，使用 Web 浏览器打开该 XHTML 文档后，需要过 5 秒钟才会在网页上第 1 次显示时间。

在 getElementById 方法和 innerHTML 属性的基础上，结合使用 window 对象的 setInterval 和 clearInterval 方法，可以在网页上使显示的字符串产生一种"打字效果"——每次仅多显示一个字符。

**【例 13-7】** 打字效果的字符串（仅显示一次）。XHTML 及 JavaScript 代码如下：

```
<!DOCTYPE html PUBLIC "-//W3C//DTD XHTML 1.0 Strict//EN"
  "http://www.w3.org/TR/xhtml1/DTD/xhtml1-strict.dtd">
<html xmlns="http://www.w3.org/1999/xhtml">
<head>
  <meta http-equiv="Content-Type" content="text/html; charset=gb2312"/>
  <title>打字效果的字符串（仅显示一次）</title>
  <script type="text/javascript">
    function displayTextString() {
      if (charNum <= textString.length) {
        txt=textString.substr(0,charNum++);
        document.getElementById("idForTextString").innerText=txt;
      }
      else clearInterval(timerID);
    }
  </script>
</head>
<body onunload="clearInterval(timerID);">
  <div id="idForTextString"></div>
  <script type="text/javascript">
    var textString="打字效果的字符串";
    var charNum=1;     //每次显示的字符数
```

```
    var timerID;          //定时器 ID
    var speed=1000;       //控制打字的速度

    timerID=setInterval("displayTextString()",speed);
  </script>
</body>
</html>
```

**注意：**

① 由 setInterval 方法设置的定时器将一直起作用，直至使用 clearInterval 方法清除该定时器（或关闭 Web 浏览器窗口）。因此，如果不再需要 Interval 定时器，就应该及时使用 clearInterval 方法清除 Interval 定时器，这样可以防止 Interval 定时器占用不必要的内存和 CPU 资源。

② 在 displayTextString 函数中，如果去掉 if 语句中的 else 部分，displayTextString 函数将在 Interval 定时器的控制下周期性被调用，直至关闭 Web 浏览器窗口。

## 13.2.4 调用 getElementsByTagName 方法访问 HTML 文档树中的元素节点

除 getElementById 方法外，通过 document 对象还可以调用 getElementsByTagName 方法，以访问 HTML 文档树中一组同名的元素节点（对象）。

调用 getElementsByTagName 方法的具体语法为：

```
document.getElementsByTagName ("element_name");
```

其中的参数 element_name 是某个 HTML 元素的名称，该方法返回 HTML 文档树中名称为 element_name 的所有元素节点（对象）的集合。因此，该方法的返回值是一个包含一组元素对象的数组，是一个 Array 对象，属于 object 类型。

**【例 13-8】** 调用 getElementsByTagName 方法访问 HTML 文档树中的一组元素节点。XHTML、CSS 及 JavaScript 代码如下：

```
<!DOCTYPE html PUBLIC "-//W3C//DTD XHTML 1.0 Strict//EN"
 "http://www.w3.org/TR/xhtml1/DTD/xhtml1-strict.dtd">
<html xmlns="http://www.w3.org/1999/xhtml">
<head>
  <style type="text/css">
    .newImg { padding-left:35px; background-image:url("new.gif");
    background-repeat:no-repeat; color:red; }
  </style>
  <title>使用 getElementsByTagName 方法访问元素节点</title>
</head>
<body>
  <p id="New-20180101">Web 标准网页设计原理与前端开发技术</p>
  <p id="New-20160501">Java 程序设计基础</p>
```

```
<p>Web 标准网页设计原理与制作技术</p>
<p>SQL Server 2005 数据库技术与应用实用教程</p>

<script type="text/javascript">
  //假设 recentVisitDate 是上次页面访问日期
  //Date(2016,4,11)表示 2016 年 5 月 11 日
  var recentVisitDate=new Date(2016,4,11);

  var allPs=document.getElementsByTagName("p");
  for (var i=0;i<allPs.length;i++) {
    if (allPs[i].id.indexOf("New-")!=-1) {
      var yyyy=parseInt(allPs[i].id.substring(4,8));
      var mm=parseInt(allPs[i].id.substring(8,10));
      var dd=parseInt(allPs[i].id.substring(10,12));
      var publicationDate=new Date(yyyy,mm-1,dd);
      if (publicationDate.getTime()>recentVisitDate.getTime())
        allPs[i].className+="newImg";
    }
  }
</script>
</body>
</html>
```

在 XHTML 文档头部定义了将作用于某些 p 元素的 CSS 类选择器（.newImg），该类选择器将在段落内容的左侧添加 35 像素的填充，将图像（new.gif）放在背景中，但该图像在背景中只出现一次。由于 35 像素的左填充可以确保段落左侧是空白的，所以这个背景图像看起来只是位于段落左侧的一个图标。此外，该类选择器将段落内文本的颜色设置为红色。

在 XHTML 文档的主体使用四个 p 元素定义了四个段落，每个段落内的文本各代表一个书名。此外，在前两个 p 元素的开始标签中使用了 id 属性，id 属性值中的最后八个字符表示一本新书的出版日期。例如，代码"<p id="New-20160501">Java 程序设计基础</p>"表示新书《Java 程序设计基础》的出版日期是 2016 年 5 月 1 日。

在 XHTML 文档主体的 JavaScript 中，首先创建了 Date 对象 recentVisitDate，以表示用户上次访问该页面的日期。然后通过 document 对象调用 getElementsByTagName 方法获取了 XHTML 文档主体中的四个 p 元素，并将这四个 p 元素保存于 Array 对象 allPs 中。

在 for 循环中，对 Array 对象 allPs 中的每个 p 元素依次进行访问。

关系表达式"allPs[i].id.indexOf("New-")!=-1"用来判断在第 i+1 个 p 元素（即 allPs[i]）的 id 属性值中是否出现字符串"New-"。如果字符串"New-"出现在 id 属性值中，该关系表达式的值为 true，表示该 p 元素内容中的文本是一本新书的书名，并将执行以下操作。

相对于出现字符串"New-"的 p 元素的 id 属性值，代码"allPs[i].id.substring(4,8)"表示新书出版日期中的"年"字符串，调用 parseInt 方法可以将"年"字符串转换为整数、

并将该整数存储于变量 yyyy。类似地，变量 mm 和 dd 分别存储新书出版日期中的"月"和"日"。然后使用变量 yyyy、mm 和 dd 中的"年""月"和"日"数据创建 Date 对象 publicationDate。

如果新书的"出版日期"晚于"上次页面访问日期"，则关系表达式 publicationDate. getTime()>recentVisitDate.getTime()的值为 true，并通过代码 allPs[i].className+="newImg" 在 p 元素上应用类选择器（.newImg）及其中的样式。在本例中，由于《Web 标准网页设计原理与前端开发技术》一书的"出版日期"晚于"上次页面访问日期"，所以在网页文本"Web 标准网页设计原理与前端开发技术"的前面会出现一个"new!"图标，并以红色字体显示书名，如图 13-3 所示。

图 13-3    在新书前添加"new!"图标

**注意：**

① 不仅 getElementsByTagName 方法返回的数组属于 object 类型，而且该数组中的每个元素对象也属于 object 类型。因此，上述代码中的 allPs 指代一个 Array 对象，allPs[i]指代 HTML 文档树中的一个 p 元素节点。

② 使用 JavaScript 可以在 HTML 元素的开始标签中添加属性及其相关联的值。在本例中，代码 allPs[i].className+="newImg" 能够在第 1 个 p 元素的开始标签中添加了代码 class="newImg"。这样，第 1 个 p 元素的开始标签的完整代码就变为<p id="New-20160501" class="newImg">。所以，在网页文本"Web 标准网页设计原理与前端开发技术"的前面会出现一个"new!"图标。

# 13.3    事件及其处理

事件（Event）是 JavaScript 和 DOM 之间进行交互的桥梁。当某个事件发生时，可以通过调用对应的事件处理函数（Event Handler）执行特定的 JavaScript 代码。例如，Web 浏览器加载 HTML 文档完毕时，会触发 load 事件；当单击元素的内容时，会触发 click 事件。通过在对应的事件处理函数中使用 JavaScript，可以实现对事件的响应，如弹出一个警告框并在其中给出提示信息。

## 13.3.1    事件的类型

根据事件的来源或触发事件的原因，可以将与 JavaScript 编程有关的常见事件分为窗口事件、表单事件、鼠标事件和键盘事件四种类型。表 13-1 列出了这些事件、与事件关联的元素及属性。

表 13-1　事件、与事件关联的元素及属性

| 事件分类 | 事件描述 | 典型的关联元素 | 相关属性 |
|---|---|---|---|
| 窗口事件 | Web 浏览器加载 HTML 文档 | body | onload |
| | Web 浏览器卸载 HTML 文档 | body | onunload |
| | 改变 Web 浏览器窗口大小 | body | onresize |
| 表单事件 | 提交表单 | form | onsubmit |
| | 重置表单 | form | onreset |
| | 选取元素 | input | onselect |
| | 元素值发生改变 | input | onchange |
| | 元素获得焦点 | input | onfocus |
| | 元素失去焦点 | input | onblur |
| 鼠标事件 | 按下鼠标 | input、div、span 等大多数元素 | onmousedown |
| | 松开鼠标 | input、div、span 等大多数元素 | onmouseup |
| | 单击鼠标 | input、div、span 等大多数元素 | onclick |
| | 双击鼠标 | input、div、span 等大多数元素 | ondblclick |
| | 鼠标指针悬停在元素上 | input、div、span 等大多数元素 | onmouseover |
| | 鼠标指针移出元素 | input、div、span 等大多数元素 | onmouseout |
| | 移动鼠标指针 | input、div、span 等大多数元素 | onmousemove |
| 键盘事件 | 按下键盘 | input、div、span 等大多数元素 | onkeydown |
| | 松开键盘 | input、div、span 等大多数元素 | onkeyup |
| | 按下键盘后又松开键盘 | input、div、span 等大多数元素 | onkeypress |

从表 13-1 可知，在 HTML 文档及 JavaScript 中，一个事件可以与某个 HTML 元素关联，而且还要与该 HTML 元素的特定属性联系在一起。例如，"Web 浏览器加载 HTML 文档"事件不仅与 body 元素关联，而且还要与 body 元素的 onload 属性联系在一起。又如，"单击鼠标"事件不仅可以与某个 div 元素关联，而且还要与这个 div 元素的 onclick 属性联系在一起。

## 13.3.2　在 HTML 元素的开始标签中处理事件

在 HTML 元素的开始标签中，可以通过相关属性值执行 JavaScript 语句或调用事件处理函数，以完成相应的事件处理任务。

【例 13-9】　在 HTML 元素的开始标签中处理事件。XHTML 及 JavaScript 代码如下：

```
<!DOCTYPE html PUBLIC "-//W3C//DTD XHTML 1.0 Strict//EN"
 "http://www.w3.org/TR/xhtml1/DTD/xhtml1-strict.dtd">
<html xmlns="http://www.w3.org/1999/xhtml">
```

```
<head>
  <meta http-equiv="Content-Type" content="text/html; charset=gb2312"/>
  <title>在 HTML 元素的开始标签中处理事件</title>
  <script type="text/javascript">
    function unloadEventHandler() { alert("unload 事件被触发！"); }
    function clickEventHandler() { alert("click 事件被触发！"); }
  </script>
</head>
<body onload="alert('load 事件被触发！');" onunload="unloadEventHandler();">
  <div onclick="clickEventHandler();">用鼠标单击此处</div>
</body>
</html>
```

在 XHTML 文档头部定义了 unloadEventHandler 和 clickEventHandler 两个函数。

上述 XHTML 及 JavaScript 代码涉及三个事件。

（1）"Web 浏览器加载 HTML 文档"窗口事件。该事件与 body 元素及其 onload 属性关联。这样，当"Web 浏览器加载 HTML 文档"时，onload 属性值中的 JavaScript 语句 alert('load 事件被触发！') 就会被直接执行，并弹出一个警告框。

（2）单击鼠标事件。该事件与 div 元素及其 onclick 属性关联，而且 onclick 属性值是函数调用语句 clickEventHandler()。这样，当用鼠标单击 div 元素的文本内容"用鼠标单击此处"时，就会调用相应的事件处理函数——clickEventHandler 函数，并弹出一个警告框。

（3）"Web 浏览器卸载 HTML 文档"窗口事件。该事件与 body 元素及其 onunload 属性关联，而且 onunload 属性值是函数调用语句 unloadEventHandler()。这样，当"Web 浏览器卸载 HTML 文档"时，就会调用相应的事件处理函数——unloadEventHandler 函数，并弹出一个警告框。

注意：对于不同厂商或同一厂商不同版本的 Web 浏览器，触发"卸载 HTML 文档"事件的具体操作会有所差异——可能是刷新网页，也可能是关闭 Web 浏览器，还可能是在地址栏中键入新的 URL。

### 13.3.3  使用对象及有关属性处理事件

在 DOM 中，HTML 文档树的每个元素节点都被看作一个对象，每个元素对象可以拥有属性。在 JavaScript 编程中，可以使用元素对象及有关属性处理鼠标和键盘事件。此外，也可以使用 BOM 中的 window 对象及有关属性处理窗口事件。

【例 13-10】  使用对象及有关属性处理事件。XHTML 及 JavaScript 代码如下：

```
<!DOCTYPE html PUBLIC "-//W3C//DTD XHTML 1.0 Strict//EN"
  "http://www.w3.org/TR/xhtml1/DTD/xhtml1-strict.dtd">
<html xmlns="http://www.w3.org/1999/xhtml">
<head>
  <meta http-equiv="Content-Type" content="text/html; charset=gb2312"/>
```

```
<title>使用对象及有关属性处理事件</title>
<script type="text/javascript">
  //先定义函数 loadEventHandler，然后将该函数赋值给 window 对象的 onload 属性
  function loadEventHandler() { alert("load 事件被触发！"); }
  window.onload=loadEventHandler;

  //将匿名函数赋值给 window 对象的 onunload 属性
  window.onunload=function() { alert("unload 事件被触发！"); }
</script>
</head>
<body>
  <div id="myDiv">用鼠标单击此处</div>
  <script type="text/javascript">
    var divElement=document.getElementById("myDiv");
    //将匿名函数赋值给 div 元素对象的 onclick 属性
    divElement.onclick=function() { alert("click 事件被触发！") };
  </script>
</body>
</html>
```

与【例 13-9】类似，上述 XHTML 及 JavaScript 代码涉及了三个相同的事件，但事件处理方式有所不同。

（1）"Web 浏览器加载 HTML 文档"窗口事件。在 XHTML 文档头部定义了 loadEventHandler 函数，并将该函数赋值给 window 对象的 onload 属性。这样，当"Web 浏览器加载 HTML 文档"时，就会调用 loadEventHandler 函数，并弹出一个警告框。

（2）单击鼠标事件。在 XHTML 文档主体的 JavaScript 中，首先通过 document 对象调用 getElementById 方法从 HTML 文档树中获取 id 属性值为 myDiv 的 div 元素对象，并将该对象赋值给 object 类型的变量 divElement；然后通过变量 divElement 直接将一个函数及其定义赋值给 div 元素对象的 onclick 属性。这样，当用鼠标单击 div 元素的文本内容"用鼠标单击此处"时，就会调用相应的事件处理函数（且该函数是一个匿名函数），并弹出一个警告框。

（3）"Web 浏览器卸载 HTML 文档"窗口事件。在 XHTML 文档头部，直接将匿名函数及其定义赋值给 window 对象的 onunload 属性。这样，当"Web 浏览器卸载 HTML 文档"时，就会调用相应的事件处理函数，并弹出一个警告框。

注意：在使用对象及有关属性处理事件时，可以先定义事件处理函数再将该函数赋值给 window 对象或 HTML 元素对象的相关属性，也可以直接将匿名的事件处理函数及其定义赋值给 window 对象或 HTML 元素对象的相关属性。

## 13.4　事件的综合处理

在 JavaScript 中，不仅可以处理窗口事件和鼠标事件，而且能够处理表单事件。在处

理表单事件时, 有时还需要动态地调整某些控件的工作状态。如图 13-4 (a) 所示, 打开 "带有开始按钮和停止按钮的计数器" 网页后, "计数器" 进入预备状态——启用 "开始计数" 按钮、禁用 "停止计数" 按钮。对于处于预备状态的计数器, 单击 "开始计数" 按钮后, "计数器" 进入如图 13-4 (b) 所示的计数状态——禁用 "开始计数" 按钮、启用 "停止计数" 按钮, 并在文本框中定期地更新计数值。对于处于计数状态的计数器, 单击 "停止计数" 按钮后, "计数器" 重新进入如图 13-4 (c) 所示的预备状态——启用 "开始计数" 按钮、禁用 "停止计数" 按钮, 并在文本框中显示最终的计数值。

(a) "计数器" 处于预备状态　　　　　　　(b) "计数器" 进入计数状态

(c) "计数器" 重新进入预备状态

**图 13-4　带有开始按钮和停止按钮的计数器**

【例 13-11】　带有开始按钮和停止按钮的计数器。XHTML 及 JavaScript 代码如下:

```
<!DOCTYPE html PUBLIC "-//W3C//DTD XHTML 1.0 Strict//EN"
  "http://www.w3.org/TR/xhtml1/DTD/xhtml1-strict.dtd">
<html xmlns="http://www.w3.org/1999/xhtml">
<head>
  <meta http-equiv="Content-Type" content="text/html; charset=gb2312"/>
  <title>带有开始按钮和停止按钮的计数器</title>
  <script type="text/javascript">
    var counter;     //计数器
    var timerID;     //定时器 ID

    function getReady() {
      counter=0;     //计数器清零（初始化）
      document.getElementById('beginButton').disabled=false;
                                        //启用"开始计数"按钮
      document.getElementById('stopButton').disabled=true;
                                        //禁用"停止计数"按钮
    }
```

```
    function refreshCounter() {
      document.getElementById('txt').value=counter;  //显示计数器的最新值
      counter++;      //更新计数器的值
    }

    function beginCount() {
      document.getElementById('beginButton').disabled=true;
                                                    //禁用"开始计数"按钮
      document.getElementById('stopButton').disabled=false;
                                                    //启用"停止计数"按钮
      refreshCounter();          //显示计数器的初始值 0
      timerID=setInterval("refreshCounter()",1000);   //设置 Interval 定时器
    }

    function stopCount() {
      getReady();
      clearInterval(timerID);        //清除 Interval 定时器
    }
  </script>
</head>
<body onload="getReady()">
  <form action="">
    <input type="button" id="beginButton" value="开始计数" onclick=
    "beginCount()"/>
    <input type="text" id="txt"/>
    <input type="button" id="stopButton" value="停止计数" onclick=
    "stopCount()"/>
  </form>
</body>
</html>
```

在 XHTML 文档主体定义了一个表单，其中包含一个文本框和两个按钮。在这三个控件对应的 input 元素的开始标签中均使用了 id 属性，这样可以唯一地标识每个 input 元素。单击"开始计数"按钮，可以触发 onclick 事件，并通过相应 input 元素的 onclick 属性值调用 beginCount 函数，启动计数器并开始计数。单击"停止计数"按钮，同样可以触发 onclick 事件，通过相应 input 元素的 onclick 属性值调用 stopCount 函数，关闭计数器并停止计数。

在上述 JavaScript 中定义了全局变量 counter 和 timerID，counter 用作计数器，而 timerID 则用作定时器 ID。

此外，在 XHTML 文档头部还定义了 getReady、refreshCounter、beginCount 和 stopCount 四个函数。

在 getReady 函数中，首先为全局变量 counter 赋值 0、代表计数器清零，然后启用"开始计数"按钮，并禁用"停止计数"按钮。这样，调用 getReady 函数能够让"计数器"进

入预备状态。

在 refreshCounter 函数中，首先通过 document 对象调用 getElementById 方法可以访问 id 属性值为 txt 的 input 元素，并在其对应的文本框中显示计数器的最新值，然后通过对全局变量 counter 累加 1 更新计数器的值。

在 beginCount 函数中，首先禁用"开始计数"按钮，并启用"停止计数"按钮，然后通过调用 refreshCounter 函数显示计数器的初始值 0；最后，调用 setInterval 方法设置一个定时器，该定时器能够控制每隔 1 秒钟调用 refreshCounter 函数一次，这样就能在表单的文本框中定期显示计数器的最新值。

在 stopCount 函数中，首先通过调用 getReady 函数让"计数器"重新进入预备状态，然后清除 Interval 定时器。

在三个 HTML 元素的开始标签中对相应的事件进行了处理。在 body 元素的开始标签中处理了"Web 浏览器加载 HTML 文档"所触发的 onload 事件，在 id 属性值为 beginButton 的 input 元素的开始标签中处理了单击"开始计数"按钮所触发的 onclick 事件，在 id 属性 值为 stopButton 的 input 元素的开始标签中处理了单击"停止计数"按钮所触发的 onclick 事件。

## 13.5　小结

BOM 和 DOM 为 JavaScript 编程提供了更多的功能。在 JavaScript 中使用 BOM 提供的专门对象可以与 Web 浏览器进行交互，而 DOM 则使得 JavaScript 对 HTML 文档有了空前的访问和处理能力。

在 BOM 中，window 对象是核心。通过 window 对象调用 setTimeout 方法可以设置定时器，以便在一段时间之后执行指定的 JavaScript 代码；而通过 window 对象调用 setInterval 方法设置的定时器，则可以每隔一段时间周期性执行指定的 JavaScript 代码。

基于 DOM，JavaScript 可以对 HTML 元素进行深层次操作——或者修改 HTML 元素的内容，或者修改 HTML 元素的属性。

在 DOM 中，文档节点、元素节点、属性节点、文本节点和注释节点构成具有层次结构的 HTML 文档树。

在 JavaScript 中，HTML 文档树的文档节点 document 以及每个元素节点都被看作一个对象。文档节点 document 对应的对象称为 document 对象，元素节点对应的对象称为元素对象。document 对象和元素对象都拥有属性，通过 document 对象和元素对象可以调用相应的方法。

使用元素对象的 innerHTML 属性，可以获取和设置元素的内容。

通过 document 对象调用 getElementById 方法，可以根据指定的 id 属性值返回 HTML 文档树中唯一的具有该 id 属性值的元素节点。通过 document 对象调用 getElementsByTagName 方法，可以访问 HTML 文档树中一组同名的元素节点（对象）。

事件是 JavaScript 和 DOM 之间进行交互的桥梁。当某个事件发生时，可以通过调用对应的事件处理函数执行特定的 JavaScript 代码。

在 HTML 元素的开始标签中，可以通过相关属性值调用事件处理函数，以完成相应的事件处理任务。

# 13.6  习题

1．制作一个网页（HTML 文档名为 ex-13-1.htm），在用 Web 浏览器打开该网页的同时，还会在屏幕的右下角打开一个临时的广告窗口（HTML 文档名为 adWindow.htm），该广告窗口会在三十秒钟后自动关闭。在该广告窗口中单击一个广告图片，又可以在一个新的 Web 浏览器窗口中打开广告图片所链接网站的首页。

2．在【例 13-7】的 displayTextString 函数中，将 if 语句中的 else 部分改写为

```
esle document.getElementById("idForTextString").innerHTML="charNum=
"+(charNum++);
```

然后重新用 Web 浏览器打开 XHTML 文档，观察网页上字符串的变化情况，并分析和说明其原因。

3．在【例 13-7】中，"打字效果的字符串"仅显示一遍，改写 JavaScript，使"打字效果的字符串"无限循环显示。

4．使用 HTML 文档树中的元素对象及有关属性处理事件，改写【例 13-11】。

5．参照【例 13-11】，在网页中制作如图 13-5 所示的带有开始、暂停/继续和停止三个按钮的计数器。

（a）"计数器"处于预备状态    （b）"计数器"进入计数状态

（c）"计数器"处于暂停状态    （d）"计数器"重新进入预备状态

图 13-5  带有开始、暂停/继续和停止三个按钮的计数器

（1）打开网页后，"计数器"进入如图 13-5（a）所示的预备状态——启用"开始"按钮、禁用"暂停"和"停止"按钮。

（2）对于处于预备状态的计数器，单击"开始"按钮后，"计数器"进入如图 13-5（b）所示的计数状态——禁用"开始"按钮、启用"暂停"和"停止"按钮，并在文

本框中定期地更新计数值。

（3）对于处于计数状态的计数器，如果单击"暂停"按钮，"计数器"将进入如图 13-5（c）所示的暂停状态——将"暂停"按钮转变为"继续"按钮，禁用"开始"按钮、启用"继续"和"停止"按钮，并在文本框中固定显示计数值。如果单击"停止"按钮，"计数器"将重新进入如图 13-5（d）所示的预备状态——启用"开始"按钮、禁用"暂停"和"停止"按钮，并在文本框中显示最终的计数值。

（4）对于处于暂停状态的计数器，如果单击"继续"按钮，"计数器"将再次进入如图 13-5（b）所示的计数状态——将"继续"按钮转变为"暂停"按钮，禁用"开始"按钮、启用"暂停"和"停止"按钮，并在文本框中定期地更新计数值。如果单击"停止"按钮，"计数器"将重新进入如图 13-5（d）所示的预备状态——将"继续"按钮转变为"暂停"按钮，启用"开始"按钮、禁用"暂停"和"停止"按钮，并在文本框中显示最终的计数值。

# DHTML

动态 HTML（Dynamic HTML，DHTML）是一种使 WWW 页面具有动态特性的技术。从某种角度上讲，DHTML 是 HTML、CSS 和 JavaScript 的组合应用。通过 DHTML，可以控制如何在 Web 浏览器窗口中显示和定位 HTML 元素。DOM 是一个独立于语言和平台的接口，它允许 JavaScript 动态地访问和更新 HTML 文档的内容、结构以及表现，也为 DHTML 技术提供了更强大的功能。

## 14.1　绝对定位和相对定位

HTML 元素及盒子在网页中的位置与其 position 特性密切相关。默认情况下，HTML 元素的 position 特性值是 static。此时，HTML 元素及盒子按照正常流或浮动方式排列。此外，HTML 元素的 position 特性值还可以是 absolute 或 relative，即在网页中对 HTML 元素及盒子进行绝对定位或相对定位。

### 14.1.1　绝对定位

当 position 特性值是 absolute 时，HTML 元素及盒子将以它的包含块（Containing Block）为基准，根据 left（或 right）和 top（或 bottom）特性值在水平和垂直方向偏移。

【例 14-1】　HTML 元素及盒子的绝对定位。XHTML 和 CSS 代码如下：

```
<!DOCTYPE html PUBLIC "-//W3C//DTD XHTML 1.0 Strict//EN"
  "http://www.w3.org/TR/xhtml1/DTD/xhtml1-strict.dtd">
<html xmlns="http://www.w3.org/1999/xhtml">
<head>
  <meta http-equiv="Content-Type" content="text/html; charset=gb2312"/>
  <title>绝对定位</title>
  <style type="text/css">
    p { width:650px; padding:25px; border:2px solid red; } /* position:
    relative; */
    em { position:absolute; left:80px; top:30px; background-color:silver; }
  </style>
</head>
```

```
<body>
    <p>HTML 元素及盒子在网页中的位置与其 position 特性密切相关。<em>在默认情况下，
</em>HTML 元素的 position 特性值是 static，此时元素及盒子按照正常流或浮动方式排列。此外，
HTML 元素的 position 特性值还可以是 absolute 或 relative，即在网页中对 HTML 元素及盒子进
行绝对定位或相对定位。</p>
</body>
</html>
```

在 HTML 文档头部的内部样式表中，第 2 条 CSS 规则使用特性声明 position:absolute 对 em 元素及盒子进行绝对定位。如图 14-1 所示，使用 IE 浏览器打开该 HTML 文档时，可以发现 em 元素的内容"在默认情况下，"完全脱离了正常流。在本例中，由于 em 元素的所有先辈元素都没有使用绝对定位或相对定位，所以 em 元素的包含块就是 IE 浏览器窗口。此时，em 元素及盒子将以 IE 浏览器窗口为基准、按照 left 和 top 特性值在水平和垂直方向偏移。

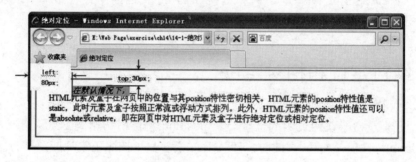

图 14-1　以 IE 浏览器窗口为基准绝对定位

如果在第 1 条 CSS 规则中增加一个特性声明 position:relative，p 元素就成为距离 em 元素最近的且使用相对定位的先辈元素。此时，em 元素及盒子将以 p 元素及盒子为基准、按照 left 和 top 特性值在水平和垂直方向偏移，如图 14-2 所示。

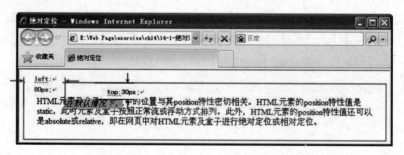

图 14-2　以 p 元素及盒子为基准绝对定位

注意：

① 绝对定位的 HTML 元素及盒子完全脱离正常流，并且对其他元素及盒子的定位没有任何影响。

② 为了对 HTML 元素及盒子准确地进行绝对定位，需要对距离该 HTML 元素尽可能近的某个先辈元素进行相对定位。

## 14.1.2　相对定位

当 position 特性值是 relative 时，HTML 元素及盒子将以其在正常流中的位置为基准，根据 left 和 top 特性值在水平和垂直方向偏移。

【例 14-2】　HTML 元素及盒子的相对定位。XHTML 和 CSS 代码如下：

```
<!DOCTYPE html PUBLIC "-//W3C//DTD XHTML 1.0 Strict//EN"
  "http://www.w3.org/TR/xhtml1/DTD/xhtml1-strict.dtd">
<html xmlns="http://www.w3.org/1999/xhtml">
<head>
  <meta http-equiv="Content-Type" content="text/html; charset=gb2312"/>
  <title>相对定位</title>
  <style type="text/css">
    p { width:650px; padding:25px; border:2px solid red; }
    em { position:relative; left:80px; top:30px; background-color:silver; }
  </style>
</head>
<body>
  <p>HTML 元素及盒子在网页中的位置与其 position 特性密切相关。<em>在默认情况下，
</em>HTML 元素的 position 特性值是 static，此时元素及盒子按照正常流或浮动方式排列。此外，
HTML 元素的 position 特性值还可以是 absolute 或 relative，即在网页中对 HTML 元素及盒子进
行绝对定位或相对定位。</p>
</body>
</html>
```

在 HTML 文档头部的内部样式表中，第 2 条 CSS 规则使用特性声明 position: relative 对 em 元素及盒子进行相对定位，其他代码与前例中的完全相同。如图 14-3 所示，使用 IE 浏览器打开该 HTML 文档时，可以发现 em 元素的内容"在默认情况下，"相对于其在正常流中的位置发生了偏移，但其在正常流中的位置和所占空间并不会被其他元素取代和占据。

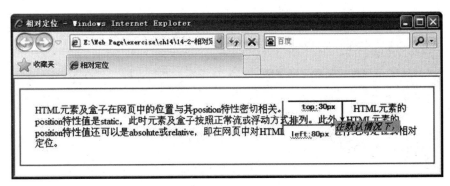

图 14-3　设置 em 元素及盒子为相对定位

对 HTML 元素及盒子进行相对定位后会发生以下两种情况：

（1）HTML 元素及盒子在正常流中的位置和所占空间会被保留，这也说明相对定位的 HTML 元素及盒子仍然在正常流中。

（2）在网页中，相对定位的 HTML 元素及盒子会与其他 HTML 元素及盒子发生重叠。

对某个 HTML 元素及盒子进行相对定位的作用可归纳为以下两点：

（1）使该 HTML 元素及盒子相对于其在正常流中的位置发生偏移，同时不放弃其在正常流中的位置和所占空间。

（2）使该 HTML 元素及盒子成为其后代元素及盒子的包含块，这样后代元素及盒子就能够以该 HTML 元素及盒子为基准进行绝对定位，如图 14-2 所示。

## 14.2　下拉菜单

利用 HTML 元素及盒子的绝对定位和相对定位技术，可以制作如图 14-4 所示的 CSS 下拉菜单。

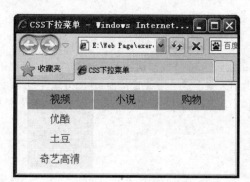 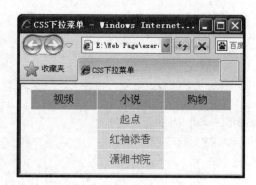

图 14-4　CSS 下拉菜单

【例 14-3】　使用 HTML 元素的绝对定位和相对定位制作 CSS 下拉菜单。XHTML 和 CSS 代码如下：

```
<!DOCTYPE html PUBLIC "-//W3C//DTD XHTML 1.0 Strict//EN"
   "http://www.w3.org/TR/xhtml1/DTD/xhtml1-strict.dtd">
<html xmlns="http://www.w3.org/1999/xhtml">
<head>
  <meta http-equiv="Content-Type" content="text/html; charset=gb2312"/>
  <title>CSS 下拉菜单</title>
  <style type="text/css">
    #naviBar { width:315px; margin:0px auto; }
    /* 使用 ul 元素定义主菜单 */
    #naviBar ul { padding:0px; margin:0px; list-style-type:none; }
    /* 使用 li 元素定义主菜单项（视频、小说、购物） */
    #naviBar ul li { position:relative; float:left; width:104px; height:
30px;
      border:1px solid white; border-width:1px 1px 0 0; line-height:30px;
```

```
                text-align:center; background-color:#cca; }
        /* 使用 ul 元素定义子菜单，并隐藏子菜单 */
        #naviBar ul li ul { display:none; }
        /* 当鼠标滑过主菜单项时，显示子菜单、并将其绝对定位于对应的主菜单项下面 */
        #naviBar ul li:hover ul { display:block; position:absolute; top:30px;
                left:0px; width:105px; }
        /* 在子菜单项中，设置文本超链接及其背景的颜色 */
        #naviBar a { display:block; text-decoration:none; color:olive;
                background-color:#fec; }
        /* 当鼠标滑过文本超链接时，改变文本超链接及其背景的颜色 */
        #naviBar a:hover { color:red; background-color:#dc8; }
    </style>
</head>
<body>
    <div id="naviBar">  <!--div 元素定义水平导航条-->
      <ul>              <!--ul 元素定义主菜单-->
        <li>视频        <!--li 元素定义主菜单项-->
          <ul>          <!--ul 元素定义子菜单-->
            <li><a href="http://www.youku.com">优酷</a></li>  <!--li 元素定义子
            菜单项-->
            <li><a href="http://www.tudou.com">土豆</a></li>
            <li><a href="http://www.iqiyi.com">奇艺高清</a></li>
          </ul>
        </li>
        <li>小说
          <ul>
            <li><a href="http://www.qidian.com">起点</a></li>
            <li><a href="http://www.hongxiu.com">红袖添香</a></li>
            <li><a href="http://www.xxsy.com">潇湘书院</a></li>
          </ul>
        </li>
        <li>购物
          <ul>
            <li><a href="http://www.taobao.com">淘宝</a></li>
            <li><a href="http://www.amazon.cn">亚马逊</a></li>
            <li><a href="http://www.360buy.com">京东商城</a></li>
          </ul>
        </li>
      </ul>
    </div>
</body>
</html>
```

在 HTML 文档主体，id 属性值为 naviBar 的 div 元素定义了一个水平导航条。在水平导航条内，又使用两级无序列表分别定义了一个主菜单和三个子菜单。外层的 ul 元素定义了主菜单。在主菜单中，又使用三个 li 元素定义了"视频""小说"和"购物"三个主菜单项。在每个定义主菜单项的 li 元素中，又使用一个 ul 元素和三个 li 元素定义了子菜单和子菜单项。

以上内部样式表中的第 3 条 CSS 规则：

```
#naviBar ul li { position:relative; float:left; width:104px; height:30px;…
```

将 li 元素的 position 和 float 特性分别声明为 relative 和 left，其作用是：将相对定位的三个 li 元素保留在正常流中，并使它们在正常流中向左浮动。这三个 li 元素向左浮动，可以使"视频""小说"和"购物"三个主菜单项依次水平排列。此外，对这三个 li 元素相对定位，还可以使其子元素 ul（该 ul 元素定义子菜单）能够以其为基准进行绝对定位。

在内部样式表的第 5 条 CSS 规则中使用了 li:hover 伪类。这样，当鼠标滑过主菜单项时，将产生相应的动态效果——显示子菜单。类似地，在内部样式表的第 7 条 CSS 规则中使用了 a:hover 伪类。这样，当鼠标滑过子菜单项时，也将产生相应的动态效果——改变文本超链接及其背景的颜色。这表明 CSS 也具有一定的响应鼠标事件的行为能力——类似于发生在 li 和 a 元素上的 mouseover 事件。实际上，使用 JavaScript 也可以制作具有同样动态效果的下拉菜单。

【例 14-4】　使用 JavaScript 制作下拉菜单。XHTML、CSS 及 JavaScript 代码如下：

```
<!DOCTYPE html PUBLIC "-//W3C//DTD XHTML 1.0 Strict//EN"
  "http://www.w3.org/TR/xhtml1/DTD/xhtml1-strict.dtd">
<html xmlns="http://www.w3.org/1999/xhtml">
<head>
 <meta http-equiv="Content-Type" content="text/html; charset=gb2312"/>
 <title>JavaScript 下拉菜单</title>
 <style type="text/css">
   #naviBar { width:315px; margin:0px auto; }
   /* 使用 ul 元素定义主菜单 */
   #naviBar ul { padding:0px; margin:0px; list-style-type:none; }
   /* 使用 li 元素定义主菜单项 */
   #naviBar ul li { position:relative; float:left; width:104px; height:30px;
      border:1px solid white; border-width:1px 1px 0 0; line-height:30px;
      text-align:center; background-color:#cca; }
   /* 使用 ul 元素定义子菜单，隐藏子菜单、但将其绝对定位于对应的主菜单项下面 */
   #naviBar ul li ul { visibility:hidden; position:absolute; top:30px;
   left:0px;
      width:105px; }
   /* 在子菜单项中，设置文本超链接及其背景的颜色 */
   #naviBar a { display:block; text-decoration:none; color:olive;
    background-color:#fec; }
 </style>
 <script type="text/javascript">
   /* 当鼠标滑过主菜单项时，显示相应的子菜单 */
   function showSubMenu(elmntId) { document.getElementById(elmntId).style.
      visibility="visible"; }
```

```
      /* 当鼠标离开主菜单项时，隐藏相应的子菜单 */
      function hideSubMenu(elmntId) { document.getElementById(elmntId).style.
         visibility="hidden"; }
      /* 当鼠标滑过超链接时，改变文本超链接及其背景的颜色 */
      function changeLinkColor(aElement) {
        aElement.style.color="red";
        aElement.style.background="#dc8";
      }
      /* 当鼠标离开超链接时，恢复文本超链接及其背景的颜色 */
      function recoverLinkColor(aElement) {
        aElement.style.color="olive";
        aElement.style.background="#fec";
      }
    </script>
  </head>
  <body>
    <div id="naviBar">
      <ul>
        <li onmouseover="showSubMenu('video')" onmouseout="hideSubMenu
        ('video')">视频
          <ul id="video">
            <li><a href="http://www.youku.com" onmouseover="changeLinkColor
            (this)"
               onmouseout="recoverLinkColor(this)">优酷</a></li>
            <li><a href="http://www.tudou.com" onmouseover="changeLinkColor
            (this)"
               onmouseout="recoverLinkColor(this)">土豆</a></li>
            <li><a href="http://www.iqiyi.com" onmouseover="changeLinkColor
            (this)"
               onmouseout="recoverLinkColor(this)">奇艺高清</a></li>
          </ul>
        </li>
        <li onmouseover="showSubMenu('novel')" onmouseout="hideSubMenu
        ('novel')">小说
          <ul id="novel">
            <li><a href="http://www.qidian.com" onmouseover="changeLinkColor
            (this)"
               onmouseout="recoverLinkColor(this)">起点</a></li>
            <li><a href="http://www.hongxiu.com" onmouseover="changeLinkColor
            (this)"
               onmouseout="recoverLinkColor(this)">红袖添香</a></li>
            <li><a href="http://www.xxsy.com" onmouseover="changeLinkColor
            (this)"
               onmouseout="recoverLinkColor(this)">潇湘书院</a></li>
          </ul>
        </li>
        <li onmouseover="showSubMenu('shop')" onmouseout="hideSubMenu
```

```
      ('shop')">购物
        <ul id="shop">
          <li><a href="http://www.taobao.com" onmouseover="changeLinkColor
          (this)"
            onmouseout="recoverLinkColor(this)">淘宝</a></li>
          <li><a href="http://www.amazon.cn" onmouseover="changeLinkColor
          (this)"
            onmouseout="recoverLinkColor(this)">亚马逊</a></li>
          <li><a href="http://www.360buy.com" onmouseover="changeLinkColor
          (this)"
            onmouseout="recoverLinkColor(this)">京东商城</a></li>
        </ul>
      </li>
    </ul>
  </div>
</body>
</html>
```

与前例一样，在本例的 HTML 文档主体，使用两级无序列表分别定义了一个主菜单和三个子菜单。外层的 ul 元素定义了主菜单。在主菜单中，又使用三个 li 元素定义了"视频""小说"和"购物"三个主菜单项。

与前例不同，在本例的内部样式表中没有定义 hover 伪类的 CSS 规则，但在 HTML 文档头部定义了四个与鼠标操作有关的事件处理函数。

（1）当鼠标指针滑过主菜单项（"视频""小说"或"购物"）时，会在相应的 li 元素上触发 mouseover 事件，此时通过 li 元素的 onmouseover 属性值调用 showSubMenu 函数，将显示相应的子菜单。

（2）当鼠标指针离开主菜单项（"视频""小说"或"购物"）时，会在相应的 li 元素上触发 mouseout 事件，此时通过 li 元素的 onmouseout 属性值调用 hideSubMenu 函数，将隐藏相应的子菜单。

（3）当鼠标指针滑过子菜单项中的文本超链接（如"优酷""起点"或"淘宝"等）时，会在相应的 li 元素上触发 mouseover 事件，此时通过 li 元素的 onmouseover 属性值调用 changeLinkColor 函数，将改变文本超链接及其背景的颜色。

（4）当鼠标指针离开子菜单项中的文本超链接（如"优酷""起点"或"淘宝"等）时，会在相应的 li 元素上触发 mouseout 事件，此时通过 li 元素的 onmouseout 属性值调用 recoverLinkColor 函数，将恢复文本超链接及其背景的颜色。

## 14.3　垂直移动的文本

对于绝对定位的 HTML 元素，还可以在 CSS 规则中使用 clip 特性对该元素及盒子中的内容进行裁剪。

【例 14-5】使用 clip 特性对元素及盒子中的内容进行裁剪。XHTML 和 CSS 代码如下：

```
<!DOCTYPE html PUBLIC "-//W3C//DTD XHTML 1.0 Strict//EN"
  "http://www.w3.org/TR/xhtml1/DTD/xhtml1-strict.dtd">
<html xmlns="http://www.w3.org/1999/xhtml">
<head>
  <meta http-equiv="Content-Type" content="text/html; charset=gb2312"/>
  <title>使用 clip 特性对元素及盒子中的内容进行裁剪</title>
  <style type="text/css">
    /* 只能应用以下两条 CSS 规则中的一条 */
    #divBox { position:absolute; width:200px; height:200px; border:1px solid red;
      background:#FFFFE0; }
    #divBox { position:absolute; width:200px; height:200px; border:1px solid red;
      background:#FFFFE0; clip:rect(30px,170px,170px,30px); }
    #divBox a { text-decoration:none; }
  </style>
</head>
<body>
  <div id="divBox">
  <br/><br/>
  <a href="http://www.sina.com">* 新浪网重要通知！新浪网重要通知！</a>
  <br/><br/>
  <a href="http://www.baidu.com">* 百度网紧急通知！百度网紧急通知！</a>
  <br/><br/>
  <a href="http://www.sohu.com">* 搜狐网重要通知！搜狐网重要通知！</a>
  </div>
</body>
</html>
```

当应用以上内部样式表中的第 1 条 CSS 规则（而不应用第 2 条 CSS 规则）时，如图 14-5（a）所示，在网页中可以看到 div 元素中的所有文本。但当应用样式表中的第 2 条 CSS 规则（而不应用第 1 条 CSS 规则）时，如图 14-5（b）所示，则在网页中只能看到 div 元素盒子中的部分文本，这是由于在第 2 条 CSS 规则中使用了 clip 特性的缘故。

在第 2 条 CSS 规则中，clip 特性及其声明为：

```
clip:rect(30px,170px,170px,30px);
```

rect(30px,170px,170px,30px)中的四个参数构成了一个 clipWindow 窗口。如图 14-5（a）所示，第 1 个参数（30px）表示 clipWindow 窗口的上边界距离 div 元素盒子的上边界 30px，第 2 个参数（170px）表示 clipWindow 窗口的右边界距离 div 元素盒子的左边界 170px，第 3 个参数（170px）表示 clipWindow 窗口的下边界距离 div 元素盒子的上边界 170px，第 4 个参数（30px）表示 clipWindow 窗口的左边界距离 div 元素盒子的左边界 30px。而 clipWindow 窗口以外的文本部分则被"裁剪"了。

在绝对定位的 div 元素上应用 clip 特性，并使用 JavaScript 对 top 特性值以及 clip 特性值中的参数进行动态的调整，可以在网页中制作垂直移动的文本并产生相应的动画效果。

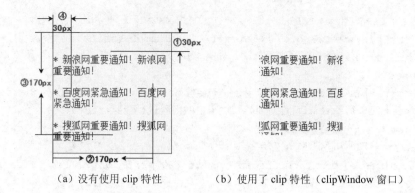

　　　　（a）没有使用 clip 特性　　　　　　　（b）使用了 clip 特性（clipWindow 窗口）

图 14-5　使用 clip 特性对元素及盒子中的内容进行裁剪

【例 14-6】　垂直移动的文本（仅播放一次）。XHTML、CSS 及 JavaScript 代码如下：

```
<!DOCTYPE html PUBLIC "-//W3C//DTD XHTML 1.0 Strict//EN"
 "http://www.w3.org/TR/xhtml1/DTD/xhtml1-strict.dtd">
<html xmlns="http://www.w3.org/1999/xhtml">
<head>
 <meta http-equiv="Content-Type" content="text/html; charset=gb2312"/>
 <title>向上移动的文本</title>
 <style type="text/css">
  #outerBox { position:relative; width:198px; height:98px;
  border:1px solid red; background:#FFFFE0; }
  #innerBox { position:absolute; }
  #innerBox a { text-decoration:none; }
 </style>
 <script type="text/javascript">
  var innerDivElement;   //指代 innerBox 元素盒子
  var innerBoxTop;       //innerBox 元素盒子 CSS 样式特性 top
  var clipWindowWidth,clipWindowHeight;   //clipWindow 窗口的宽度和高度
  var speed=100;         //控制 innerBox 元素盒子及其中文本向上移动的速度
  var timerID;           //定时器 ID

  function scrollText() {
   //使 innerBox 元素盒子及其中的文本上移 1 个像素
   innerDivElement.style.top=(--innerBoxTop)+"px";
   //重新设置 clipWindow 窗口，以使 clipWindow 窗口在整个网页中的位置及尺寸不变
   innerDivElement.style.clip="rect("+Math.abs(innerBoxTop)+"px,"+
    clipWindowWidth+"px,"+(Math.abs(innerBoxTop)+clipWindowHeight)+
    "px,0px)";
  }

  window.onload=function() {    //当 Web 浏览器加载 HTML 文档时
   //获取 innerBox 元素盒子
   innerDivElement=document.getElementById("innerBox");
```

```
    //设置 innerBoxTop 的初始值，即 innerBox 元素盒子及其中文本的初始位置
    innerBoxTop=0;
     //获取 outerBox 元素盒子
    var outerDivElement=document.getElementById("outerBox");
    clipWindowWidth=outerDivElement.clientWidth;
    clipWindowHeight=outerDivElement.clientHeight;
    timerID=setInterval("scrollText()",speed);
    }

    window.onunload=function() {      //当 Web 浏览器卸载 HTML 文档时
      clearInterval(timerID);
      alert("unloading...");
    }
  </script>
</head>
<body>
  <div id="outerBox">
    <div id="innerBox">
      <br/><br/>
      <a href="http://www.sina.com">* 新浪网重要通知！新浪网重要通知！</a>
      <br/><br/>
      <a href="http://www.baidu.com">* 百度网紧急通知！百度网紧急通知！</a>
      <br/><br/>
      <a href="http://www.sohu.com">* 搜狐网重要通知！搜狐网重要通知！</a>
    </div>
  </div>
</body>
</html>
```

在上述代码中，对 id 属性值为 outerBox 的 div 元素及盒子进行相对定位，对 id 属性值为 innerBox 的 div 元素及盒子进行绝对定位。因此，outerBox 元素盒子即是 innerBox 元素盒子的包含块，innerBox 元素盒子也就能够以 outerBox 元素盒子为基准进行绝对定位。在 scrollText 函数中对 id 属性值为 innerBox 的 div 元素设置 clip 特性，使得在网页中只能看到 innerBox 元素盒子中的部分文本。

当 Web 浏览器加载 HTML 文档时，将调用匿名的 load 事件处理函数。在该匿名函数中，首先将 clipWindow 窗口的宽度和高度设置为 id 属性值为 outerBox 的 div 元素盒子的宽度（clientWidth）和高度（clientHeight），然后通过 Interval 定时器周期性调用 scrollText 函数。

每次调用 scrollText 函数时，其中的第 1 条语句将全局变量 innerBoxTop 的值递减 1，并将其赋值给 innerBox 元素对象的 top 属性，这样使得 innerBox 元素盒子及其中的文本相对于 outerBox 元素盒子的上边界上移 1 个像素；执行第 2 条语句时，clip 特性值的第 1 个和第 3 个参数也随之递增 1，因此 clipWindow 窗口的上边界和下边界距离 innerBox 元素盒子的上边界都会增加 1 个像素，这样可以保持 clipWindow 窗口的高度不变，并最终产生

"clipWindow 窗口在整个网页中的位置及尺寸保持不变、同时 innerBox 元素盒子及其中的文本不断上移"的动画效果。

注意：

① Math 是 JavaScript 的内置对象，通过 Math 对象可以调用 abs（绝对值）、ceil（大于或等于某个数的最小整数）、floor（小于或等于某个数的最大整数）等方法。

② 由于在 scrollText 函数中不断地减小 innerBox 元素对象的 top 属性值，使得 innerBox 元素盒子及其中的文本会不断地上移，直至移出 Web 浏览器窗口的上边界。

③ 在本例中，将一个匿名函数赋值给 window 对象的 onload 属性、而不是在 body 元素的 onload 属性值中执行 JavaScript 语句，可以更好地实现"内容和结构与行为的分离"。

④ 在本例中，将另一个匿名函数赋值给 window 对象的 onunload 属性。这样，当 Web 浏览器卸载 HTML 文档时，即可调用该匿名函数，进而清除由 setInterval 方法设置的定时器，这样可以释放 Interval 定时器占用的内存和 CPU 资源。

## 14.4　水平方向呈现跑马灯效果的文本串

使用 JavaScript 及 String 对象的字符串处理方法，可以制作水平滚动的文本串，并使其呈现跑马灯（Marquee）效果。

【例 14-7】 水平方向呈现跑马灯效果的文本串。XHTML 及 JavaScript 代码如下：

```
<!DOCTYPE html PUBLIC "-//W3C//DTD XHTML 1.0 Strict//EN"
  "http://www.w3.org/TR/xhtml1/DTD/xhtml1-strict.dtd">
<html xmlns="http://www.w3.org/1999/xhtml">
<head>
 <meta http-equiv="Content-Type" content="text/html; charset=gb2312"/>
 <title>水平滚动的文本（跑马灯）</title>
 <script type="text/javascript">
  var divElement,text,timerID;

  function scrollText() {
    text+=text.substring(0,1);
    //text+=text.substr(0,1);
    text=text.substring(1,text.length);
    divElement.innerText=text.substring(0,text.length);
  }

  window.onload=function() {
    divElement=document.getElementById("marquee");
    text=divElement.innerText;
```

```
    timerID=setInterval("scrollText()",2000);
  }

  window.onunload=function() {
    clearInterval(timerID);
    alert("unloading...");
  }
</script>
</head>
<body>
  <div id="marquee">  JavaScript 是一种非常流行的 Web 前端脚本语言</div>
</body>
</html>
```

当 Web 浏览器加载 HTML 文档时，将调用匿名的 load 事件处理函数。在该匿名函数中，第 1 条语句首先通过 document 对象调用 getElementById 方法获取 id 属性值为 marquee 的 div 元素对象，然后将其赋值给全局变量 divElement，该变量即指代 id 属性值为 marquee 的 div 元素；该 div 元素对象的 innerText 属性值即是位于 div 元素的开始标签和结束标签之间的文本串"JavaScript 是一种非常流行的 Web 前端脚本语言"，第 2 条语句将该文本串赋值给全局变量 text；执行第 3 条语句，可以通过 Interval 定时器周期性调用 scrollText 函数，并将 setInterval 方法返回的定时器 ID 赋值给全局变量 timerID。

每次调用 scrollText 函数时，其中的第 1 条语句从全局变量 text 所保存文本串中取得其中的第 1 个字符，并将该字符连接在整个文本串的末尾，这样整个文本串的长度会增加 1。执行第 2 条语句时，从起始位置 1（第 2 个字符）开始、到终止位置（text.length -1，即最后一个字符）截止提取子串，再赋值给全局变量 text，这样整个文本串的长度又会减小 1；每执行 scrollText 函数中的前两条语句，相当于将原来文本串中的第 1 个字符移到文本串的末尾。执行第 3 条语句，会将最新的文本串设置为 div 元素的最新文本内容。通过 Interval 定时器周期性调用 scrollText 函数，即可使文本串水平滚动，并呈现跑马灯效果。

**注意：**

① 在 JavaScript 中，如果需要在多个函数中使用或访问同一个变量，则需要在所有函数之外将该变量定义为全局变量。在本例中，变量 divElement、text 和 timerID 均是全局变量。

② 确切地说，是在 Web 浏览器加载 HTML 文档之后才会触发 load 事件。此时，不仅 HTML 文档树中的所有元素对象都在 DOM 中，而且所有图片、超链接以及 JavaScript 也都被 Web 浏览器加载。所以，除全局变量的定义及赋初值外，JavaScript 的执行（包括对自定义 JavaScript 函数的调用）都应该从执行 load 事件处理函数开始。

③ 为了更好地实现"内容和结构与行为的分离"，可以将全局变量的定义及赋初值、自定义 JavaScript 函数（包括事件处理函数）的声明、将事件处理函数赋值给某一元素对象的相关属性等所有 JavaScript 均放置在 HTML 文档头部的 script 元素内。

## 14.5　在网页上漂浮的图片链接

使用相对定位和绝对定位技术以及 JavaScript，不仅可以产生文本在网页上移动的动画效果，同样可以使图片在网页上移动或漂浮，并且在图片上还可以创建超链接——当用鼠标单击图片时，可以使用 Web 浏览器打开所链接的网页。

### 14.5.1　从左向右移动的图片链接

首先，制作在网页上从左向右水平移动的图片，并在图片上创建超链接——当用鼠标单击图片时，可以使用 Web 浏览器打开所链接的网页。此外，当鼠标指针滑过图片时，可以让图片停止移动；当鼠标指针离开图片时，又可以让图片继续移动。

【例 14-8】　从左向右移动的图片链接。XHTML 及 JavaScript 代码如下：

```
<!DOCTYPE html PUBLIC "-//W3C//DTD XHTML 1.0 Strict//EN"
 "http://www.w3.org/TR/xhtml1/DTD/xhtml1-strict.dtd">
<html xmlns="http://www.w3.org/1999/xhtml">
<head>
 <meta http-equiv="Content-Type" content="text/html; charset=gb2312"/>
 <title>从左向右移动的图片链接</title>
 <script type="text/javascript">
   //首先定义如下一些全局变量
   var x=50, y=60;        //设置图片的初始位置，并记录图片的下一个位置（x，y）
   var step=1;            //控制图片每次移动的像素数
   var speed=10;          //控制图片的移动速度
   var divElement;        //包含超链接及图片的 div 元素

   function movePicture() {
     //设置图片新的水平位置，即水平移动图片
     divElement.style.left=x+"px";
     x=x+step;            //计算图片水平移动的下一个位置
   }

   window.onload=function() {   //当 Web 浏览器加载 HTML 文档时
     var timerID;         //定时器 ID

     //一次性获取包含超链接及图片的 div 元素
     divElement=document.getElementById("divPicture");

     //鼠标滑过图片时，让图片停止移动
     //将匿名函数赋值给 div 元素对象的 onmouseover 属性
     divElement.onmouseover=function() { clearInterval(timerID); };
```

```
    //鼠标离开图片时，让图片继续移动
    //将匿名函数赋值给 div 元素对象的 onmouseout 属性
    divElement.onmouseout=function() {
      timerID=setInterval("movePicture()",speed);
    };

    //每隔 speed 毫秒执行一次 movePicture()
    timerID=setInterval("movePicture()",speed);
  }
  </script>
</head>
<body>
  <div id="divPicture" style="position:absolute">  <!--绝对定位 div 元素-->
    <a href="http://www.sina.com"><img src="sinaLogo.gif" alt=""/></a>
  </div>
</body>
</html>
```

在 HTML 文档主体，使用行内样式 style="position:absolute" 对 id 属性值为 divPicture 的 div 元素进行绝对定位，并且在该 div 元素中嵌入创建有超链接的图片。

在 HTML 文档头部的 JavaScript 中，全局变量 x 和 y 用于设置并控制 div 元素盒子在网页中的位置，全局变量 step 用于控制图片每次移动的像素数，全局变量 speed 用于控制图片的移动速度，全局变量 divElement 指代 id 属性值为 divPicture、且包含超链接及图片的 div 元素。

在自定义 movePicture 函数中，首先根据全局变量 x 的最新值调整图片在网页中的水平位置，然后按照全局变量 step 指定的像素步长增加全局变量 x 的值。

当 Web 浏览器加载 HTML 文档时，将调用匿名的 load 事件处理函数。在该匿名函数中，第 1 条语句首先通过 document 对象调用 getElementById 方法获取 id 属性值为 divPicture 的 div 元素对象，然后将其赋值给全局变量 divElement，该变量即指代 id 属性值为 divPicture 的 div 元素。第 2 条语句将匿名函数赋值给 div 元素对象的 onmouseover 属性——在 div 元素对象的 onmouseover 属性上设置 mouseover 事件处理函数；因此，当鼠标滑过图片时会清除 Interval 定时器，这样可以停止图片的移动。第 3 条语句将匿名函数赋值给 div 元素对象的 onmouseout 属性——在 div 元素对象的 onmouseout 属性上设置 mouseout 事件处理函数；因此，当鼠标离开图片时会通过调用 setInterval 方法重新周期性地调用 movePicture 函数，这样可以让图片重新开始移动。执行第 4 条语句，通过 Interval 定时器周期性调用 movePicture 函数，这样可以产生"图片从左向右移动"的动画效果，该语句还将 setInterval 方法返回的定时器 ID 赋值给局部变量 timerID。

## 14.5.2  沿水平方向来回移动的图片链接

在前例中，利用 Interval 定时器能够周期性调用 movePicture 函数。每次调用

movePicture 函数时，都是按照变量 step 指定的像素步长增加变量 x 的值，所以图片会一直向右移动，直至移出 Web 浏览器窗口的右边界。

如果当图片移动到 Web 浏览器窗口的右边界时，能够按照变量 step 指定的像素步长不断地减少变量 x 的值，这样图片就会开始向左移动；而当图片移动到 Web 浏览器窗口的左边界时，又能够按照变量 step 指定的像素步长不断地增加变量 x 的值，这样图片就又会开始向右移动……即可在 Web 浏览器窗口内产生"图片沿水平方向来回移动"的动画效果。

【例 14-9】 沿水平方向来回移动的图片链接。本例在前例基础上增加了一些代码，增加的代码用下画线标注，并且省略了与前例相同的大部分代码，XHTML 及 JavaScript 代码如下：

```
<!DOCTYPE …
<html …
<head>
    …
    <title>沿水平方向来回移动的图片链接</title>
    <script type="text/javascript">
        …
        var divElement;      //包含超链接及图片的 div 元素

        //变量 moveRight 用于判断并控制图片的水平移动方向
        //moveRight 为 true，表示图片应向右移动；moveRight 为 false，表示图片应向左移动
        var moveRight=true;

        //设置图片的水平移动区间
        var leftBound=0;    //将 Web 浏览器窗口的左端设置为图片可以到达的最左端
        var rightBound;     //图片可以到达的最右端

        function movePicture() {
            //设置图片新的水平位置，即水平移动图片
            divElement.style.left=x+"px";
            //计算图片水平移动的下一个位置，每次判断是向右移动还是向左移动
            x=x+step*(moveRight?1:-1);
            if (x>rightBound) moveRight=false;   //判断是否改变图片的水平移动方向
            else if (x<leftBound) moveRight=true;
        }

        window.onresize=function() {                //当改变 Web 浏览器窗口大小时
            //调整图片可以到达的最右端位置
            rightBound=document.documentElement.clientWidth-divElement.offsetWidth;
            if (x>rightBound) x=rightBound;         //直接将图片移动到新的最右端位置
        }
```

```
window.onload=function() {    //当 Web 浏览器加载 HTML 文档时
    …
    //浏览器窗口的宽度(clientWidth)减去 div 元素对象占据的空间宽度(offsetWidth)
    //就是图片可以到达的最右端位置
    rightBound=document.documentElement.clientWidth-divElement.offsetWidth;

    //每隔 speed 毫秒执行一次 movePicture()
    timerID=setInterval("movePicture()",speed);
  }
  </script>
</head>
<body>
  …
</body>
</html>
```

相对于前例，在本例的 JavaScript 中增加了全局变量 moveRight、leftBound 和 rightBound。

变量 moveRight 用于判断并控制图片的水平移动方向。moveRight 为 true，表示图片应该向右移动；moveRight 为 false，表示图片应该向左移动。

变量 leftBound 和 rightBound 用于设置图片的水平移动区间，其中变量 leftBound 表示图片可以到达的最左端，变量 rightBound 表示图片可以到达的最右端。

在 movePicture 函数中，首先根据变量 x 的最新值调整图片在网页中的水平位置，然后使用条件运算符，并根据变量 moveRight 的值计算图片的下一个水平位置，最后当图片移动到最左端或最右端时改变变量 moveRight 的值。这样，通过 Interval 定时器周期性调用 movePicture 函数，即可在 Web 浏览器窗口内产生"图片沿水平方向来回移动"的动画效果。

此外，将一个匿名函数赋值给 window 对象的 onresize 属性。这样，当改变 Web 浏览器窗口大小时，将调用匿名的 resize 事件处理函数。在该匿名函数中，第 1 条语句重新计算图片可以达到的最右端位置（即变量 rightBound 的值）。执行第 2 条语句，可以当图片已经超过新的最右端位置时，直接将图片移动到新的最右端位置。

## 14.5.3　在 Web 浏览器窗口内漂浮的图片链接

在前例中，图片能够沿水平方向来回移动，并且当改变 Web 浏览器窗口大小时还可以调整图片的水平移动区间。如果在图片沿水平方向来回移动的同时，不断地调整图片在垂直方向的位置，并将图片的垂直位置控制在 Web 浏览器窗口的顶端和底端之间，即可产生"图片在 Web 浏览器窗口内漂浮"的动画效果。

【例 14-10】 在 Web 浏览器窗口内漂浮的图片链接。本例在前例基础上增加了一些代码，增加的代码用下画线标注，并且省略了与前例相同的大部分代码，XHTML 及 JavaScript 代码如下：

```
<!DOCTYPE …
```

```html
<html …
<head>
 …
 <title>在 Web 浏览器窗口内漂浮的图片链接</title>
 <script type="text/javascript">
   …
   var moveRight=true;
   //变量 moveDown 用于判断并控制图片的垂直移动方向
   //moveDown 为 true，表示图片应向下移动；moveDown 为 false，表示图片应向上移动
   var moveDown=true;

   //设置图片漂浮的矩形区域
   var leftBound=0;   //将 Web 浏览器窗口的左端设置为图片可以到达的最左端
   var rightBound;    //图片可以到达的最右端
   var topBound=0;    //将 Web 浏览器窗口的顶端设置为图片可以到达的最顶端
   var bottomBound;   //图片可以到达的最底端

   function movePicture() {
     …
     if (x>rightBound) moveRight=false;  //判断是否改变图片的水平移动方向
     else if (x<leftBound) moveRight=true;

     //设置图片新的垂直位置，即垂直移动图片
     divElement.style.top=y+"px";
     //计算图片垂直移动的下一个位置，每次判断是向下移动还是向上移动
     y=y+step*(moveDown?1:-1);
     if (y>bottomBound) moveDown=false;  //判断是否改变图片的垂直移动方向
     else if (y<topBound) moveDown=true;
   }

   window.onresize=function() {            //当改变 Web 浏览器窗口大小时
     …
     if (x>rightBound) x=rightBound;       //直接将图片移动到新的最右端位置
     //调整图片可以到达的最底端位置
     bottomBound=document.documentElement.clientHeight-divElement.
     offsetHeight;
     if (y>bottomBound) y=bottomBound;   //直接将图片移动到新的最底端位置
   }

   window.onload=function() {   //当 Web 浏览器加载 HTML 文档时
     …
     rightBound=document.documentElement.clientWidth-divElement.
     offsetWidth;

     //浏览器窗口的高度(clientHeight)减去 div 元素对象占据的空间高度(offsetHeight)
```

```
          //就是图片可以到达的最底端位置
          bottomBound=document.documentElement.clientHeight-divElement.
          offsetHeight;

          //每隔 speed 毫秒执行一次 movePicture()
          timerID=setInterval("movePicture()",speed);
        }
    </script>
  </head>
  <body>
    …
  </body>
</html>
```

相对于前例，在本例的 JavaScript 中增加了全局变量 moveDown、topBound 和 bottomBound。

变量 moveDown 用于判断并控制图片的垂直移动方向。moveDown 为 true，表示图片应该向下移动；moveDown 为 false，表示图片应该向上移动。

变量 topBound 和 bottomBound 用于设置图片的垂直移动区间，其中变量 topBound 表示图片可以到达的最顶端，变量 bottomBound 表示图片可以到达的最底端。

全局变量 topBound、rightBound、bottomBound 和 leftBound 共同构成了图片可在其中漂浮的矩形区域。

在 movePicture 函数中增加的 JavaScript 能够实现以下功能：首先根据变量 y 的最新值调整图片在网页中的垂直位置，然后使用条件运算符，并根据变量 moveDown 的值计算图片的下一个垂直位置，最后当图片移动到最顶端或最底端时改变变量 moveDown 的值。

这样，在 movePicture 函数中，既能同时调整图片在水平和垂直方向上的位置，又能将图片的移动范围控制在一个可动态变化的矩形区间（即 Web 浏览器窗口）内。因此，通过 Interval 定时器周期性调用 movePicture 函数，可以产生"图片在 Web 浏览器窗口内漂浮"的动画效果。

当改变 Web 浏览器窗口大小时，将调用匿名的 resize 事件处理函数。在该匿名函数中增加的 JavaScript 可以重新计算图片可以到达的最底端位置（即变量 bottomBound 的值）；当图片已经超过新的最底端位置时，直接将图片移动到新的最底端位置。

## 14.6　自动切换的图片

浏览网页时，经常可以看到在一个矩形框中嵌入了一组可以自动切换的图片。如图 14-6 所示，这种图片框主要由以下几个各具一定功能的要素组成。

（1）一组自动切换的图片。在图片框中包含一组可以自动切换，并循环播放的图片，每张图片位于图片框的中央并占满整个图片框。一般情况下，每隔几秒钟会从一张图片自动切换到另一张图片。当鼠标滑过某张图片时，图片切换会暂停，这时将静止显示这张图片。当鼠标离开这张图片时，图片的自动切换又将继续。

（2）数字按钮组。数字按钮组位于图片框内侧的左下方，其中的每个数字按钮对应一张图片；随着图片的自动切换，对应数字按钮的字体颜色或背景颜色会发生改变。当单击某个数字按钮时，在图片框中会立即切换到相应的图片，并且对应数字按钮的字体颜色或背景颜色也会相应地改变。

（3）图片标题。图片标题位于图片框内侧的左上方。自动切换的每张图片都有一个对应的标题；随着图片的自动切换，对应的标题文字会发生改变。

图 14-6　图片框的结构及要素

以下将逐步构造图片框中的各个要素，并在每个要素中实现相应的功能。

## 14.6.1　嵌入自动切换的图片

首先，在图片框中嵌入一组可以自动切换、并循环播放的图片。当鼠标滑过某张图片时，图片切换会暂停，这时将静止显示这张图片。当鼠标离开这张图片时，图片的自动切换又将继续。

【例 14-11】　自动切换的图片。XHTML、CSS 及 JavaScript 代码如下：

```
<!DOCTYPE html PUBLIC "-//W3C//DTD XHTML 1.0 Strict//EN"
  "http://www.w3.org/TR/xhtml1/DTD/xhtml1-strict.dtd">
<html xmlns="http://www.w3.org/1999/xhtml">
<head>
  <meta http-equiv="Content-Type" content="text/html; charset=gb2312"/>
  <title>自动切换的图片</title>
  <style type="text/css">
    #box { position:relative; border:1px solid black; }  /* 图片框 */
    #box>a>img {  border-width:0px; overflow:hidden; }  /* 图片 */
  </style>
```

```
<script type="text/javascript">
  //首先定义如下一些全局变量
  var boxWidth=500;          //图片框宽度（参照图片宽度，并取其中最小值）
  var boxHeight=341;         //图片框高度（参照图片高度，并取其中最小值）
  var image=new Array("pic01.jpg","pic02.jpg","pic03.jpg","pic04.jpg");
                             //图片
  var link=["http://www.sina.com","http://www.baidu.com",
    "http://www.sohu.com","http://www.qq.com"];    //图片超链接
  var interval=2000;          //每张图片延时时间（毫秒）
  var pictureIndex=0;         //在正常情况下将要显示的图片的编号，从 0 开始
  var imageElement;           //插入图片的 img 元素
  var linkElement;            //图片上的超链接 a 元素

  function changePicture(pictureID) {
    imageElement.src=image[pictureID];              //更换图片
    linkElement.href=link[pictureID];               //更换图片超链接
    pictureIndex=(pictureID+1)%4;
  }

  window.onload=function() {                         //load 事件处理函数
    var timerID;    //Interval 定时器 ID
    //设置图片框的宽度和高度
    var boxElement=document.getElementById("box");
    boxElement.style.width=boxWidth+"px";
    boxElement.style.height=boxHeight+"px";

    //一次性获取插入图片的 img 元素
    imageElement=document.getElementById("picture");
    //设置图片的宽度和高度
    imageElement.style.width=boxWidth+"px";
    imageElement.style.height=boxHeight+"px";
    //鼠标滑过图片时，暂停图片切换
    imageElement.onmouseover=function() { clearInterval(timerID); }
    //鼠标离开图片时，继续图片自动切换
    imageElement.onmouseout=function() {
      timerID=setInterval("changePicture(pictureIndex)",interval);
    }

    //一次性获取图片上的超链接 a 元素
    linkElement=document.getElementById("linkURL");

    changePicture(pictureIndex);   //去掉这条语句会有什么效果？为什么？
    //每隔 interval 毫秒调用一次 changePicture
    timerID=setInterval("changePicture(pictureIndex)",interval);
  }
```

```
      </script>
    </head>
    <body>
      <div id="box">   <!-- 图片框, 仅包括图片及超链接 -->
        <a id="linkURL" href=""><img id="picture" src="" alt=""/></a>  <!--图
        片及超链接-->
      </div>
    </body>
  </html>
```

在 HTML 文档主体, id 属性值为 box 的 div 元素定义了一个图片框。在该 div 元素中使用 img 元素可以在图片框内嵌入图片, 在图片上还可以使用 a 元素创建超链接。

在 HTML 文档头部定义的内部样式表中, 第 2 条 CSS 规则中的特性声明 overflow:hidden 能够对嵌入 img 元素盒子的图片进行截取——当图片的尺寸(宽度或高度)大于 img 元素盒子的尺寸(宽度或高度)时, 图片的多余部分会被隐藏。

在 HTML 文档头部的 JavaScript 中定义了一些全局变量, 并对其中的一些变量赋了初值。变量 boxWidth 和 boxHeight 用于设置图片框的宽度和高度; Array 对象变量 image 用于存储一组图片的文件名, Array 对象变量 link 用于存储每张图片对应的超链接; 变量 interval 用于设置每张图片的延时时间(以毫秒计); 变量 pictureIndex 用于设置将要显示的图片的编号, 第 1 张图片的编号是 0, 第 2 张图片的编号是 1, ……, 第 n+1 张图片的编号是 n; 变量 imageElement 属于 object 类型, 指代 HTML 文档树中 id 属性值为 picture 的 img 元素对象; 类似地, 变量 linkElement 也属于 object 类型, 指代 HTML 文档树中 id 属性值为 linkURL 的 a 元素对象。在后面定义的函数内部可以引用或重新赋值这些全局变量。

在 HTML 文档头部的 JavaScript 中还定义了 changePicture 函数。在 changePicture 函数中, 首先通过由变量 imageElement 指代的 img 元素对象的 src 属性动态地更换 img 元素盒子内的图片, 然后通过由变量 linkElement 指代的 a 元素对象的 href 属性动态地改变图片上的超链接, 最后通过代码 pictureIndex=(pictureID+1)%4 使变量 pictureIndex 指向在正常情况下将要显示的下一张图片。

当 Web 浏览器加载 HTML 文档时, 将调用匿名的 load 事件处理函数。在该匿名函数中, 首先根据全局变量 boxWidth 和 boxHeight 设置图片框以及 img 元素盒子(即图片)的宽度和高度。在该匿名函数中, 还使用 setInterval 方法设置了 Interval 定时器, 这样每隔一段时间即可调用一次 changePicture 函数, 该函数的形式参数 pictureID 代表即将显示的图片的编号。由于在通过 Interval 定时器第 1 次调用 changePicture 函数之前需要一定的时间, 所以在使用 setInterval 方法设置 Interval 定时器之前, 专门调用了一次 changePicture 函数。这样可以使第 1 张图片的显示与之后的图片自动切换, 连贯地执行。

在匿名的 load 事件处理函数中, 还对由变量 imageElement 指代的 img 元素对象的 onmouseover 和 onmouseout 属性分别赋值了两个匿名函数。这样, 当鼠标滑过 img 元素盒子内的图片时, 将在 img 元素上触发 mouseover 事件, 进而调用 clearInterval 方法并清除 Interval 定时器, 这样可以中断对 changePicture 函数的周期性调用, 从而暂停图片切换;

而当鼠标离开 img 元素盒子内的图片时，将在 img 元素上触发 mouseout 事件，进而重新调用 setInterval 方法并设置 Interval 定时器，这样可以再次开始周期性调用 changePicture 函数，从而继续使图片自动切换。

## 14.6.2  自动切换的图片及数字按钮组

在前例的图片框中仅嵌入一组自动切换并循环播放的图片，下例将在图片框内侧的左下方添加数字按钮组，其中的每个数字按钮对应一张图片；随着图片的自动切换，对应数字按钮的背景颜色会发生改变。

【例 14-12】自动切换的图片及数字按钮组。本例在前例基础上增加了一些代码，增加的代码用下画线标注，并且省略了与前例相同的大部分代码，XHTML、CSS 及 JavaScript 代码如下：

```
<!DOCTYPE …
<html …
<head>
  …
  <title>自动切换的图片+数字按钮组</title>
  <style type="text/css">
    #box { position:relative; border:1px solid black; }  /* 图片框 */
    #box>a>img { border-width:0px; overflow:hidden; }  /* 图片 */
    #buttonGroup { position:absolute; left:0px; bottom:0px; height:16px;
      background-color:silver; filter:alpha(opacity=60); }  /* 数字按钮组 */
    #box>div>span { float:left; padding:0 8px; border-left:1px solid #ccc;
      background-color:gray; line-height:16px; font-size:16px;
      color:white; }  /* 数字按钮 */
  </style>
  <script type="text/javascript">
    …
    var buttonElements; //保存全部数字按钮的数组

    function changePicture(pictureID) {
      …
      //突显对应数字按钮的背景颜色
      buttonElements[pictureID].style.backgroundColor="red";
      //对于某些 Web 浏览器，可以不要下一条语句
      buttonElements[pictureID].innerText=pictureID+1;
      var previousPictureIndex=(pictureIndex==0)?3:(pictureIndex-1);
      //还原前一个数字按钮的背景颜色
      buttonElements[previousPictureIndex].style.backgroundColor="gray";
      pictureIndex=(pictureID+1)%4;
    }

    window.onload=function() {   //load 事件处理函数
      …
      linkElement=document.getElementById("linkURL");
```

```
        //设置数字按钮组的宽度
        var groupElement=document.getElementById("buttonGroup");
        groupElement.style.width=boxWidth+"px";
        //一次性获取保存全部数字按钮的数组
        buttonElements=document.getElementsByTagName("span");
        …
    }
  </script>
</head>
<body>
  <div id="box">    <!-- 图片框, 包括图片链接和数字按钮组 -->
    <a id="linkURL" href=""><img id="picture" src="" alt=""/></a>  <!--图
    片及超链接-->
    <div id="buttonGroup">    <!-- 数字按钮组 -->
    <span>1</span>    <!-- 数字按钮 -->
    <span>2</span>    <!-- 数字按钮 -->
    <span>3</span>    <!-- 数字按钮 -->
    <span>4</span>    <!-- 数字按钮 -->
    </div>
  </div>
</body>
</html>
```

同前列一样，在 HTML 文档主体，id 属性值为 box 的 div 元素定义了一个图片框。此外，在图片框中，增加的 id 属性值为 buttonGroup 的 div 元素定义了数字按钮组；在数字按钮组中，又使用四个 span 元素定义了四个数字按钮。这样，在图片框中既包括图片及超链接，又包括数字按钮组。

在 HTML 文档头部定义的内部样式表中，第 3 条 CSS 规则中的特性声明 position:absolute 能够对 id 属性值为 buttonGroup 的 div 元素盒子进行绝对定位，以便将数字按钮组置于图片框内侧的左下方。另一方面，id 属性值为 box 的 div 元素是 id 属性值为 buttonGroup 的 div 元素的父元素。因此，需要在第 1 条 CSS 规则中使用特性声明 position:relative 对 id 属性值为 box 的 div 元素盒子进行相对定位；否则，id 属性值为 buttonGroup 的 div 元素（子元素）无法以 id 属性值为 box 的 div 元素（父元素）为基准进行绝对定位。

第 3 条 CSS 规则中的特性声明 bottom:0px 能够使数字按钮组的底边与图片框的底边完全吻合。

第 3 条 CSS 规则中的特性声明 filter:alpha(opacity=60)可以产生滤镜（Filter）效果，使得"图片"对"数字按钮组"具有一定的穿透力——能够透过"数字按钮组"看到"图片"。其中参数 opacity 的数值越小，"图片"对"数字按钮组"的穿透力越强；相反，参数 opacity 的数值越大，"图片"对"数字按钮组"的穿透力越弱。

第 4 条 CSS 规则中的特性声明 float:left 能够使每个数字按钮向左浮动，并使后一个数字按钮排列在前一个数字按钮的右侧。

在 HTML 文档头部增加的 JavaScript 中，新定义了全局变量 buttonElements。实际上，变量 buttonElements 也是一个 Array 对象变量，且用于保存全部数字按钮对应的四个 span

元素对象。

　　在函数 changePicture 中,形式参数 pictureID 代表即将显示的图片的编号,局部变量 previousPictureIndex 代表刚刚显示过的前一张图片的编号。在该函数中增加的 JavaScript 能够将当前图片对应的数字按钮的背景颜色设置为红色,并将前一张图片对应的数字按钮的背景颜色还原为灰色。这样,随着图片的自动切换,对应数字按钮的背景颜色也会发生改变。

　　在匿名的 load 事件处理函数中,增加的 JavaScript 能够根据全局变量 boxWidth 的值设置数字按钮组的宽度,并与图片框和图片的宽度完全一致。此外,还将全部数字按钮对应的四个 span 元素对象保存于全局变量 buttonElements 中。

## 14.6.3　自动切换的图片、数字按钮组及数字按钮 click 事件

　　在下例中将增加新的功能——当单击某个数字按钮时,在图片框中会立即切换到相应的图片,并且对应数字按钮的背景颜色也会相应地改变。

　　【例 14-13】　自动切换的图片、数字按钮组及数字按钮 click 事件。本例在前例基础上增加了一些代码,增加的代码用下画线标注,并且省略了与前例相同的大部分代码,XHTML、CSS 及 JavaScript 代码如下:

```
<!DOCTYPE …
<html …
<head>
  …
  <title>自动切换的图片+数字按钮组+数字按钮 click 事件</title>
  …
  <script type="text/javascript">
    …
    var buttonElements;              //保存全部数字按钮的数组
    …
    window.onload=function() {       //load 事件处理函数
      …
      buttonElements=document.getElementsByTagName("span");
      for (var i=0;i<buttonElements.length;i++)
        //单击数字按钮时,立即切换到相应的图片
        buttonElements[i].onclick=function() {
          clearInterval(timerID);
          var newPictureIndex=this.innerText-1;
          changePicture(newPictureIndex);
          timerID=setInterval("changePicture(pictureIndex)",interval);
        }
      …
    }
  </script>
</head>
<body>
  …
```

```
</body>
</html>
```

同前例一样，在 HTML 文档头部的 JavaScript 中定义的全局变量 buttonElements 是一个 Array 对象变量，且用于保存全部数字按钮对应的四个 span 元素对象。

在匿名的 load 事件处理函数中，增加的 JavaScript 实现了一个 for 循环。在该 for 循环中，依次对每个 span 元素对象的 onclick 属性赋值了同一个匿名函数。因此，该匿名函数就成为"单击数字按钮"的 click 事件处理函数。

匿名的 click 事件处理函数中的程序执行过程如下：

（1）调用 clearInterval 方法并清除 Interval 定时器，这样可以中断对 changePicture 函数的周期性调用，从而中断图片自动切换。

（2）根据所单击数字按钮对应的 span 元素对象的 innerText 属性值计算局部变量 newPictureIndex 的值，变量 newPictureIndex 即可代表与某个数字按钮相对应图片的编号。

（3）使用局部变量 newPictureIndex 作为参数单独调用一次 changePicture 函数，由于变量 newPictureIndex 代表与某个数字按钮相对应图片的编号，所以可以立即切换到相应的图片，并且对应数字按钮的背景颜色也会发生改变。

（4）调用 setInterval 方法并设置 Interval 定时器，这样可以再次使用全局变量 pictureIndex 周期性调用 changePicture 函数，从而继续使图片自动切换。

**注意**：本例中的数字按钮不同于表单中的按钮——本例中的数字按钮是由 span 元素定义的元素盒子，而表单中的按钮则是由 input 元素定义的控件。但两者都能够响应 click 事件，然后调用相应的事件处理函数。

## 14.7　表格数据隔行变色

在浏览网页时，有时可以看到包含有很多行数据的表格。为了便于浏览者识别和查阅其中的数据，可以在表格的数据行中隔行设置不同的背景颜色。如图 14-7 所示，可以将表格头中列标题行的背景颜色设置为浅灰色，而将表格体中奇数和偶数数据行的背景颜色分别设置为浅黄色和浅绿色。此外，当鼠标滑过某一数据行时，该数据行的背景颜色将变换为粉色；当鼠标离开该数据行时，其背景颜色又恢复为原有颜色。

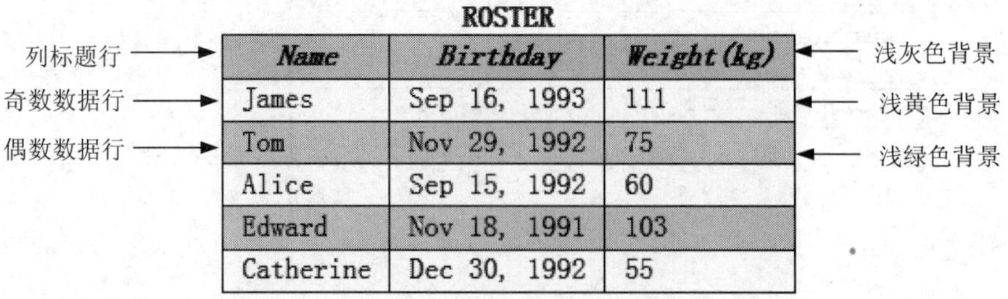

图 14-7　表格数据隔行变色

【例 14-14】　表格数据隔行变色。XHTML、CSS 及 JavaScript 代码如下：

```
<!DOCTYPE html PUBLIC "-//W3C//DTD XHTML 1.0 Strict//EN"
  "http://www.w3.org/TR/xhtml1/DTD/xhtml1-strict.dtd">
<html xmlns="http://www.w3.org/1999/xhtml">
<head>
  <meta http-equiv="Content-Type" content="text/html; charset=gb2312"/>
  <title>表格隔行变色</title>
  <style type="text/css">
    table { border-collapse:collapse; margin:20px auto; }
    caption { color:purple; font-weight:bolder; }
    th, td { padding:2px 10px; border:1px solid; }
    .oddStyle { background-color:lightyellow; }   /*奇数数据行背景颜色*/
    .evenStyle { background-color:lightgreen; }   /*偶数数据行背景颜色*/
    tbody>tr:hover { background-color:pink; }
  </style>
  <script type="text/javascript">
    window.onload=function() {
      var rowArray=document.getElementsByTagName('tr');

      //列标题行对应的 tr 元素的下标为 0
      rowArray[0].style.background="lightgray";   //设置列标题行背景颜色
      rowArray[0].style.fontStyle="italic";        //设置列标题行字体样式

      for (var i=1;i<rowArray.length;i++)   //数据行对应的 tr 元素的下标从 1 开始
        if(i%2==1) rowArray[i].className='oddStyle';
        else rowArray[i].className='evenStyle';
    }
  </script>
</head>
<body>
  <table>
    <caption>ROSTER</caption>
    <thead>
      <tr>
        <th>Name</th><th>Birthday</th><th>Weight(kg)</th>
      </tr>
    </thead>
    <tbody>
      <tr>
        <td>James</td><td>Sep 16, 1993</td><td>111</td>
      </tr>
      <tr>
        <td>Tom</td><td>Nov 29, 1992</td><td>75</td>
      </tr>
      <tr>
        <td>Alice</td><td>Sep 15, 1992</td><td>60</td>
```

```
        </tr>
        <tr>
          <td>Edward</td><td>Nov 18, 1991</td><td>103</td>
        </tr>
        <tr>
          <td>Catherine</td><td>Dec 30, 1992</td><td>55</td>
        </tr>
      </tbody>
    </table>
  </body>
</html>
```

在 HTML 文档主体，table、caption、thead、tbody、tr、th 和 td 等元素定义了表格的各个要素：table 定义整个表格，caption 定义表格的标题，thead 定义表格头，tbody 定义表格体，tr 定义表格行，th 定义表头单元格，td 定义数据单元格。thead 元素中的 tr 元素定义列标题行，tbody 元素中的 tr 元素定义数据行。

在 HTML 文档头部定义的内部样式表中，前三条 CSS 规则定义了表格及其标题和单元格的一般样式。第 4 条和第 5 条 CSS 规则分别定义了奇数和偶数数据行的背景颜色。第 6 条 CSS 规则在表格体中的 tr 元素上定义了 hover 伪类——这样，当鼠标滑过某一数据行时，该数据行的背景颜色将变换为粉色。当鼠标离开该数据行时，其背景颜色又变换为原有颜色。

在匿名的 load 事件处理函数中，首先通过 document 对象调用 getElementsByTagName 方法获取 HTML 文档树中的六个 tr 元素对象（包括表格头中列标题行对应的 tr 元素，即下标为 0 的 tr 元素），并将这六个 tr 元素对象保存在 Array 对象变量 rowArray 中；然后设置表格头中列标题行的背景颜色及字体样式；最后在 for 循环中隔行设置数据行的背景颜色样式。

**注意：**为了确保在 Web 浏览器完全加载 HTML 文档之后再执行 JavaScript，除全局变量声明和自定义函数外，建议将 JavaScript 尽可能地组织在 onload 事件处理函数内。

## 14.8　小结

DHTML 是 HTML、CSS、JavaScript 和 DOM 的组合应用。通过 DHTML，JavaScript 能够动态地访问和更新 HTML 文档的内容、结构以及表现，可以控制如何在 Web 浏览器中显示和定位 HTML 元素。

HTML 元素及盒子在网页中的位置与其 position 特性密切相关。默认情况下，HTML 元素的 position 特性值是 static。此时，HTML 元素及盒子按照正常流或浮动方式排列。此外，HTML 元素的 position 特性值还可以是 absolute 或 relative，即在网页中对 HTML 元素及盒子进行绝对定位或相对定位。

绝对定位的 HTML 元素及盒子完全脱离正常流，并且对其他元素及盒子的定位没有任何影响。为了对 HTML 元素及盒子准确地进行绝对定位，需要对距离该 HTML 元素尽可能近的某个先辈元素进行相对定位。

CSS 具有一定的响应鼠标事件的行为能力。在 CSS 规则的选择器中使用 hover 和 active 伪类，可以对鼠标操作产生类似 mouseout、mouseover 和 click 事件的动态效果。

对于绝对定位的 HTML 元素，可以在 CSS 规则中使用 clip 特性对该元素及盒子中的内容进行裁剪。

除全局变量的定义及赋初值外，JavaScript 的执行（包括对自定义 JavaScript 函数的调用）都应该从执行 load 事件处理函数开始。

为了更好地实现"内容和结构与行为的分离"，可以将全局变量的定义及赋初值、自定义 JavaScript 函数（包括事件处理函数）的声明、将事件处理函数赋值给某一元素对象的相关属性等所有 JavaScript 均放置在 HTML 文档头部的 script 元素内。

## 14.9 习题

1．在【例 14-3】的内部样式表中增加一条 CSS 规则，使得当用鼠标单击子菜单项中的文本超链接时，文本超链接的颜色变为蓝色，同时背景颜色变为黄色。

2．在【例 14-6】基础上改写 JavaScript，使 clipWindow 窗口中的文本可以垂直滚动播放。

3．在【例 14-13】基础上并参见图 14-6，在图片框内侧的左上方为每张图片增加相应的文字标题。

4．在上一题的基础上，将图片换为另外一组尺寸不同的图片，并为每张图片配上相应的文字标题。

5．使用 DHTML 技术实现如下网络营销功能：打开网页后，在 Web 浏览器窗口的右下角逐渐弹出一个广告图片，用鼠标单击该图片可以打开所链接的商品促销网页。此外，30 秒后该图片会自动消失。

6．使用 JavaScript 产生"缩放自如的文字串"动画效果。

# 第15章 jQuery 基础

jQuery 是一个"写得更少，做得更多"的 JavaScript 库（Library）。使用 jQuery API 提供的方法及其功能，能够在不同厂商的 Web 浏览器上轻松地完成事件处理、选取 HTML DOM 元素对象和 DOM 操作等任务，从而简化了 Web 前端开发工作。

## 15.1 从 JavaScript 到 jQuery 的转换

从基本原理上讲，jQuery API 提供的许多功能也可以使用 JavaScript 模拟和实现，但需要在代码组织形式及编码风格方面完成从 JavaScript 到 jQuery 的转换。

### 15.1.1 函数作为参数

作为一种函数式编辑语言，在 JavaScript 中，不仅可以将函数当作变量使用，而且允许将一个函数作为参数传递给另一个函数，这也是从 JavaScript 转换到 jQuery 的起点。

【例 15-1】 函数作为参数。XHTML 及 JavaScript 代码如下：

```
<!DOCTYPE html PUBLIC "-//W3C//DTD XHTML 1.0 Strict//EN"
  "http://www.w3.org/TR/xhtml1/DTD/xhtml1-strict.dtd">
<html xmlns="http://www.w3.org/1999/xhtml">
<head>
  <meta http-equiv="Content-Type" content="text/html; charset=gb2312"/>
  <title>将一个函数作为参数传递给另一个函数</title>
  <script type="text/javascript">
  function underline(txt) {  //使用函数语句声明函数 underline
    return "<div style=\"text-decoration:underline;\">"+txt+"</div>";
  }

  function strong(txt) {  //使用函数语句声明函数 strong
    return "<div><strong>"+txt+"</strong></div>";
  }

  function stylizeText(txt,fn) {  //第 2 个参数 fn 表示一个函数
```

```
            return fn(txt);  //使用第 2 个参数表示的函数 fn 处理第 1 个参数 txt 所表示的文本
        }

        //使用函数表达式声明匿名函数。当 Web 浏览器完成 HTML 文档加载时会调用该匿名函数
        window.onload=function() {
            document.write(stylizeText("使用行内样式对文本加下画线",underline));
            document.write(stylizeText("使用 strong 元素加粗文本",strong));
        }
    </script>
</head>
<body>
</body>
</html>
```

在本例中，采用两种方法声明四个函数。

（1）使用函数语句声明函数 underline、strong 和 stylizeText。其中，函数 underline 和 strong 的参数和返回值都是字符串；而函数 stylizeText 的第 2 个参数 fn 表示一个函数，函数 stylizeText 使用第 2 个参数表示的函数 fn 处理第 1 个参数 txt 所表示的文本。

（2）使用函数表达式声明一个匿名函数，并直接将该匿名函数赋值给 window 对象的 onload 属性。这样，当 Web 浏览器完成 HTML 文档加载时会调用该匿名函数。

此外，在匿名函数中第 1 次调用函数 stylizeText 时，使用函数 underline（即第 2 个参数）处理第 1 个参数 txt 所表示的字符串"使用行内样式对文本加下画线"。此时，函数 stylizeText 返回 html 字符串" 使用行内样式对文本加下画线 "。

在匿名函数中第 2 次调用函数 stylizeText 时，使用函数 strong（即第 2 个参数）处理第 1 个参数 txt 所表示的字符串"使用 strong 元素加粗文本"。此时，函数 stylizeText 返回 html 字符串"使用 strong 元素加粗文本 "。

注意：在函数 underline 的 return 语句中，为了在字符串中表示双引号，使用了转义字符"\""。换言之，通过在双引号前加上反斜线"\"，可以在字符串中插入双引号。

## 15.1.2　使用 JavaScript 说明 jQuery 程序的基本语法及其格式

使用 JavaScript 可以演示 jQuery 编程的代码组织形式及编码风格，进而说明 jQuery 程序的基本语法及其格式。

【例 15-2】　使用 JavaScript 说明 jQuery 程序的基本语法及其格式之一。XHTML 及 JavaScript 代码如下：

```
<!DOCTYPE html PUBLIC "-//W3C//DTD XHTML 1.0 Strict//EN"
  "http://www.w3.org/TR/xhtml1/DTD/xhtml1-strict.dtd">
<html xmlns="http://www.w3.org/1999/xhtml">
<head>
  <meta http-equiv="Content-Type" content="text/html; charset=gb2312"/>
```

```
<title>使用 JavaScript 演示 jQuery 基本语法及其格式（1）</title>
<script type="text/javascript">
  //使用函数语句声明函数$
  function $(elementId) {  return document.getElementById(elementId);  }

  //为内置对象 Object 增加新方法 html
  Object.prototype.html=function(htmlString) {  this.innerHTML=
  htmlString;  }

  //为内置对象 Object 增加新方法 whenClick，该方法的参数 fn 表示一个函数
  Object.prototype.whenClick=function(fn) {  this.onclick=fn;  }

  window.onload=function() { //当 Web 浏览器完成 HTML 文档加载时会调用该匿名函数
    //HTML DOM 元素对象($("divId"))会继承内置对象 Object 的 html 和 whenClick 方法
    $("divId").html("用<strong>鼠标</strong>单击这里");

    $("divId").whenClick(function() {
      alert("单击鼠标事件发生！");
    });
  }
 </script>
</head>
<body>
 <div id="divId"></div>
</body>
</html>
```

在 JavaScript 中，变量名或函数名可以字母开头，也可以$开头。因此，在本例中可以使用函数语句声明函数$，其参数 elementId 表示一个 HTML 元素的 id 属性值，返回值即是对应的 HTML DOM 元素对象。

Object 是 JavaScript 中的内置对象，可以通过其 prototype 属性增加新方法。在本例中，为内置对象 Object 增加了新方法 html 和 whenClick，并且 whenClick 方法的参数 fn 表示一个函数。另一方面，在 JavaScript 中，包括 HTML DOM 元素对象在内的所有对象都是基于内置对象 Object 的，而且能够继承 Object 的属性和方法。在本例中，一个 HTML DOM 元素对象也会继承前面通过原型（prototype）方式声明的、内置对象 Object 的 html 和 whenClick 方法。

当通过一个 HTML DOM 元素对象调用 html 方法时，可以为该 HTML DOM 元素对象设置开始标签和结束标签之间的 html 字符串。当通过一个 HTML DOM 元素对象调用 whenClick 方法时，可以将参数 fn 表示的函数与该 HTML DOM 元素对象及其 click 事件绑定在一起。因此，当在对应的 HTML 元素上单击时，就会调用参数 fn 表示的函数。换言之，参数 fn 表示的函数就是对应的 click 事件处理函数。

当 Web 浏览器完成 HTML 文档加载时会调用一个匿名函数，进而执行其中的两条语句。

（1）在第 1 条语句中，$("divId")表示 id 属性值为 divId 的 HTML 元素所对应的 DOM 对象，然后通过该 HTML DOM 元素对象调用 html 方法，进而将 id 属性值为 divId 的 HTML 元素内部的 html 字符串设置为"用鼠标单击这里"。

（2）在第 2 条语句中，通过$("divId")这一 HTML DOM 元素对象调用 whenClick 方法，所传递的参数是一个匿名函数。这样，可以将该匿名函数与$("divId")这一 HTML DOM 元素对象及其 click 事件绑定在一起。因此，当在 id 属性值为 divId 的 HTML 元素上单击鼠标时，就会弹出警告框并在其中显示文本"单击鼠标事件发生！"。

注意：

① 如果调用函数$时的实参是一个 HTML 元素的 id 属性值（如$("divId")），则调用函数$的作用就是在 HTML 文档中查找具有对应 id 属性值的 HTML 元素。

② 本节几个例子中的 JavaScript 代码在 IE 11 以及大多数新版本的 Web 浏览器（如 360 安全浏览器）中是可以正常执行的，但在一些旧版本的 Web 浏览器中却不一定能正常执行。这是因为，不同厂商的 Web 浏览器对 JavaScript 的解释执行存在一定的差异性。在 IE 浏览器中能够正常执行的 JavaScript 代码，在 Chrome 浏览器中也许不能正常执行或者产生不同的效果。即使是同一厂商不同版本的 Web 浏览器，对 JavaScript 功能的支持也可能不完全一样。在 IE 11 中能够实现的某一 JavaScript 功能，在 IE 8 中却有可能无法实现。

【例 15-3】 使用 JavaScript 说明 jQuery 程序的基本语法及其格式之二。XHTML 及 JavaScript 代码如下：

```
<!DOCTYPE html PUBLIC "-//W3C//DTD XHTML 1.0 Strict//EN"
 "http://www.w3.org/TR/xhtml1/DTD/xhtml1-strict.dtd">
<html xmlns="http://www.w3.org/1999/xhtml">
<head>
  <meta http-equiv="Content-Type" content="text/html; charset=gb2312"/>
  <title>使用 JavaScript 演示 jQuery 基本语法及其格式（2）</title>
  <script type="text/javascript">
    function $(selector) {
      var reVal;

      if (selector==document)
        reVal=window;  //返回 window 对象
      else
        if (selector[0]=="#")    //返回一个 HTML DOM 元素对象
          reVal=document.getElementById(selector.substr(1));

      return reVal;
    }

    //代码同前例，通过内置对象 Object 的 prototype 属性增加新方法 html
    Object.prototype.html=function(htmlString) {  this.innerHTML=
    htmlString;  }
```

```
        //代码同前例，通过内置对象 Object 的 prototype 属性增加新方法 whenClick
        Object.prototype.whenClick=function(fn) { this.onclick=fn; }

        //通过 Object 的 prototype 属性增加新方法 ready，该方法的参数 fn 表示一个函数
        Object.prototype.ready=function(fn) { this.onload=fn; }
        //当 Web 浏览器完成 HTML 文档加载时会调用该匿名函数
        $(document).ready(function() {
          $("#divId").html("用<strong>鼠标</strong>单击这里");

          $("#divId").whenClick(function() {
            alert("单击鼠标事件发生！");
          });
        });
    </script>
</head>
<body>
  <div id="divId"></div>
</body>
</html>
```

在前例的基础上，本例对函数$做了修改，并对其功能进行了扩展。与形参 selector 对应的实参必须是 document 对象，或者是 ID 选择器格式的字符串（如"#divId"）。如果调用函数$时的实参是 document，则函数$返回 window 对象；如果调用函数$时的实参是 ID 选择器格式的字符串（如"#divId"），则函数$返回一个 HTML DOM 元素对象。

同前例，本例通过内置对象 Object 的 prototype 属性增加了新方法 html 和 whenClick，并且一个 HTML DOM 元素对象会继承内置对象 Object 的 html 和 whenClick 方法。这样，当通过一个 HTML DOM 元素对象调用 html 方法时，可以为该 HTML DOM 元素对象设置开始标签和结束标签之间的 html 字符串。当通过一个 HTML DOM 元素对象调用 whenClick 方法时，可以将参数 fn 表示的函数与该 HTML DOM 元素对象及其 click 事件绑定在一起。

另外，本例还通过内置对象 Object 的 prototype 属性增加了新方法 ready，该方法的参数 fn 表示一个函数。

在接下来的代码中，$(document)表示调用函数$并向其传递实参 document。此时，函数$的返回值就是 window 对象。所以，$(document).ready(function() {...}) 实际上是通过 window 对象调用 ready 方法并向其传递一个匿名函数。这样，可以将该匿名函数与 window 对象及其 load 事件绑定在一起。因此，当 Web 浏览器完成 HTML 文档加载时会调用该匿名函数，进而执行其中的两条语句。

（1）与前例类似，执行第 1 条语句，可以将 id 属性值为 divId 的 HTML 元素内部的 html 字符串设置为"用鼠标单击这里"。

（2）第 2 条语句的作用与前例类似：当在 id 属性值为 divId 的 HTML 元素上单击鼠标时，就会弹出警告框并在其中显示文本"单击鼠标事件发生！"。

注意：在前例和本例中，为了在 HTML 文档中查找 id 属性值为 divId 的 HTML 元素，都需要调用函数$。但前例中的实参代码是"divId"，本例中的实参代码则是"#divId"。显然，本例中的实参代码"#divId"与 CSS 中 ID 选择器的表示形式完全一致。

【例 15-4】 使用 JavaScript 说明 jQuery 程序的基本语法及其格式之三。XHTML 及 JavaScript 代码如下：

```
<!DOCTYPE html PUBLIC "-//W3C//DTD XHTML 1.0 Strict//EN"
 "http://www.w3.org/TR/xhtml1/DTD/xhtml1-strict.dtd">
<html xmlns="http://www.w3.org/1999/xhtml">
<head>
 <meta http-equiv="Content-Type" content="text/html; charset=gb2312"/>
 <title>使用 JavaScript 演示 jQuery 基本语法及其格式（3）</title>
 <script type="text/javascript">
  function $(selector) {  //代码同前例
   var reVal;

   if (selector==document)
    reVal=window;
   else
    if (selector[0]=="#")
     reVal=document.getElementById(selector.substr(1));

   return reVal;
  }

  //代码同前例，通过内置对象 Object 的 prototype 属性增加新方法 html
  Object.prototype.html=function(htmlString) {  this.innerHTML=
  htmlString;  }

  //为内置对象 Object 增加新方法 mouseover，该方法的参数 fn 表示一个函数
  Object.prototype.mouseover=function(fn) {  this.onmouseover=fn;  }

  //为内置对象 Object 增加新方法 mouseout，该方法的参数 fn 表示一个函数
  Object.prototype.mouseout=function(fn) {  this.onmouseout=fn;  }

  //代码同前例，通过内置对象 Object 的 prototype 属性增加新方法 ready
  Object.prototype.ready=function(fn) {  this.onload=fn;  }

  $(document).ready(function() {//当 Web 浏览器完成 HTML 文档加载时调用匿名函数
   $("#divId").html("将<strong>鼠标</strong>移到 div 元素");

   //当鼠标移至 id 属性值为 divId 的 HTML 元素时
   $("#divId").mouseover(function() {
    this.innerText="鼠标已移至 div 元素";
```

```
        });

        //当鼠标从 id 属性值为 divId 的 HTML 元素移出时
        $("#divId").mouseout(function() {
          this.innerText="鼠标已从 div 元素移出";
        });
      });
    </script>
  </head>
  <body>
    <div id="divId"></div>
  </body>
</html>
```

同前例，本例中函数$的主要功能是：如果调用函数$时的实参是 document，则函数$返回 window 对象；如果调用函数$时的实参是 ID 选择器格式的字符串（如"#divId"），则函数$返回一个 HTML DOM 元素对象。

同前例，本例通过内置对象 Object 的 prototype 属性增加了新方法 html，并且一个 HTML DOM 元素对象会继承内置对象 Object 的 html 方法。这样，当通过一个 HTML DOM 元素对象调用 html 方法时，可以为该 HTML DOM 元素对象设置开始标签和结束标签之间的 html 字符串。

在本例中，为内置对象 Object 增加了新方法 mouseover，该方法的参数 fn 表示一个函数。这样，当通过一个 HTML DOM 元素对象调用 mouseover 方法时，可以将参数 fn 表示的函数与该 HTML DOM 元素对象及其 mouseover 事件绑定在一起。因此，当鼠标指针移至对应的 HTML 元素时，就会调用参数 fn 表示的函数。换言之，参数 fn 表示的函数就是对应的 mouseover 事件处理函数。

此外，在本例中还为内置对象 Object 增加了新方法 mouseout，该方法的参数 fn 表示一个函数。这样，当通过一个 HTML DOM 元素对象调用 mouseout 方法时，可以将参数 fn 表示的函数与该 HTML DOM 元素对象及其 mouseout 事件绑定在一起。因此，当鼠标从对应的 HTML 元素移出时，就会调用参数 fn 表示的函数。换言之，参数 fn 表示的函数就是对应的 mouseout 事件处理函数。

同前例，本例通过内置对象 Object 的 prototype 属性增加了新方法 ready，并且 window 对象会继承内置对象 Object 的 ready 方法。这样，当通过 window 对象调用 ready 方法时，可以将参数 fn 表示的函数与 window 对象及其 load 事件绑定在一起。

同前例，在接下来的代码中，$(document)表示调用函数$并向其传递实参 document。此时，函数$的返回值就是 window 对象。所以，$(document).ready(function() {…}) 实际上是通过 window 对象调用 ready 方法并向其传递一个匿名函数。这样，可以将该匿名函数与 window 对象及其 load 事件绑定在一起。因此，当 Web 浏览器完成 HTML 文档加载时会调用该匿名函数，进而执行其中的三条语句。

（1）与前例类似，执行第 1 条语句，可以将 id 属性值为 divId 的 HTML 元素内部的 html 字符串设置为"将鼠标移到 div 元素"。

（2）在第 2 条语句中，通过$("#divId")这一 HTML DOM 元素对象调用 mouseover 方法，所传递的参数是一个匿名函数。这样，可以将该匿名函数与$("#divId")这一 HTML DOM 元素对象及其 mouseover 事件绑定在一起。因此，当鼠标移至 id 属性值为 divId 的 HTML 元素时，就会将该元素的文本内容设置为"鼠标已移至 div 元素"。

（3）在第 3 条语句中，通过$("#divId")这一 HTML DOM 元素对象调用 mouseout 方法，所传递的参数是一个匿名函数。这样，可以将该匿名函数与$("#divId")这一 HTML DOM 元素对象及其 mouseout 事件绑定在一起。因此，当鼠标从 id 属性值为 divId 的 HTML 元素移出时，就会将该元素的文本内容设置为"鼠标已从 div 元素移出"。

【例 15-5】 使用 JavaScript 说明 jQuery 程序的基本语法及其格式之四。XHTML 及 JavaScript 代码如下：

```
<!DOCTYPE html PUBLIC "-//W3C//DTD XHTML 1.0 Strict//EN"
 "http://www.w3.org/TR/xhtml1/DTD/xhtml1-strict.dtd">
<html xmlns="http://www.w3.org/1999/xhtml">
<head>
  <meta http-equiv="Content-Type" content="text/html; charset=gb2312"/>
  <title>使用 JavaScript 演示 jQuery 基本语法及其格式（4）</title>
  <script type="text/javascript">
    function $(selector) {  //对函数$有所改进
      var reVal;

      if (selector==document)
        reVal=window;
      else
        if (selector[0]=="#")
          reVal=document.getElementById(selector.substr(1)); //对应 ID 选择器
        else
          reVal=document.getElementsByTagName(selector);     //对应类型选择器

      return reVal;
    }

    //代码同前例，通过内置对象 Object 的 prototype 属性增加新方法 ready
    Object.prototype.ready=function(fn) {  this.onload=fn;  }

    $(document).ready(function() {//当 Web 浏览器完成 HTML 文档加载时调用匿名函数
      alert("OK");
      var pNode=$("#pId");  //第 1 次调用函数$
      pNode.style.color="RED";     //设置 id 属性值为 pId 的元素中文本的颜色

      alert("OK");
      var pNodes=$("p");  //第 2 次调用函数$
      for (var i=0;i<pNodes.length;i++)
```

```
        pNodes[i].style.fontStyle="italic";   //设置所有 p 元素中文本的样式
    });
  </script>
</head>
<body>
  <p id="pId">第 1 个段落...</p>
  <p>第 2 个段落...</p>
</body>
</html>
```

在前例基础上，本例对函数$做了进一步修改，并对其功能进行了新的扩展。与形参 selector 对应的实参必须是 document 对象，或者是 ID 选择器格式的字符串（如"#pId"），或者是类型选择器格式的字符串（如"p"）。如果调用函数$时的实参是 document，则函数$返回 window 对象；如果调用函数$时的实参是 ID 选择器格式的字符串（如"#pId"），则函数$返回一个 HTML DOM 元素对象；如果调用函数$时的实参是类型选择器格式的字符串（如"p"），则函数$返回一个包含若干 HTML DOM 元素对象的集合。由此看来，函数$的主要作用是根据参数 selector 在 HTML 文档树中查找并选取特定的 HTML DOM 元素对象，以便对这些 HTML DOM 元素对象进行一些操作。

同前例，本例通过内置对象 Object 的 prototype 属性增加了新方法 ready，并且 window 对象会继承内置对象 Object 的 ready 方法。这样，当通过 window 对象调用 ready 方法时，可以将参数 fn 表示的函数与 window 对象及其 load 事件绑定在一起。

同前例，在接下来的代码中，$(document)表示调用函数$并向其传递实参 document。此时，函数$的返回值就是 window 对象。所以，$(document).ready(function() {...}) 实际上是通过 window 对象调用 ready 方法并向其传递一个匿名函数。这样，可以将该匿名函数与 window 对象及其 load 事件绑定在一起。因此，当 Web 浏览器完成 HTML 文档加载时会调用该匿名函数，进而执行其中的语句。

（1）第 1 次调用函数$时的实参是 ID 选择器格式的字符串"#pId"，此时函数$返回一个 HTML DOM 元素对象，该 HTML DOM 元素对象指代"第 1 个段落"，然后设置 id 属性值为 pId 的元素中文本的颜色（color）。所以，"第 1 个段落"的文本颜色是红色（RED）。

（2）第 2 次调用函数$时的实参是类型选择器格式的字符串"p"，此时函数$返回一个包含两个 HTML DOM 元素对象的集合，这两个 HTML DOM 元素对象分别指代"第 1 个段落"和"第 2 个段落"，然后设置所有 p 元素中文本的字体样式（fontStyle）。所以，"第 1 个段落"和"第 2 个段落"的字体样式都是斜体（italic）。

## 15.1.3　获取和使用 jQuery

如前所述，不同厂商的 Web 浏览器对 JavaScript 的解释执行存在一定的差异性。即使是同一厂商不同版本的 Web 浏览器，对 JavaScript 功能的支持也可能不完全一样。但 jQuery 或其他的 JavaScript 库能够很好地解决这些问题。换言之，在一个厂商某个版本的 Web 浏览器上正常执行的 jQuery 程序在同一厂商不同版本或另一厂商的 Web 浏览器上大都能正常执行。

jQuery 是一个兼容多种浏览器的 JavaScript 库，其核心理念是"写得更少，做得更多"（write less,do more）。自从 2006 年问世以来，jQuery 已经成为最流行的 JavaScript 库，在世界前 10000 个访问最多的网站中，有超过 55%在使用 jQuery。

每个 jQuery 版本都有两种形式的文件：一种是实际使用并精简过的（Minified），如 jquery-1.8.3.min.js；另一种是供 jQuery 编程和调试而未压缩的（Uncompressed），如 jquery-1.8.3.js。这两种形式的 jQuery 文件都可以从 jQuery.com 免费下载。

实质上，jQuery 就是一个扩展名为.js 的外部脚本文档。下载 jQuery 文件之后，可以将文件名修改为 jquery.js。然后，在使用 jQuery 编程时，需要在 HTML 文档头部使用 script 元素及其 src 属性指向对应的外部脚本文档,即在 HTML 文档的 head 元素内使用如下类似代码。

```
<script type="text/javascript" src="jquery.js"></script>
```

之后，即可在 jQuery 程序中调用 jQuery 预定义的函数、方法及其功能。

也可以通过内容分发网络（Content Delivery Network，CDN）使用 jQuery。CDN 的作用是通过在现有的 Internet 中增加一层新的网络架构，将网站的内容发布到最接近用户的网络"边缘"，使用户可以就近获取所需的内容，这样可以解决 Internet 网络拥挤的状况，从而提高用户访问网站的响应速度。例如，Microsoft 服务器就免费提供 jQuery。如需通过 Microsoft 服务器使用 jQuery，可以在 HTML 文档的 head 元素内使用如下类似代码。

```
<script type="text/javascript" src="http://ajax.aspnetcdn.com/ajax/
jQuery/jquery.js">
</script>
```

通过 CDN 使用 jQuery 的优势是：许多用户在访问其他站点时，已经从 CDN 服务器下载了 jQuery。这样，当他们访问新的站点时，就会从缓存中直接加载 jQuery，从而减少重复加载 jQuery 的时间。同时，大多数 CDN 服务器还提供更多功能——当用户向其请求文件时，会从离用户最近的服务器上返回响应，这样也可以提高加载 jQuery 的速度。

## 15.1.4  jQuery 程序的基本语法及其格式

虽然 jQuery 文件内部的代码及其结构要复杂得多，但前面几个例子使用 JavaScript 演示了 jQuery 编程的代码组织形式及编码风格，足以说明 jQuery 程序的基本语法及其格式。本节直接使用 jQuery 实现前面几个例子的功能，同时介绍 jQuery 程序的基本要素以及连缀编程模式。

【例 15-6】 jQuery 程序的基本语法及其格式之一。XHTML 及 jQuery 代码如下：

```
<!DOCTYPE html PUBLIC "-//W3C//DTD XHTML 1.0 Strict//EN"
 "http://www.w3.org/TR/xhtml1/DTD/xhtml1-strict.dtd">
<html xmlns="http://www.w3.org/1999/xhtml">
<head>
```

```
<meta http-equiv="Content-Type" content="text/html; charset=gb2312"/>
<title>jQuery 程序的基本语法及其格式（1）</title>
<script type="text/javascript" src="jquery.js"></script>
<script type="text/javascript">
  //当 Web 浏览器完成 DOM 加载时会调用方法 ready 的参数所表示的匿名函数
  $(document).ready(function() {
    $("#divId").html("用<strong>鼠标</strong>单击这里");
    $("#divId").click(function() {  alert("单击鼠标事件发生！");  });
  });
</script>
</head>
<body>
  <div id="divId"></div>
</body>
</html>
```

本例直接使用 jQuery 实现了【例 15-2】或【例 15-3】的功能。

为了使用 jQuery 编程，首先在 HTML 文档头部使用 script 元素及其 src 属性指向对应的外部脚本文档（jquery.js），即在 HTML 文档的 head 元素内使用如下代码。

```
<script type="text/javascript" src="jquery.js"></script>
```

然后将 jQuery 程序放在之后的另一个 script 元素内。

在 jQuery 程序中，美元符号$表示 jQuery 的构造函数，调用构造函数$会返回一个 jQuery 对象，该 jQuery 对象可以包装零个、一个或多个 HTML DOM 元素对象。调用构造函数$的最主要目的就是：依据指定的选择器（selector）在 HTML 文档树中选取特定的 HTML DOM 元素对象，然后通过 jQuery 对象对所选取的 HTML DOM 元素对象进行相应的操作（manipulation）。为此，可以使用如下基本语法：

```
$(selector).manipulation();
```

其中，selector 可以是 ID 选择器、类选择器和类型选择器等 CSS 选择器。manipulation 表示在 jQuery 中预定义的方法，在 jQuery 程序中可以直接调用。

在本例的语句$("#divId").html("用鼠标单击这里") 中，#divId 就是一个 ID 选择器，hmtl 是在 jQuery 中预定义的方法，调用 hmtl 方法可以设置 HTML 元素内部的 html 字符串。该语句首先调用 jQuery 的构造函数$并依据实参"#divId"在 HTML 文档树中选取 id 属性值为 divId 的 HTML 元素；然后调用 hmtl 方法将 id 属性值为 divId 的 HTML 元素内部的 html 字符串设置为"用鼠标单击这里"。

为了实现用户与 Web 浏览器之间的交互，在 jQuery 中预定义了一些与事件及其处理有关的方法。通过 jQuery 对象（尤其是包装 HTML DOM 元素对象的 jQuery 对象）调用这些方法，可以将一个匿名函数与在特定的对象（尤其是 HTML DOM 元素对象）上发生的某个事件绑定在一起。为此，可以使用如下基本语法：

```
$(selector).eventRelatedMethod ( function ( ) {…} );
```

其中，selector 可以是 ID 选择器、类选择器和类型选择器等 CSS 选择器，也可以是 document 和 window 对象。eventRelatedMethod 表示在 jQuery 中预定义的、与某个事件关联的方法，在 jQuery 程序中可以直接调用。function(){…}是需要由用户定义的匿名函数，也是对应的事件处理函数。

在本例的语句 $(document).ready(function() {…}) 中，ready 就是在 jQuery 中预定义的、与 DOM 就绪事件关联的方法。function(){…}是由用户定义的匿名函数，该匿名函数既是 ready 方法的参数，又是 DOM 就绪事件的处理函数。这样，当 Web 浏览器完成 DOM 加载时就会调用该匿名函数。

又如，在本例的语句 $("#divId").click(function() { alert("单击鼠标事件发生！"); }) 中，click 就是在 jQuery 中预定义的、与用户单击鼠标事件关联的方法。function(){…}是由用户定义的匿名函数，该匿名函数既是 click 方法的参数，又是单击鼠标事件的处理函数。这样，当在 id 属性值为 divId 的 HTML 元素上单击时，就会弹出警告框并在其中显示文本"单击鼠标事件发生！"。

由此可见，选择器、操作、与事件关联的方法以及对应的事件处理函数构成了 jQuery 程序的基本要素。

为了避免过度使用临时变量或不必要的代码重复，jQuery 提供了一种称作连缀（Chaining）的编程模式。使用连缀编程模式，可以在相同的 HTML DOM 元素对象上连续进行多个操作，即通过同一个 jQuery 对象连续调用多个方法。例如，在本例中有以下两条连续的语句：

```
$("#divId").html("用<strong>鼠标</strong>单击这里");
$("#divId").click(function() { alert("单击鼠标事件发生！"); });
```

这两条语句即是通过同一个 jQuery 对象$("#divId")调用 html 和 click 方法。如果使用连缀编程模式，上述两条语句可以合写成如下一条语句：

$("#divId").html("用鼠标单击这里").click(function() { alert("单击鼠标事件发生！"); });

在使用连缀编程模式时，容易产生很长的代码行。为此，可以采用分行且缩排的形式将其中的多个方法及其代码组织在连续的多个行中。如果使用分行且缩排的连缀编程模式，上述语句又可以改写为如下形式：

```
$("#divId")
 .html("用<strong>鼠标</strong>单击这里")
 .click(function() { alert("单击鼠标事件发生！"); });
```

【例 15-7】　jQuery 程序的基本语法及其格式之二。XHTML 及 jQuery 代码如下：

```
<!DOCTYPE html PUBLIC "-//W3C//DTD XHTML 1.0 Strict//EN"
 "http://www.w3.org/TR/xhtml1/DTD/xhtml1-strict.dtd">
<html xmlns="http://www.w3.org/1999/xhtml">
<head>
 <meta http-equiv="Content-Type" content="text/html; charset=gb2312"/>
 <title>jQuery 程序的基本语法及其格式（2）</title>
 <script type="text/javascript" src="jquery.js"></script>
```

```
<script type="text/javascript">
  //当 Web 浏览器完成 DOM 加载时会调用方法 ready 的参数所表示的匿名函数
  $(document).ready(function() {   //进而执行匿名函数中的三条语句
    $("#divId").html("将<strong>鼠标</strong>移动到 div 元素");
    $("#divId").mouseover(function() { $(this).text("鼠标已移至 div 元素"); });
    $("#divId").mouseout(function() { $(this).text("鼠标已从 div 元素移出"); });
  });
</script>
</head>
<body>
  <div id="divId"></div>
</body>
</html>
```

本例直接使用 jQuery 实现了【例 15-4】的功能。

同前例，为了使用 jQuery，首先需要在 HTML 文档的 head 元素内使用如下代码：

```
<script type="text/javascript" src="jquery.js"></script>
```

然后将 jQuery 程序放在之后的另一个 script 元素内，其中的语句

```
$(document).ready(function() {
  …
});
```

表示当 Web 浏览器完成 DOM 加载时调用一个匿名函数，该匿名函数既是 ready 方法的参数，又是 DOM 就绪事件的处理函数。在匿名函数中执行了三条语句。

第 1 条语句调用 hmtl 方法将 id 属性值为 divId 的 HTML 元素内部的 html 字符串设置为"将鼠标移动到 div 元素"。其中的 hmtl 方法能够对 HTML DOM 元素对象进行操作——设置 HTML 元素内部的 html 字符串。

在第 2 条语句中，mouseover 是在 jQuery 中预定义的、与"将鼠标移至某个元素事件"关联的方法。function(){…} 是由用户定义的匿名函数，该匿名函数既是 mouseover 方法的参数，又是"将鼠标移至某个元素事件"的处理函数。这样，当将鼠标移至 id 属性值为 divId 的 HTML 元素时，就会将该元素的文本内容设置为"鼠标已移至 div 元素"。

在第 3 条语句中，mouseout 是在 jQuery 中预定义的、与"将鼠标从某个元素移出事件"关联的方法。function(){…} 是由用户定义的匿名函数，该匿名函数既是 mouseout 方法的参数，又是"将鼠标从某个元素移出事件"的处理函数。这样，当将鼠标从 id 属性值为 divId 的 HTML 元素移出时，就会将该元素的文本内容设置为"鼠标已从 div 元素移出"。

注意：

① 在本例中，text 也是在 jQuery 中预定义的，且必须通过 jQuery 对象调用的方法，该方法用来设置 HTML 元素的文本内容。

② 在 jQuery 中，有两大类最基本的方法：一类是对 HTML DOM 元素对象进行操作的方法，如 html 和 text 方法；另一类是与事件及其处理有关的方法，如 ready、click、mouseover 和 mouseout 方法。无论是上述哪一类方法，都必须通过 jQuery 对象调用，而 jQuery 对象则是通过调用 jQuery 的构造函数$获得的。

③ 与事件及其处理有关的方法有一个重要特征，即其参数应该是函数（通常还是匿名函数），且该函数就是对应的事件处理函数。

## 15.2 事件及其处理

为了实现用户与 Web 浏览器之间的交互，在 jQuery 中预定义了一些与事件及其处理有关的方法。通过 jQuery 对象（尤其是包装 HTML DOM 元素对象的 jQuery 对象）调用这些方法，可以将一个匿名函数与在特定的对象（尤其是 HTML DOM 元素对象）上发生的某个事件绑定在一起。

表 15-1 列出了与事件及其处理有关的常用方法及其举例和说明。

表 15-1 与事件及其处理有关的常用方法及其举例和说明

| 方 法 | 举 例 | 说 明 |
|---|---|---|
| ready | $(document).ready(fn) | 将函数 fn 绑定到 DOM 就绪事件（当完成 DOM 加载时） |
| resize | $(window).resize(fn) | 当 Web 浏览器窗口大小发生改变时，会调用函数 fn |
| click | $(selector).click(fn) | 将函数 fn 绑定到被选取 HTML 元素上的单击事件 |
| mouseover | $(selector).mouseover(fn) | 当鼠标移至被选取的 HTML 元素时，会调用函数 fn |
| mouseout | $(selector).mouseout(fn) | 当鼠标从被选取的 HTML 元素移出时，会调用函数 fn |
| hover | $(selector).hover(fnIn,fnOut) | 当鼠标进入被选取的 HTML 元素时，会调用第 1 个函数 fnIn；当鼠标离开这个 HTML 元素时，会调用第 2 个函数 fnOut |

注意：

① 对于事件及其处理，有两种表述方式：一种表述方式是将某个函数绑定到某个事件，另一种表述方式是当某个事件发生时会调用某个函数。

② hover 方法有两个函数类型的参数，分别对应"鼠标进入"和"鼠标离开"事件。

【例 15-8】 hover 方法在事件及其处理中的应用。XHTML 及 jQuery 代码如下：

```
<!DOCTYPE html PUBLIC "-//W3C//DTD XHTML 1.0 Strict//EN"
 "http://www.w3.org/TR/xhtml1/DTD/xhtml1-strict.dtd">
<html xmlns="http://www.w3.org/1999/xhtml">
<head>
 <meta http-equiv="Content-Type" content="text/html; charset=gb2312"/>
 <title>hover 方法在事件及其处理中的应用</title>
 <script type="text/javascript" src="jquery.js"></script>
 <script type="text/javascript">
  //当 Web 浏览器完成 DOM 加载时会调用方法 ready 的参数所表示的匿名函数
  $(document).ready(function() {  //进而执行其中的两条语句
    $("#divId").text("将鼠标移进 div 元素");

    $("#divId").hover(
      function() {
        $(this).text("鼠标已进入 div 元素");
      },function() {
```

```
                $(this).text("鼠标已离开 div 元素");
            }
        );
    });
    </script>
</head>
<body>
    <div id="divId"></div>
</body>
</html>
```

同前两例以及其他任何 jQuery 程序一样,本例的 jQuery 程序以如下方式开始运行——当 Web 浏览器完成 DOM 加载时会调用一个匿名函数,该匿名函数既是 ready 方法的参数,又是 DOM 就绪事件的处理函数。在匿名函数中执行了两条语句。

第 1 条语句调用 text 方法将 id 属性值为 divId 的 HTML 元素的文本内容设置为"将鼠标移动到 div 元素"。其中的 text 方法能够对 HTML DOM 元素对象进行操作——设置对于 HTML 元素的文本内容。

在第 2 条语句中,hover 是在 jQuery 中预定义的、与"鼠标进入"和"鼠标离开"事件关联的方法,并且 hover 方法的两个实参分别是绑定到"鼠标进入"和"鼠标离开"事件的用户自定义函数。这样,当鼠标进入 id 属性值为 divId 的 HTML 元素时,就会将该元素的文本内容设置为"鼠标已进入 div 元素";当鼠标离开 id 属性值为 divId 的 HTML 元素时,就会将该元素的文本内容设置为"鼠标已离开 div 元素"。

**注意:** 在调用 jQuery 构造函数$时,参数既可以是 ID 选择器、类选择器和类型选择器等 CSS 选择器,也可以是 document 和 window 对象,还可以是在 jQuery 中定义的选择器。本例 hover 方法中的 this 即是一个 jQuery 选择器,$(this)则是调用 text 方法的 jQuery 对象。

## 15.3　选取 HTML DOM 元素对象

调用 jQuery 构造函数$的最主要目的就是:依据指定的选择器在 HTML 文档树中选取特定的 HTML DOM 元素对象,然后通过 jQuery 对象对所选取的 HTML DOM 元素对象进行相应的操作。换言之,为了选取特定的 HTML DOM 元素对象,需要使用相应的选择器作为 jQuery 构造函数$的参数。

实际上,在 jQuery 程序中使用 CSS 选择器或者 jQuery 选择器作为 jQuery 构造函数$的参数,可以灵活地在 HTML 文档树中选取特定的 HTML DOM 元素对象。

### 15.3.1　常用的 CSS 选择器、伪类以及结合符

调用 jQuery 构造函数$选取特定的 HTML DOM 元素对象时,可以在参数中使用 CSS 选择器(Selectors)、伪类(Pseudo-classes)以及结合符(Combinators)。

表 15-2 列出了常用的 CSS 选择器、伪类以及结合符。这些 CSS 选择器、伪类以及结

合符大都既可以在 CSS 样式表的规则中使用，也可以出现在 jQuery 构造函数$的参数中。

表 15-2  常用的 CSS 选择器、伪类、结合符及其应用举例

| 选择器、伪类、结合符 | 含　义 | 应用举例及其所选取的元素 |
| --- | --- | --- |
| 类型选择器 | 根据元素名选取若干 HTML 元素 | $("p")，所有 p 元素 |
| 类选择器 | 根据 class 属性值选取若干 HTML 元素 | $(".intro")，class 属性值为 intro 的所有元素<br>$("h1.pastoral")，class 属性值为 pastoral 的所有 h1 元素 |
| ID 选择器 | 根据 id 属性值选取唯一的 HTML 元素 | $("#lastname")，id 属性值为 lastname 的唯一元素 |
| :hover 伪类 | 鼠标悬停在其上的 HTML 元素 | $(a:hover)，鼠标悬停在其上的 a 元素<br>$(tr:hover)，鼠标悬停在其上的 tr 元素 |
| :nth-child() 伪类 | 属于其父元素、且按某种顺序出现的若干 HTML 元素 | $("tr:nth-child(odd)")，属于其父元素、且按奇数顺序出现的所有 tr 元素<br>$("tr:nth-child(even)")，属于其父元素、且按偶数顺序出现的所有 tr 元素 |
| 后代结合符（用空格表示） | 根据祖先与后代关系选取后代元素 | $("table tr")，table 元素内部的所有 tr 元素 |
| 子元素结合符（用>表示） | 根据父子关系选取子元素 | $("tbody>tr")，作为 tbody 元素的子元素的所有 tr 元素 |
| 选择器分组（用,表示） | 根据多个选择器同时选取若干 HTML 元素 | $("th,td")，所有 th 元素和所有 td 元素 |

下面使用新的 CSS 伪类以及 jQuery 实现第 14 章中的表格数据隔行变色。如图 15-1 所示，将表格头中列标题行的背景颜色设置为浅灰色，而将表格体中奇数和偶数数据行的背景颜色分别设置为浅黄色和浅绿色。此外，当鼠标滑过某一数据行时，该数据行的背景颜色将变换为粉色；当鼠标离开该数据行时，其背景颜色又恢复为原有颜色。

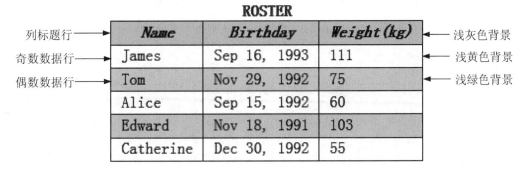

图 15-1  表格数据隔行变色

【例15-9】 CSS 选择器、伪类以及结合符的应用。XHTML、CSS 及 jQuery 代码如下：

```
<!DOCTYPE html PUBLIC "-//W3C//DTD XHTML 1.0 Strict//EN"
 "http://www.w3.org/TR/xhtml1/DTD/xhtml1-strict.dtd">
<html xmlns="http://www.w3.org/1999/xhtml">
<head>
  <meta http-equiv="Content-Type" content="text/html; charset=gb2312"/>
```

```
<title>表格数据隔行变色-CSS 选择器、伪类以及结合符的应用</title>
<style type="text/css">
  /* 设置列标题行背景颜色及字体样式 */
  thead>tr { background-color:lightgray; font-style:italic; }
  /* 设置奇数数据行背景颜色 */
  tbody>tr:nth-child(odd) { background-color:lightyellow; }
  /* 设置偶数数据行背景颜色 */
  tbody>tr:nth-child(even) { background-color:lightgreen; }
  tbody>tr:hover { background-color:pink; }
</style>
<script type="text/javascript" src="jquery.js"></script>
<script type="text/javascript">
  //当 Web 浏览器完成 DOM 加载时会调用方法 ready 的参数所表示的匿名函数
  $(document).ready(function() {
    $("table").css("border-collapse","collapse");
    $("table").css("margin","20px auto");
    $("caption").css({"color":"purple","fontWeight":"bolder"});
    $("th,td").css({"padding":"2px 10px","border":"1px solid"});
    alert($("th,td").length);   //输出?
  });
</script>
</head>
<body>
  <table>
    <caption>ROSTER</caption>
    <thead>
      <tr>
        <th>Name</th><th>Birthday</th><th>Weight(kg)</th>
      </tr>
    </thead>
    <tbody>
      <tr>
        <td>James</td><td>Sep 16, 1993</td><td>111</td>
      </tr>
      <tr>
        <td>Tom</td><td>Nov 29, 1992</td><td>75</td>
      </tr>
      <tr>
        <td>Alice</td><td>Sep 15, 1992</td><td>60</td>
      </tr>
      <tr>
        <td>Edward</td><td>Nov 18, 1991</td><td>103</td>
      </tr>
      <tr>
        <td>Catherine</td><td>Dec 30, 1992</td><td>55</td>
```

```
      </tr>
    </tbody>
  </table>
</body>
</html>
```

在内部样式表的前三条 CSS 规则中，首先使用结合符>表示 HTML 元素之间的父子关系。这样，thead>tr 表示 tr 元素是 thead 元素的子元素，所以指代表格头中的列标题行。tbody>tr 则表示 tr 元素是 tbody 元素的子元素，所以指代表格体中的数据行。然后进一步使用伪类 :nth-child()，使得 tbody>tr:nth-child(odd) 指代表格体中的奇数数据行、tbody>tr:nth-child(even)指代表格体中的偶数数据行。

在第 4 条 CSS 规则中，伪类:hover 对应鼠标悬停事件，且位于 tbody>tr 之后。所以，"鼠标悬停事件"所引起的"背景颜色变换为粉色"只会发生在表格体中的数据行上，而不会发生在表格头中的列标题行上。

在 jQuery 程序中，css 也是在 jQuery 中预定义的、且必须通过 jQuery 对象调用的方法，该方法用来设置 HTML 元素的 CSS 样式。例如，语句

```
$("table").css("border-collapse","collapse");
```

将表格边框折叠为单一边框。其中，css 方法的第 1 个参数 border-collapse 是一个 CSS 样式的特性名称，第 2 个参数 collapse 是对应的特性值。

如果调用 css 方法时需要设置多个 CSS 样式，则需要采用 JSON 格式。例如，语句

```
$("caption").css({"color":"purple","fontWeight":"bolder"});
```

将表格标题（caption）中文本的颜色（color）设置为紫色（purple），将文本的粗细（font-weight）设置为更粗（bolder）。

注意：

① 在 css 方法的参数中表示 CSS 样式特性名称时，既可以采用带连字符的 CSS 表示法（如 border-collapse、font-weight），又可以采用 DOM 表示法（如 borderCollapse、fontWeight）。

② 在本例的 jQuery 程序中，调用 jQuery 构造函数$("th,td")得到的 jQuery 对象包装了表格中所有的 th 元素对象和 td 元素对象，这些 th 和 td 元素对象都会调用方法 css({"padding":"2px 10px","border":"1px solid"})。

③ jQuery 构造函数$可以返回一个包装若干 HTML DOM 元素对象的 jQuery 对象，该 jQuery 对象拥有表示 HTML DOM 元素对象数目的属性 length。

④ 在 CSS 规则中可以使用 CSS 选择器、伪类以及结合符，而在 jQuery 构造函数$的参数中一般只使用 CSS 选择器和结合符，而不使用伪类。

## 15.3.2　jQuery 选择器

除 CSS 选择器外，在调用 jQuery 构造函数$时还可以使用 jQuery 自定义的选择器。表

15-3 列出了常用的 jQuery 选择器。

表 15-3　常用的 jQuery 选择器及其含义

| jQuery 选择器 | 含　义 | 举例及其所选取的元素 |
|---|---|---|
| this | 当前元素 | $(this)，当前元素 |
| :first | 第 1 个元素 | $("p:first")，第 1 个 p 元素 |
| :last | 最后一个元素 | $("p:last")，最后一个 p 元素 |
| :even | 下标为偶数的元素 | $("p:even")，下标为偶数的 p 元素，即第 1、3、5、……个 p 元素 |
| :odd | 下标为奇数的元素 | $("p:odd")，下标为奇数的 p 元素，即第 2、4、6、……个 p 元素 |
| :eq(index) | 下标为 index 的元素 | $("p:eq(2)")，下标为 2 的 p 元素，即第 3 个 p 元素 |
| :gt(index) | 下标大于 index 的元素 | $("p:gt(2)")，下标大于 2 的 p 元素，即第 4、5、6、……个 p 元素 |
| :lt(index) | 下标小于 index 的元素 | $("p:lt(-2)")，下标小于倒数第 2 个 p 元素的下标的 p 元素，即倒数第 3、4、5、……个 p 元素 |
| :has(selector) | 包含 selector 元素的元素 | $("p:has(strong)")，包含 strong 元素的 p 元素 |

**注意**：jQuery 构造函数$可以返回一个包装若干 HTML DOM 元素对象的 jQuery 对象，该 jQuery 对象拥有的属性 length 表示 HTML DOM 元素对象的数目。如果 HTML DOM 元素对象数目（即属性 length 的值）大于零，则每个 HTML DOM 元素对象可以用下标（Index）标识和指定，且下标从 0 开始。

【例 15-10】 jQuery 选择器及其应用。XHTML 及 jQuery 代码如下：

```
<!DOCTYPE html PUBLIC "-//W3C//DTD XHTML 1.0 Strict//EN"
 "http://www.w3.o3rg/TR/xhtml1/DTD/xhtml1-strict.dtd">
<html xmlns="http://www.w3.org/1999/xhtml">
<head>
  <meta http-equiv="Content-Type" content="text/html; charset=gb2312"/>
<title>jQuery 选择器</title>
<script type="text/javascript" src="jquery.js"></script>
<script type="text/javascript">
  //当 Web 浏览器完成 DOM 加载时会调用方法 ready 的参数所表示的匿名函数
  $(document).ready(function() {
    $("p:first").css("color","RED");
    $("p:last").css("fontWeight","bolder");
    $("p:even").css("font-style","italic")
    $("p:odd").css("letterSpacing","2em");
    $("p:eq(2)").css("font-size","2em");
    $("p:gt(2)").css("backgroundColor","lightyellow");
    $("p:lt(-2)").css("textAlign","center");
    $("p:has(strong)").css("text-decoration","underline");
  });
</script>
</head>
```

```
<body>
  <p><strong>第 1 个</strong>段落...</p>
  <p>第 2 个段落...</p>
  <p><strong>第 3 个</strong>段落...</p>
  <p>第 4 个段落...</p>
  <p>第 5 个段落...</p>
</body>
</html>
```

## 15.3.3　使用过滤器缩小结果集

使用 jQuery 构造函数 $ 以及 CSS 选择器和 jQuery 选择器，可以获得一个包装了若干个 HTML DOM 元素对象的 jQuery 对象。在此基础上，还可以继续调用一些称作过滤器（Filter）的方法进一步缩小结果集。最后，jQuery 对象所包装的 HTML DOM 元素对象也会相应地减少。表 15-4 列出了常用的过滤器。

表 15-4　常用的过滤器及其应用举例

| 过　滤　器 | 代　码　举　例 | 结　果　集 |
|---|---|---|
| first() | $("p").first() | 第 1 个 p 元素 |
| | $("p strong").first() | 包含在 p 元素中的第 1 个 strong 元素 |
| last() | $("p strong").last() | 包含在 p 元素中的最后一个 strong 元素 |
| eq(index) | $("p").eq(2) | 下标为 2 的 p 元素，即第 3 个 p 元素 |
| has(element) | $("p").has("strong") | 包含 strong 元素的所有 p 元素 |

【例 15-11】　过滤器及其应用。XHTML 及 jQuery 代码如下：

```
<!DOCTYPE html PUBLIC "-//W3C//DTD XHTML 1.0 Strict//EN"
 "http://www.w3.org/TR/xhtml1/DTD/xhtml1-strict.dtd">
<html xmlns="http://www.w3.org/1999/xhtml">
<head>
  <meta http-equiv="Content-Type" content="text/html; charset=gb2312"/>
  <title>过滤器</title>
  <script type="text/javascript" src="jquery.js"></script>
  <script type="text/javascript">
    $(document).ready(function() {
      $("p").first().css("color","RED");
      $("p strong").first().css("font-style","italic")
      $("p strong").last().css("letterSpacing","2em");
      $("p").eq(2).css("font-size","2em");
      $("p").has("strong").css("text-decoration","underline");
    });
  </script>
</head>
<body>
  <p><strong>第 1 个</strong>段落...</p>
```

```
<p>第 2 个段落...</p>
<p><strong>第 3 个</strong>段落...</p>
<p>第 4 个段落...</p>
<p>第 5 个段落...</p>
</body>
</html>
```

**注意**：前例中的如下语句：

```
$("p:first").css("color","RED");
$("p:eq(2)").css("font-size","2em");
$("p:has(strong)").css("text-decoration","underline");
```

与本例中对应的如下语句：

```
$("p").first().css("color","RED");
$("p").eq(2).css("font-size","2em");
$("p").has("strong").css("text-decoration","underline");
```

不仅代码相似，而且作用相同。但工作原理有所区别——前例中的代码:first、:eq() 和:has() 是 jQuery 自定义的选择器，且出现在 jQuery 构造函数$的参数中；而本例中的代码 first()、eq()和 has()则是可以被 jQuery 对象调用的，称作过滤器的方法。

## 15.4　对 jQuery 对象进行迭代

通过 jQuery 对象调用 each(function(Integer index))方法，可以依次访问 jQuery 对象所包装的 HTML DOM 元素对象，同时为每个 HTML DOM 元素对象执行函数 function(Integer index)，函数的参数 index 表示 HTML DOM 元素对象的下标。这种情况也称为对 jQuery 对象进行迭代（Iteration）。

【**例 15-12**】 调用 each 方法迭代 jQuery 对象。XHTML 及 jQuery 代码如下：

```
<!DOCTYPE html PUBLIC "-//W3C//DTD XHTML 1.0 Strict//EN"
 "http://www.w3.org/TR/xhtml1/DTD/xhtml1-strict.dtd">
<html xmlns="http://www.w3.org/1999/xhtml">
<head>
 <meta http-equiv="Content-Type" content="text/html; charset=gb2312"/>
 <title>调用 each 方法迭代 jQuery 对象</title>
 <script type="text/javascript" src="jquery.js"></script>
 <script type="text/javascript">
  $(document).ready(function() {
    $("p:even").each(function(i) {
      alert("元素下标："+i+" "+$(this).html());
    });
  });
 </script>
```

```
</head>
<body>
  <p><strong>第 1 个</strong>段落...</p>
  <p>第 2 个段落...</p>
  <p><strong>第 3 个</strong>段落...</p>
  <p>第 4 个段落...</p>
  <p>第 5 个段落...</p>
</body>
</html>
```

在本例中，代码$("p:even")中的:even 是 jQuery 选择器，$("p:even")选取下标为偶数的三个 p 元素对象，并且这三个 p 元素对象依次对应"第 1 个""第 3 个"和"第 5 个"段落。因此，jQuery 对象$("p:even")包装了三个 p 元素对象，但这三个 p 元素对象在 jQuery 对象 $("p:even")中的下标则依次是 0、1 和 2。

在作为 each 方法参数的匿名函数中，参数 i 表示正在访问的 p 元素对象在 jQuery 对象中的下标，即 0、1 或 2。this 表示正在访问的 p 元素对象。

## 15.5  DOM 操作

调用 jQuery 中预定义的一些方法，不仅可以获取和设置 HTML 元素的属性及其属性值、CSS 样式特性、html 字符串和文本内容，而且可以根据需要在 HTML 文档树中插入新创建的 HTML 元素对象。这些方法所能实现的功能统称为 DOM 操作（Manipulation）。

### 15.5.1  取值/赋值方法

在 jQuery 预定义的方法中，有一类特殊的方法——根据调用方法时所提供参数的不同，在有些情况下可以获取特定的返回值，而在另一些情况下则可以完成赋值任务。这类方法称为取值/赋值（getters/setters）方法。表 15-5 列出了常用的取值/赋值方法。

表 15-5  常用的取值/赋值方法

| 方  法 | 功  能 |
|---|---|
| .attr() | 获取或设置 HTML 元素的某个属性的值 |
| .css() | 获取或设置作用在 HTML 元素上的 CSS 样式特性 |
| .html() | 获取或设置 HTML 元素内部的 html 字符串，包括其中每个后代元素的开始标签和结束标签 |
| .text() | 获取或设置 HTML 元素的文本内容，但剔除其中后代元素的开始标签和结束标签 |
| .height() | 获取或设置 HTML 元素的高度 |
| .width() | 获取或设置 HTML 元素的宽度 |

【例 15-13】 取值/赋值方法的应用。XHTML 及 jQuery 代码如下：

```
<!DOCTYPE html PUBLIC "-//W3C//DTD XHTML 1.0 Strict//EN"
  "http://www.w3.org/TR/xhtml1/DTD/xhtml1-strict.dtd">
<html xmlns="http://www.w3.org/1999/xhtml">
```

```html
<head>
  <meta http-equiv="Content-Type" content="text/html; charset=gb2312"/>
  <title>取值/赋值方法</title>
  <script type="text/javascript" src="jquery.js"></script>
  <script type="text/javascript">
    $(document).ready(function() {
      alert($("#firstPara").html());

      alert($("#firstPara").text());

      $("#secondPara").text("第 2 个段落......").css("color","RED");

      $(".pClass")
        .css("fontStyle","italic")
        .attr("style","letter-spacing:2em");

      alert($("#secondPara").attr("style"));

      $("p").css({"fontSize":"2em","background-color":"lightyellow"});
    });
  </script>
</head>
<body>
  <p id="firstPara"><strong>第 1 个</strong>段落...</p>
  <p id="secondPara"></p>
  <p class="pClass">第 3 个段落...</p>
  <p class="pClass">第 4 个段落...</p>
  <p>第 5 个段落...</p>
</body>
</html>
```

　　本例 HTML 文档主体中共有五个 p 元素，每个 p 元素代表一个段落。jQuery 程序使用六条语句对这五个 p 元素进行了如下操作。

　　第 1 条语句 alert($("#firstPara").html())通过警告框输出 id 属性值为 firstPara 的 p 元素内部的 html 字符串 "第 1 个段落..."，包括后代元素 strong 的开始标签和结束标签。

　　第 2 条语句 alert($("#firstPara").text()) 通过警告框输出 id 属性值为 firstPara 的 p 元素的文本内容 "第 1 个段落..."，此时剔除了后代元素 strong 的开始标签和结束标签。

　　第 3 条语句使用了连缀编程模式，首先调用 text 方法设置 id 属性值为 secondPara 的 p 元素的文本内容 "第 2 个段落..."，然后调用 css 方法将文本的颜色（color）设置为红色（RED）。

　　第 4 条语句使用了分行且缩排的连缀编程模式，首先调用 css 方法将 class 属性值为 pClass 的所有 p 元素中文本的字体样式（fontStyle）设置为斜体（italic），然后调用 attr 方法将文本的字符间距（letter-spacing）设置为 2em。

第 5 条语句 alert($("#secondPara").attr("style")) 通过警告框输出 id 属性值为 secondPara 的 p 元素的 style 属性值。

第 6 条语句调用 css 方法将所有 p 元素中文本的字体大小（fontSize）设置为 2em、将背景颜色（background-color）设置为浅黄色（lightyellow）。

## 15.5.2　垂直滚动播放的文本

下面使用相对定位、绝对定位、clip 特性以及 jQuery 中的取值/赋值方法制作垂直滚动播放的文本。

**【例 15-14】**　垂直滚动播放的文本。XHTML、CSS 及 jQuery 代码如下：

```
<!DOCTYPE html PUBLIC "-//W3C//DTD XHTML 1.0 Strict//EN"
 "http://www.w3.org/TR/xhtml1/DTD/xhtml1-strict.dtd">
<html xmlns="http://www.w3.org/1999/xhtml">
<head>
  <meta http-equiv="Content-Type" content="text/html; charset=gb2312"/>
  <title>垂直滚动播放的文本（跑马灯）</title>
  <style type="text/css">
    #outerBox { position:relative; width:198px; height:98px; border:1px
    solid red;
      background:#FFFFE0; }
    #innerBox { position:absolute; }
    #innerBox a { text-decoration:none; }
  </style>
  <script type="text/javascript" src="jquery.js"></script>
  <script type="text/javascript">
    var innerDivElement;  //指代 innerBox 元素盒子
    var innerBoxHeight;   //innerBox 元素盒子的高度
    var innerBoxTop;    //innerBox 元素盒子 CSS 样式特性 top
    var clipWindowWidth,clipWindowHeight;   //clipWindow 窗口的宽度和高度
    var speed=100;      //控制 innerBox 元素盒子及其中文本向上移动的速度

    function scrollText() {
      if (Math.abs(innerBoxTop)<innerBoxHeight) {
        //使 innerBox 元素盒子及其中的文本上移 1 个像素
        innerDivElement.css("top",(--innerBoxTop)+"px");
        //重新设置 clipWindow 窗口，以使 clipWindow 窗口在整个网页中的位置及尺寸不变
        innerDivElement.css("clip","rect("+Math.abs(innerBoxTop)+"px,"+
          clipWindowWidth+"px,"+(Math.abs(innerBoxTop)+clipWindowHeight)+
          "px,0px)");
      }
      else
        //恢复 innerBoxTop 的初始值，可使 innerBox 元素盒子及其中文本直接下移至初始位置
```

```
            innerBoxTop=0;
        }

    $(document).ready(function() {
        innerDivElement=$("#innerBox");          //获取 innerBox 元素盒子
        innerBoxHeight=innerDivElement.height();
        //设置变量 innerBoxTop 的初始值，即 innerBox 元素盒子及其中文本的初始位置
        innerBoxTop=0;
        var outerDivElement=$("#outerBox");   //获取 outerBox 元素盒子
        clipWindowWidth=outerDivElement.width();
        clipWindowHeight=outerDivElement.height();
        setInterval("scrollText()",speed);
    });
</script>
</head>
<body>
  <div id="outerBox">
    <div id="innerBox">
      <br/><br/>
      <a href="http://www.sina.com">* 新浪网重要通知！新浪网重要通知！</a>
      <br/><br/>
      <a href="http://www.baidu.com">* 百度网紧急通知！百度网紧急通知！</a>
      <br/><br/>
      <a href="http://www.sohu.com">* 搜狐网重要通知！搜狐网重要通知！</a>
    </div>
  </div>
</body>
</html>
```

本例沿用了【例 14-6】的基本思路。例如，对 id 属性值为 outerBox 的 div 元素及盒子进行相对定位，对 id 属性值为 innerBox 的 div 元素及盒子进行绝对定位。因此，outerBox 元素盒子即是 innerBox 元素盒子的包含块，innerBox 元素盒子也就能够以 outerBox 元素盒子为基准进行绝对定位。在 scrollText 函数中对 id 属性值为 innerBox 的 div 元素设置 clip 特性，使得在网页中只能看到 innerBox 元素盒子中的部分文本。

但与【例 14-6】不同，scrollText 函数中的流程控制使用了如下选择结构。

（1）当条件 (Math.abs(innerBoxTop)<innerBoxHeight) 成立时，表示 innerBox 元素盒子尚未完全从 outerBox 元素盒子的上方移出，此时会继续使 innerBox 元素盒子及其中的文本上移 1 个像素，并且裁剪 innerBox 元素盒子中的文本。这样，就会产生"clipWindow 窗口在整个网页中的位置及尺寸保持不变、同时 innerBox 元素盒子及其中的文本不断上移"的动画效果。

（2）当条件 (Math.abs(innerBoxTop)<innerBoxHeight) 不成立时，表示 innerBox 元素盒子恰好完全从 outerBox 元素盒子的上方移出，此时会恢复变量 innerBoxTop 的初始值 0，从而使 innerBox 元素盒子及其中的文本直接下移至初始位置。这样，在之后继续通过

Interval 定时器周期性调用 scrollText 函数时，就会产生"文本垂直滚动播放"的动画效果。

　　注意：虽然【例 14-6】和本例中的全局变量 innerDivElement 均指代 innerBox 元素盒子，但两者还是有很大区别。在【例 14-6】中，全局变量 innerDivElement 指向的是 HTML 文档树中对应的一个 div 元素对象，因此该对象拥有 style.top 和 style.clip 属性。而在本例中，全局变量 innerDivElement 指向的是一个 jQuery 对象，该 jQuery 对象包装了一个 div 元素对象。此外，通过该 jQuery 对象可以调用 height 和 css 等方法。由此可见，HTML 文档树中的一个元素对象与一个 jQuery 对象不仅拥有不同的属性，而且所调用的方法也不一样。

## 15.5.3　沿水平方向来回移动的图片链接

　　下面使用 jQuery 重新制作在网页的水平方向上来回移动的图片链接——当图片移动到 Web 浏览器窗口的右边界时，图片会开始向左移动；而当图片移动到 Web 浏览器窗口的左边界时，图片又会开始向右移动。此外，当鼠标滑过图片时，可以让图片停止移动；当鼠标离开图片时，又可以让图片继续移动。当用鼠标单击图片时，可以使用 Web 浏览器打开所链接的网页。

　　**【例 15-15】**　沿水平方向来回移动的图片链接。XHTML 及 jQuery 代码如下：

```
<!DOCTYPE html PUBLIC "-//W3C//DTD XHTML 1.0 Strict//EN"
 "http://www.w3.org/TR/xhtml1/DTD/xhtml1-strict.dtd">
<html xmlns="http://www.w3.org/1999/xhtml">
<head>
  <meta http-equiv="Content-Type" content="text/html; charset=gb2312"/>
  <title>沿水平方向来回移动的图片链接</title>
  <script type="text/javascript" src="jquery.js"></script>
  <script type="text/javascript">
    var x=50, y=60;        //设置图片的初始位置，并记录图片的下一个位置（x，y）
    var step=1;            //控制图片每次移动的像素数
    var speed=10;          //控制图片的移动速度
    var divElement;        //包含超链接及图片的 div 元素

    //变量 moveRight 用于判断并控制图片的水平移动方向
    //moveRight 为 true，表示图片应向右移动；moveRight 为 false，表示图片应向左移动
    var moveRight=true;

    //设置图片的水平移动区间
    var leftBound=0;       //将 Web 浏览器窗口的左端设置为图片可以到达的最左端
    var rightBound;        //图片可以到达的最右端位置

    function movePicture() {
      //设置图片新的水平位置，即水平移动图片
```

```
        divElement.css("left",x+"px");
        //计算图片水平移动的下一个位置，每次判断是向右移动还是向左移动
        x=x+step*(moveRight?1:-1);
        if (x>rightBound) moveRight=false;        //判断是否改变图片的水平移动方向
        else if (x<leftBound) moveRight=true;
      }

      $(window).resize(function() {               //当改变 Web 浏览器窗口大小时
        //调整图片可以到达的最右端位置
        rightBound=$(window).width()-divElement.width();
        if (x>rightBound) x=rightBound;           //将图片直接移动到新的最右端位置
      });

      $(document).ready(function() {
        //鼠标滑过图片时，让图片停止移动
        divElement=$("#divPicture").mouseover(function() { clearInterval
        (timerID); });

        //鼠标离开图片时，让图片继续移动
        divElement.mouseout(function() {
          timerID=setInterval("movePicture()",speed);
        });

        //浏览器窗口的宽度减去 div 元素对象的宽度就是图片可以到达的最右端位置
        rightBound=$(window).width()-divElement.width();

        //每隔 speed 毫秒执行一次 movePicture()
        var timerID=setInterval("movePicture()",speed);
      });
    </script>
  </head>
<body>
  <div id="divPicture" style="position:absolute">  <!--绝对定位 div 元素-->
    <a href="http://www.sina.com"><img src="sinaLogo.gif" alt=""/></a>
  </div>
</body>
</html>
```

在 HTML 文档主体，使用行内样式 style="position:absolute" 对 id 属性值为 divPicture 的 div 元素进行绝对定位，并且在该 div 元素中嵌入了创建有超链接的图片。

在 HTML 文档头部的 JavaScript 中，全局变量 x 和 y 用于设置并控制 div 元素盒子在网页中的位置，全局变量 step 用于控制图片每次移动的像素数，全局变量 speed 用于控制图片的移动速度。

全局变量 moveRight 用于判断并控制图片的水平移动方向。moveRight 为 true，表示图

片应该向右移动；moveRight 为 false，表示图片应该向左移动。

全局变量 leftBound 和 rightBound 用于设置图片的水平移动区间，其中变量 leftBound 表示图片可以到达的最左端，变量 rightBound 表示图片可以到达的最右端。

在自定义函数 movePicture 中，首先根据变量 x 的最新值调整图片在网页中的水平位置，然后使用条件运算符，并根据 moveRight 的值计算图片的下一个水平位置，最后当图片移动到最左端或最右端时改变 moveRight 的值。这样，即可在 Web 浏览器窗口内产生"图片沿水平方向来回移动"的动画效果。

在 jQuery 中，方法 resize 用于响应和处理 Web 浏览器窗口改变事件，此时可以调整图片可以到达的最右端位置。方法 mouseover 用于响应和处理鼠标移至元素事件，此时可以清除 Interval 定时器，从而停止图片的移动。方法 mouseout 用于响应和处理鼠标移出元素事件，此时可以重新调用函数 movePicture、同时设置 Interval 定时器，从而继续图片的移动。

## 15.5.4　JSON

JavaScript 对象表示法(JavaScript Object Notation，JSON)是一种在 Web 中广泛应用的、轻量级的数据组织和交换格式。

JSON 基于对象（object）和数组（array）两种结构，并具有如下一些形式：

（1）对象是一个无序的"名称/值对"（name/value pairs）的集合。一个对象以左花括号"{"开始、右花括号"}"结束。每个"名称"后跟一个冒号"："，"名称/值对"之间使用逗号","分隔。"名称"即是对象的属性名，"值"即是对应的属性值。例如，

```
{ "name":"Bob", "gender":"男", "age":22, "origin":"四川成都" }
{ "font-size":"2em", "backgroundColor":"lightyellow" }
```

（2）数组是值的有序列表。一个数组以左方括号"["开始、右方括号"]"结束。值之间使用逗号","分隔。例如，

```
[ 1, 3, 5, 7 ]
[ "XHTML+div+CSS", "OOP", "JavaScript+jQuery+JSON", "Java", "SQL Server" ]
```

（3）值可以是双引号括起来的字符串、数值、布尔值（true 或 false）、空值（null）、对象或者数组。

在 JavaScript 或 jQuery 程序中，可以使用 for 语句遍历数组中的数据（下标和元素），而使用 for-in 语句遍历对象中的数据（属性名和属性值）。

【例 15-16】 JSON 举例。XHTML 及 JavaScript 代码如下：

```
<!DOCTYPE html PUBLIC "-//W3C//DTD XHTML 1.0 Transitional//EN"
 "http://www.w3.org/TR/xhtml1/DTD/xhtml1-transitional.dtd">
<html xmlns="http://www.w3.org/1999/xhtml">
<head>
  <meta http-equiv="Content-Type" content="text/html; charset=gb2312"/>
  <title>JSON</title>
```

```
</head>
<body>
  <script type="text/javascript">
    var odds=[1,3,5,7];  //数组，包含四个元素，每个元素是一个整数
    document.write("变量 odds 的类型是 "+(typeof odds)+"<br/>");
    for (var i=0;i<odds.length;i++)
      document.write("下标为"+i+"的元素:"+odds[i]+" ");
    document.write("<br/><br/>");

    //对象，有 3 个"属性名/属性值"对
    var person={ "name":"Bob", "gender":"男", "age":22 };
    document.write("变量 person 的类型是 "+(typeof person)+"<br/>");
    for (var prop in person)
      document.write("属性"+prop+"的值:"+person[prop]+" ");
    document.write("<br/>"+person.name+" "+person.gender+" "+person.age);
    document.write("<br/><br/>");

    var giants=[ //数组，包含三个元素，每个元素是一个对象
      { "firstName":"Bill", "lastName":"Gates", "company":"Microsoft" },
      { "firstName":"Mark", "lastName":"Zuckerberg" },
      { "firstName":"Steve", "lastName":"Jobs" }
    ];
    document.write("变量 giants 的类型是 "+(typeof giants)+"<br/>");
    for (var i=0;i<giants.length;i++) {
      for (var prop in giants[i])
        document.write(giants[i][prop]+" ");
      document.write("<br/>");
    }
    document.write("<br/>");

    var curriculum={  //对象，每个属性值又是数组
      "第 3 学期":["XHTML+div+CSS","OOP"],
      "第 4 学期":["JavaScript+jQuery+JSON","Java"],
      "第 5 学期":["SQL Server"],
      "第 6 学期":["Apache+MySQL+PHP+AJAX+XML+JSON"]
    };
    document.write("变量 curriculum 的类型是 "+(typeof curriculum)+"<br/>");
    document.write("与属性'第 4 学期'和下标'0'对应的值是 "+
      curriculum["第 4 学期"][0]+"<br/>");
    for (var term in curriculum) {
      document.write(term+"的课程: ");
      for (var i=0;i<curriculum[term].length;i++)
        document.write(curriculum[term][i]+" ");
      document.write("<br/>");
    }
```

```
    document.write("<br/>");

    var departments={   //对象，每个属性值又是数组
      "政府部门":["城管局","公安局","交通委","教育局","环保局","民委","民政局"],
      "公共企事业单位":["地铁公司","电力公司","公积金管理中心","公交集团公司"],
      "区县":["成华区","金牛区","锦江区","青羊区","武侯区","都江堰市","彭州市"]
    };
    document.write("变量 departments 的类型是 "+(typeof departments)+"<br/>");
    for (var category in departments) {
      document.write(category+"类受理机构包括：");
      for (var i=0;i<departments[category].length;i++)
        document.write(departments[category][i]+" ");
      document.write("<br/>");
    };
  </script>
</body>
</html>
```

在本例中，变量 odds 表示一个数组，其中包含四个元素，每个元素是一个整数，使用 for 语句遍历数组中的每个元素 odds[i]。

变量 person 表示一个对象，其中包含三个"属性名/属性值"对，使用 for-in 语句遍历对象中的数据（属性名和属性值）。

变量 giants 表示一个数组，其中包含三个元素，每个元素又是一个对象。外循环的 for 语句遍历数组中的每个对象，每个对象用 giants[i] 表示；内循环的 for-in 语句遍历一个对象中的数据，prop 表示属性名（如"firstName"），giants[i][prop] 表示对应的属性值（如"Bill"）。

变量 curriculum 表示一个对象，其中包含四个"属性名/属性值"对，每个属性值又是一个数组。外循环的 for-in 语句遍历对象中的每个"属性名/属性值"对，变量 term 表示属性名（如"第 3 学期"），curriculum[term] 表示对应的属性值；内循环的 for 语句遍历数组中的每个元素（如"XHTML+div+CSS"），每个元素用 curriculum[term][i] 表示。

变量 departments 表示一个对象，其中包含三个"属性名/属性值"对，每个属性值又是一个数组。外循环的 for-in 语句遍历对象中的每个"属性名/属性值"对，变量 category 表示属性名（如"政府部门"），departments[category] 表示对应的属性值；内循环的 for 语句遍历数组中的每个元素（如"城管局"），每个元素用 departments[category][i] 表示。

**注意：**

① 一个对象不同属性的值可以是不同的数据类型。如在本例的 person 对象中，属性 name 的值是字符串"Bob"，而属性 age 的值则是整数 22。

② 使用 JSON 格式组织数据时，既可以在数组中包含对象（如 giants），又可以在对象中包含数组（如 curriculum 和 departments）。

## 15.5.5　创建和插入 HTML 元素对象

在 jQuery 程序中，只要在参数中指定 HTML 元素的开始标签和结束标签以及元素的

文本内容、属性及其属性值，即可调用 jQuery 的构造函数$创建包装 HTML 元素对象的 jQuery 对象。例如，

（1）仅指定元素的开始标签和结束标签，如 $("<table></table>")、$("<tr></tr>")、$("<td></td>")。

（2）指定元素的开始标签和结束标签，同时指定元素的文本内容，如 $("<p>Hello</p>")。

（3）指定元素的开始标签和结束标签，同时在开始标签中指定属性及其属性值，如 $("<div class='barText'></div>")。

此外，调用 jQuery 中预定义的一些方法，还可以根据需要在 HTML 文档树中插入新创建的 HTML 元素对象。表 15-6 列出了在 HTML 文档树中插入 HTML 元素对象的方法。

表 15-6　插入 HTML 元素对象的方法

| 方　　法 | 功　　能 |
|---|---|
| .append(content[,content]) | 在被选元素的内部、从尾端插入 content。之后，被选元素和 content 是上下父子关系 |
| .appendTo(target) | 将被选元素从尾端插入到 target 的内部。之后，target 和被选元素是上下父子关系 |
| .prepend(content[,content]) | 在被选元素的内部、从首端插入 content。之后，被选元素和 content 是上下父子关系 |
| .prependTo(target) | 在 target 内部、从首端插入被选元素。之后，target 和被选元素是上下父子关系 |
| .after(content[,content]) | 在被选元素的后面插入 content。之后，被选元素和 content 是前后兄弟关系 |
| .insertAfter(target) | 将被选元素插入到 target 的后面。之后，target 和被选元素是前后兄弟关系 |
| .before(content[,content]) | 在被选元素的前面插入 content。之后，content 和被选元素是前后兄弟关系 |
| .insertBefore(target) | 将被选元素插入到 target 的前面。之后，被选元素和 target 是前后兄弟关系 |

如图 15-2 所示，在表格头的列标题行中设置 Jan、Feb、Mar 等列标题，列标题行下面有六行数据，其中的数字为百分比。此外，在表格的第 1 列中设置 Chrome、Internet Explorer 和 Sogou Explorer 等行标题。

国内桌面浏览器排行榜（2015年）
（www.statcounter.com）（表格中数字为百分比）

| | Jan | Feb | Mar | Apr | May | Jun | Jul | Aug | Sep | Oct | Nov | Dec |
|---|---|---|---|---|---|---|---|---|---|---|---|---|
| Chrome | 52.62 | 53.3 | 54.66 | 55.2 | 55.24 | 59.58 | 60.32 | 59.8 | 54.85 | 51.98 | 54.84 | 56.86 |
| Internet Explorer | 23.13 | 23.5 | 22.93 | 22.01 | 22.87 | 19.49 | 18.23 | 17.58 | 23.78 | 26.44 | 22.5 | 19.99 |
| Sogou Explorer | 8.5 | 8.63 | 8.47 | 8.53 | 8.18 | 8.2 | 8.32 | 8.49 | 7.58 | 6.83 | 7.02 | 7.42 |
| Firefox | 6.66 | 5.1 | 4.59 | 4.67 | 4.09 | 3.86 | 3.74 | 3.96 | 4.24 | 4.71 | 5.47 | 5.99 |
| QQ Browser | 4.29 | 4.74 | 4.43 | 4.38 | 4.84 | 4.47 | 4.99 | 5.22 | 4.65 | 4.79 | 4.53 | 4.14 |
| Maxthon | 2.71 | 2.73 | 2.6 | 2.59 | 2.53 | 2.64 | 2.61 | 2.63 | 2.21 | 1.89 | 1.97 | 1.97 |

图 15-2　包含列标题和行标题的表格

首先，可以采用如下 JSON 格式组织表格中的数据。

```
var data={
  "colHeading":["Jan","Feb","Mar","Apr","May","Jun",…,"Oct","Nov","Dec"],
  "percentages":{
    "Chrome":[52.62,53.3,54.66,55.2,55.24,59.58,60.32,59.8,54.85,51.98,…],
```

```
    "Internet Explorer ":[23.13,23.5,22.93,22.01,22.87,19.49,18.23,17.58,…],
    "Sogou Explorer":[8.5,8.63,8.47,8.53,8.18,8.2,8.32,8.49,7.58,6.83,…],
    "Firefox":[6.66,5.1,4.59,4.67,4.09,3.86,3.74,3.96,4.24,4.71,5.47,5.99],
    "QQ Browser":[4.29,4.74,4.43,4.38,4.84,4.47,4.99,5.22,4.65,4.79,4.53,4.14],
    "Maxthon":[2.71,2.73,2.6,2.59,2.53,2.64,2.61,2.63,2.21,1.89,1.97,1.97]
  }
};
```

这样，data 表示一个对象，该对象有两个属性：

（1）属性 colHeading 的值是一个数组["Jan","Feb",…,"Nov","Dec"]，该数组用 data. colHeading 表示。

（2）属性 percentages 的值又是一个子对象，该子对象有六个属性，属性名分别是 Chrome、Internet Explorer、Sogou Explorer、Firefox、QQ Browser 和 Maxthon，对应的六个属性值都是包含 12 个数值的数组。

【例 15-17】 JSON 应用之一：动态设置表格的标题、添加列标题行和数据行。XHTML、CSS 及 jQuery 代码如下：

```
<!DOCTYPE html PUBLIC "-//W3C//DTD XHTML 1.0 Strict//EN"
 "http://www.w3.org/TR/xhtml1/DTD/xhtml1-strict.dtd">
<html xmlns="http://www.w3.org/1999/xhtml">
<head>
  <meta http-equiv="Content-Type" content="text/html; charset=gb2312"/>
  <title>动态设置表格的标题、添加列标题行和数据行</title>
  <style type="text/css">
    table { border-collapse:collapse; margin:20px auto; font-weight:
    bolder; }
      th,td { padding:5px; border:1px solid black; }
  </style>
  <script type="text/javascript" src="jquery.js"></script>
  <script type="text/javascript">
   var data={   //使用 JSON 格式组织数据
     "colHeading":["Jan","Feb","Mar","Apr","May","Jun",……,"Oct","Nov","Dec"],
     "percentages":{
       "Chrome":[52.62,53.3,54.66,55.2,55.24,59.58,60.32,59.8,54.85,……],
       "Internet Explorer":[23.13,23.5,22.93,22.01,22.87,19.49,18.23,……],
       "Sogou Explorer":[8.5,8.63,8.47,8.53,8.18,8.2,8.32,8.49,7.58,……],
       "Firefox":[6.66,5.1,4.59,4.67,4.09,3.86,3.74,3.96,4.24,4.71,5.47,
       5.99],
       "QQ Browser":[4.29,4.74,4.43,4.38,4.84,4.47,4.99,5.22,4.65,4.79,……],
       "Maxthon":[2.71,2.73,2.6,2.59,2.53,2.64,2.61,2.63,2.21,1.89,1.97,1.97]
     }
   };

   $(document).ready(function() {
     //创建表格框架，包括标题 caption、表格头 thead 和表格体 tbody
```

```
$("<table></table>")
  .html("<caption></caption><thead></thead><tbody></tbody>")
  .appendTo("body");

//设置表格的标题
$("caption")
  .html("国内桌面浏览器排行榜（2015年）<br/>（www.statcounter.com）（表
  格……")；

//创建列标题行 theadTrNode，并将其加入表格头
var theadTrNode=$("<tr></tr>").append("<th></th>").appendTo("thead");
//创建表头单元格，并设置列标题（即"Jan"、"Feb"、"Mar"等月份）
for(var i=0;i<data.colHeading.length;i++)
  $("<th></th>").text(data.colHeading[i]).appendTo(theadTrNode);

//在表格体中添加数据行
for (var browser in data.percentages) {
  //创建当前数据行 tbodyTrNode，并将其加入表格体
  tbodyTrNode=$("<tr></tr>").appendTo("tbody");

  //创建包含行标题（即"Chrome"等浏览器名称）的单元格，并将其加入当前数据行
  $("<td></td>").text(browser).appendTo(tbodyTrNode);

  //创建包含数值（如 52.62、53.3 和 54.66 等）的数据单元格，并将其加入当前数据行
  for (var i=0;i<data.percentages[browser].length;i++)
    $("<td></td>")
      .text(data.percentages[browser][i])
      .appendTo(tbodyTrNode);
  }
});
</script>
</head>
<body>
</body>
</html>
```

在本例作为 ready 方法参数的匿名函数中，第 1 条语句使用了分行且缩排的连缀编程模式。首先调用 jQuery 的构造函数$创建包装 table 元素的 jQuery 对象，然后通过该 jQuery 对象调用 html 方法在 table 元素内设置了 html 字符串"<caption></caption><thead></thead><tbody></tbody>"——实际上是在 table 元素内插入了 caption、thead 和 tbody 三个 HTML 元素，最后继续通过该 jQuery 对象调用 appendTo 方法将 table 元素插入 body 元素。这样，就在 HTML 文档主体内创建了包括标题、表格头和表格体的表格框架。

第 3 条语句使用了连缀编程模式。首先调用 jQuery 的构造函数$创建包装 tr 元素的 jQuery 对象，然后通过该 jQuery 对象调用 append 方法在 tr 元素内插入 th 元素，最后继续

通过该 jQuery 对象调用 appendTo 方法将 tr 元素插入 thead 元素。此外，该语句还将包装 tr 元素的 jQuery 对象赋值给变量 theadTrNode。在之后的程序中，变量 theadTrNode 就指代表格头中的列标题行。

第 4 条语句是 for 循环语句，用于遍历数组 data.colHeading 中的数据，即"Jan"、"Feb"、"Mar"等月份。在第 i+1 次循环中，首先调用 jQuery 的构造函数$创建包装 th 元素的 jQuery 对象，然后通过该 jQuery 对象调用 text 方法设置 th 元素的文本内容（文本内容来自数组 data.colHeading 的第 i+1 个元素，如"Jan"），最后继续通过该 jQuery 对象调用 appendTo 方法将 th 元素插入变量 theadTrNode 指代的列标题行。

第 5 条语句是 for-in 循环语句，用于遍历对象 data.percentages 中的属性名和属性值，其中变量 browser 指代属性名，即"Chrome"、"Internet Explorer"等行标题。在该 for-in 循环语句中，又有三条语句。

（1）第 1 条语句创建一个数据行，并将其加入表格体。

（2）第 2 条语句创建一个包含行标题（即 Chrome 等浏览器名称）的单元格，并将其加入当前数据行。

（3）第 3 条语句是 for 循环语句，共循环 12 次。每次创建一个包含百分比的数据单元格，并将其加入当前数据行。至此，完成一次 for-in 循环，并在表格体内插入一个完整的数据行。

表 15-7 列出了 2015 年 12 月国内桌面浏览器排行榜。

表 15-7　国内桌面浏览器排行榜（2015 年 12 月）（www.statcounter.com）

| 浏览器厂商 | Chrome | Internet Explorer | Sogou Explorer | Firefox | QQ Browser | Maxthon | Safari | Opera |
|---|---|---|---|---|---|---|---|---|
| 占比（%） | 56.86 | 19.99 | 7.42 | 5.99 | 4.14 | 1.97 | 1.17 | 0.69 |

在网页中，可以将表 15-7 中的数据用条形图展示，如图 15-3 所示。其中，最后一项"其他"中的百分数和矩形条的长度是根据表 15-7 中的数据自动生成的。显然，用条形图展示数据更加直观、生动。

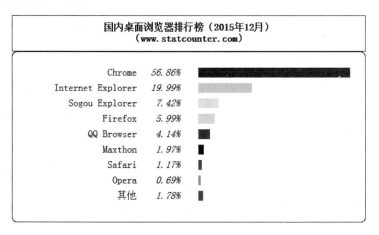

图 15-3　用条形图展示表格中的数据

首先，规划条形图的 div 布局及其示意图。如图 15-4 所示，将整个条形图安排在

barChart 盒子中，其中又包含 chartHeading 和 chart 上下两个盒子——将条形图的标题"国内桌面浏览器排行榜（2015 年 12 月）（www.statcounter.com）"安排在 chartHeading 盒子中，将条形图安排在 chart 盒子中。在 chart 盒子中，将条形图的某一项安排在一个 item 盒子中，一个 item 盒子又包括 textString、percentage 和 rect 三个盒子，分别用于设置文本串（如 Chrome）、百分数（如 56.86）和矩形条。

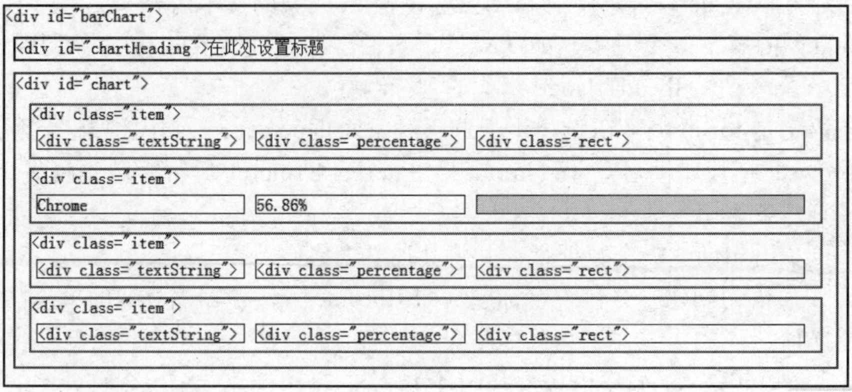

图 15-4　条形图的布局示意图

【例 15-18】 JSON 应用之二：动态生成条形图。XHTML、CSS 及 jQuery 代码如下：

```
<!DOCTYPE html PUBLIC "-//W3C//DTD XHTML 1.0 Strict//EN"
 "http://www.w3.org/TR/xhtml1/DTD/xhtml1-strict.dtd">
<html xmlns="http://www.w3.org/1999/xhtml">
<head>
  <meta http-equiv="Content-Type" content="text/html; charset=gb2312"/>
  <title>条形图-动态添加节点</title>
  <style type="text/css">
    #barChart { width:582px; margin:20px auto; }
      #chartHeading { width:560px; padding:10px; border:1px solid;
        text-align:center; font-weight:bolder; }
      #chart { width:530px; padding:25px; border:1px solid;
        border-radius:8px; }

        .item { position:relative; height:25px; }
          .textString{ float:left; width:180px; text-align:right; }
          .percentage{ float:left; width:70px; margin-right:30px;
            text-align:right; font-style:italic; }
          .rect { float:left; width:250px; height:1em; }
  </style>
<script type="text/javascript" src="jquery.js"></script>
<script type="text/javascript">
  var colors=["#00F","#0F0","#AED","#5FD","#C00","#603","#66F","#9C0",
    "#96C","#8F8","#366","#DFA","#CCF","#F88","#FFC","#888","#FF6"];
```

```
    var data={  //使用 JSON 格式组织数据
      "title":"国内桌面浏览器排行榜（2015 年 12 月）<br/>（www.statcounter.com）",
      "browsers":["Chrome","Internet Explorer","Sogou Explorer","Firefox",
        "QQ Browser","Maxthon","Safari","Opera"],
      "percentages":[56.86,19.99,7.42,5.99,4.14,1.97,1.17,0.69]
    };

    $(document).ready(function() {
      $("#chartHeading").html(data.title);

      for(var i=0,addUp=0.0;i<data.percentages.length;i++)
        addUp+=data.percentages[i];  //计算累计百分比 addUp

      var maxPercentage=((100-addUp)>data.percentages[0])?
        (100-addUp):data.percentages[0];

      if (addUp<99.999) {
        //在数组 data.browsers 中增加一个元素
        data.browsers[data.browsers.length]="其他";
        //在数组 data.percentages 中增加一个元素
        data.percentages[data.percentages.length]=100-addUp;
      }

      for(i=0;i<data.browsers.length;i++) {
        var textStringNode=$("<div class='textString'></div>")
          .text(data.browsers[i]);
        var percentageNode=$("<div class='percentage'></div>")
          .text(Math.ceil(data.percentages[i]*100)/100+"%");
        var rectNode=$("<div class='rect'></div>")
          .css("backgroundColor",colors[i])
          .width(Math.ceil(data.percentages[i]/maxPercentage*250)+"px");
        var barNode=$("<div class='item'></div>")
          .append(textStringNode,percentageNode,rectNode);

        $("#chart").append(barNode);
      }
    });
  </script>
</head>
<body>
  <div id="barChart">
    <div id="chartHeading"></div>
    <div id="chart"></div>
  </div>
</body>
```

```
</html>
```

在本例 HTML 文档的头部，对照如图 15-4 所示的布局示意图，定义了相应的 ID 选择器、类选择器及其对应的 CSS 规则。

在 HTML 文档的主体，定义了三个 div 元素，并且 id 属性值为 chartHeading 和 chart 的两个 div 元素是 id 属性值为 barChart 的 div 元素的子元素。因此，chartHeading 和 chart 盒子在 barChart 盒子内部。这与图 15-4 中的 div 布局规划相一致。除这三个 div 元素之外，在 HTML 文档的主体没有其他的元素和文本。因此，条形图的标题、文本串、百分数和矩形条需要在 jQuery 程序中动态生成。

在本例的 jQuery 程序中，首先使用 JSON 格式组织相关数据，并将其赋值给 colors 和 data 两个全局变量。colors 表示一个数组，其中的一个元素对应条形图中的一项及其矩形条颜色。data 表示一个对象，该对象有三个属性：

（1）属性 title 的值是一个字符串"国内桌面浏览器排行榜（2015 年 12 月）<br/>（www.statcounter.com）"，该字符串用 data.title 表示。

（2）属性 browsers 的值用 data.browsers 表示且是一个数组，其中的元素用 data.browsers[index]表示。

（3）属性 percentages 的值用 data.percentages 表示且也是一个数组，其中的元素用 data.percentages[index]表示。

数组 data.browsers 中的元素及其值与数组 data.percentages 中的元素及其值一一对应，因此这两个数组的长度相等。此外，数组 data.percentages 中的百分数依次递减。

在作为 ready 方法参数的匿名函数中，第 1 条语句调用 html 方法设置条形图的标题。

第 2 条语句是一条 for 语句，用于遍历数组 data.percentages 中的元素，同时计算累计百分比并保存于变量 addUp。

第 3 条语句使用条件运算符求得最大的百分数并保存于变量 maxPercentage。

第 4 条语句是一条 if 语句。如果累计百分比 addUp 足够小，则需要在数组 data.browsers 和数组 data.percentages 中分别增加一个元素。

第 5 条语句也是一条 for 语句，用于遍历数组 data.browsers 中的元素（同时也遍历数组 data. percentages 中的元素）。在该 for 循环语句中，又有五条语句。

（1）第 1 条语句创建一个包含文本串（如 Chrome）的 div 元素。

（2）第 2 条语句创建一个包含百分数的 div 元素。

（3）第 3 条语句创建一个代表矩形条的 div 元素，除设置背景颜色外，还根据对应的百分数设置矩形条的宽度，但每个矩形条的宽度不会超过最大百分数对应的矩形条的宽度。

（4）第 4 条语句创建包含一个项目（item）的 div 元素，然后在其内部依次插入在前三条语句中创建的、包含文本框、百分数和代表矩形条的三个 div 元素。

（5）第 5 条语句在 id 属性值为 chart 的 div 元素内插入在前一条语句中创建的、包含一个项目（item）的 div 元素。

**注意**：执行语句 data.browsers[data.browsers.length]="其他"，可以在数组 data.browsers 中增加一个元素。换言之，在增加数组 data.browsers 的长度的同时，将字符串"其他"赋值给新增加的最后一个元素。

## 15.6　更多应用举例

在 JavaScript 中，数组是一种特殊的对象，并且可以调用 sort 方法对数组中的元素进行排序。在 jQuery 编程中，通过数组对象调用 sort 方法、同时使用闭包和内部函数，可以实现表格数据排序的功能。为此，需要首先了解在 JavaScript 中如何实现数组排序。

### 15.6.1　简单数组排序

在 JavaScript 中，数组排序可以分为简单数组排序和对象数组排序两种情况。在简单数组中，所有元素的类型或者都是 number，或者都是 string。

【例 15-19】　简单数组排序。XHTML 及 JavaScript 代码如下：

```
<!DOCTYPE html PUBLIC "-//W3C//DTD XHTML 1.0 Strict//EN"
 "http://www.w3.org/TR/xhtml1/DTD/xhtml1-strict.dtd">
<html xmlns="http://www.w3.org/1999/xhtml">
<head>
  <meta http-equiv="Content-Type" content="text/html; charset=gb2312"/>
  <title>简单数组排序</title>
</head>
<body>
  <script type="text/javascript">
   var weight=[111,75,60,103,55];  //简单数组，数组中每个元素是一个整数
   document.write("数组中元素的初始顺序：");
   for (var i=0;i<weight.length;i++) document.write(weight[i]+" ");
   document.write("<br/><br/>");

   //直接排序时，首先将数组 weight 中的数据转换为字符串数据，然后再排序
   weight.sort();
   document.write("按字符串数据排序后：");
   for (i=0;i<weight.length;i++) document.write(weight[i]+" ");
   document.write("<br/><br/>");

   function compareFunction(e1,e2) {  //首先定义比较函数 compareFunction
     return parseInt(e1)-parseInt(e2);
   }
   weight.sort(compareFunction);//然后依据比较函数 compareFunction 的返回值排序
   //如果 compareFunction(e1,e2)小于 0，元素 e1 排在元素 e2 之前
   //如果 compareFunction(e1,e2)等于 0，元素 e1 和元素 e2 的前后顺序不变
   //如果 compareFunction(e1,e2)大于 0，元素 e1 排在元素 e2 之后
```

```
        document.write("按数值（整数）升序排序后：");
        for (i=0;i<weight.length;i++) document.write(weight[i]+" ");
        document.write("<br/><br/>");

        //颠倒数组中元素的位置。第 1 个元素成为最后一个，第 2 个元素成为倒数第 2 个……最后一
        个元素成为第 1 个
        weight.reverse();
        document.write("颠倒数组中元素的位置（即相当于降序排序）后：");
        for (i=0;i<weight.length;i++) document.write(weight[i]+" ");
        document.write("<br/><br/>");
    </script>
</body>
</html>
```

在本例中，weight=[111,75,60,103,55] 是一个简单数组，数组中每个元素是一个表示体重的整数。

当直接调用 sort 方法对数组 weight 进行排序时，sort 方法首先将数组 weight 中的整数转换为字符串数据然后再排序，此后数组中元素的顺序变为 103 111 55 60 75。

也可以首先定义比较函数 compareFunction(e1,e2)，然后在调用 sort 方法时将比较函数 compareFunction 作为参数，这样可以依据比较函数 compareFunction 的返回值对数组 weight 进行排序。此时，如果 compareFunction(e1,e2)小于 0，元素 e1 排在元素 e2 之前；如果 compareFunction(e1,e2) 等于 0，元素 e1 和元素 e2 的前后顺序不变；如果 compareFunction(e1,e2)大于 0，元素 e1 排在元素 e2 之后。此后，数组中元素的顺序将变为 55 60 75 103 111。显然，这种排序结果符合 Weight 升序的实际含义。

最后，通过数组对象 weight 继续调用 reverse 方法，可以颠倒数组中元素的位置。此时，数组中元素的顺序将变为 111 103 75 60 55。显然，这种排序结果符合 Weight 降序的实际含义。

## 15.6.2　对象数组排序

在对象数组中，每个元素表示一个对象，每个对象又拥有相同的属性。对于对象数组，可以按照某一个属性及其属性值排序。

【例 15-20】　对象数组排序。XHTML 及 JavaScript 代码如下：

```
<!DOCTYPE html PUBLIC "-//W3C//DTD XHTML 1.0 Strict//EN"
 "http://www.w3.org/TR/xhtml1/DTD/xhtml1-strict.dtd">
<html xmlns="http://www.w3.org/1999/xhtml">
<head>
  <meta http-equiv="Content-Type" content="text/html; charset=gb2312"/>
  <title>对象数组排序</title>
</head>
<body>
  <script type="text/javascript">
```

```
//对象数组，即数组中每个元素表示一个对象（人）
//每个对象（人）又拥有 3 个属性（name、birthday 和 weight）及其属性值
var peoples=[
  {"name":"James", "birthday":"Sep 16, 1993", "weight":111},
  {"name":"Tom", "birthday":"Nov 29, 1992", "weight":75},
  {"name":"Alice", "birthday":"Sep 15, 1992", "weight":60},
  {"name":"Edward", "birthday":"Nov 18, 1991", "weight":103},
  {"name":"Catherine", "birthday":"Dec 30, 1992", "weight":55}
];
function outputPeoples() {
  for ( var i=0;i<peoples.length;i++) {
    for (var prop in peoples[i])
      document.write(peoples[i][prop]+" ");
    document.write("<br/>");
  }
  document.write("<br/>");
}
document.write("对象数组中元素的原始顺序：<br/>");
outputPeoples();

//将属性值 attrVal 转换为参数 dataType 所指定类型的数据
function convert(attrVal,dataType) {
  var reVal;

  switch(dataType) {
    case "date": reVal=new Date(attrVal);
      break;
    case "int": reVal=parseInt(attrVal);
      break;
    default: reVal=attrVal.toString();
  }

  return reVal;
}

//定义比较函数，比较两个对象（人）的名字
function compareName(p1,p2) {
  var reVal;
  var key1=convert(p1.name,"string");
  var key2=convert(p2.name,"string");

  if (key1>key2) reVal=1;
  else
    if (key1==key2) reVal=0;
    else reVal=-1;
```

```
            return reVal;
        }
    peoples.sort(compareName);   //依据比较函数 compareName 的返回值排序
    document.write("按名字升序排序后：<br/>");
    outputPeoples();

    peoples.reverse();   //颠倒对象数组中元素的位置
    document.write("按名字降序排序后：<br/>");
    outputPeoples();

    //定义比较函数，比较两个对象（人）的出生日期
    function compareBirthday(p1,p2) {
        var key1=convert(p1.birthday,"date");
        var key2=convert(p2.birthday,"date");
        return key1-key2;
    }
    peoples.sort(compareBirthday);   //依据比较函数 compareBirthday 的返回值排序
    document.write("按生日排序后：<br/>");
    outputPeoples();

    //定义比较函数，比较两个对象（人）的体重
    function compareWeight(p1,p2) {
        var key1=convert(p1.weight,"int");
        var key2=convert(p2.weight,"int");
        return key1-key2;
    }
    peoples.sort(compareWeight);   //依据比较函数 compareWeight 的返回值排序
    document.write("按体重（整数）升序排序后：<br/>");
    outputPeoples();
  </script>
</body>
</html>
```

在本例中，定义了对象数组 peoples。在该数组中，每个元素表示一个对象（人），每个对象（人）又拥有三个属性（name、birthday 和 weight）及其属性值。换言之，数组 peoples 中的每个元素是一项包含了三个属性值（Name、Birthday 和 Weight）的对象数据。调用函数 outputPeoples，可以输出对象数组 peoples 中的各项数据。

为了根据某项属性值比较对象数组 peoples 中的对象（人），首先定义了函数 convert(attrVal,dataType)，该函数可以将属性值 attrVal 转换为参数 dataType 所指定类型的数据。

在函数 convert 的基础上，又定义了比较函数 compareName，用于按照字符串比较两个对象（人）的 Name 属性值。这样，在调用 sort 方法时将比较函数 compareName 作为参数，即可按照 Name 升序实现对象数组 peoples 的排序。紧接着调用 reverse 方法，即可颠

倒对象数组 peoples 中元素的位置，即按照 Name 降序排序对象数组 peoples。

同理，在函数 convert 的基础上，定义了比较函数 compareBirthday，用于按照日期比较两个对象（人）的 Birthday 属性值。这样，在调用 sort 方法时将比较函数 compareBirthday 作为参数，即可按照 Birthday 顺序实现对象数组 peoples 的排序。

同理，在函数 convert 的基础上，定义了比较函数 compareWeight，用于按照整数比较两个对象（人）的 Weight 属性值。这样，在调用 sort 方法时将比较函数 compareWeight 作为参数，即可按照 Weight 顺序实现对象数组 peoples 的排序。

## 15.6.3　闭包和内部函数

所谓闭包(closure)，简单地说就是在函数体中访问在定义该函数时已经存在的变量。

【例 15-21】　闭包定义及内部函数。XHTML 及 JavaScript 代码如下：

```
<!DOCTYPE html PUBLIC "-//W3C//DTD XHTML 1.0 Strict//EN"
 "http://www.w3.org/TR/xhtml1/DTD/xhtml1-strict.dtd">
<html xmlns="http://www.w3.org/1999/xhtml">
<head>
  <meta http-equiv="Content-Type" content="text/html; charset=gb2312"/>
  <title>闭包及内部函数</title>
</head>
<body>
  <script type="text/javascript">
    var str="显示蓝色字符串";  //str 是全局变量
    function showBlue() {
      //在函数体中访问外部已经存在的全局变量 str
      return "<p style='color:blue;'>"+str+"</p>";
    }
    document.write(showBlue());

    function outputText(txt) {
      function showRed() {  //函数 showRed 是在函数 outputText 中定义的内部函数
        //在内部函数 showRed 的函数体中访问外部函数 outputText 的参数 txt
        return "<p style='color:red;'>"+txt+"</p>";
      }
      document.write(showRed());
    }
    outputText("显示红色字符串");
  </script>
</body>
</html>
```

在本例的 JavaScript 中，在函数 showBlue 的函数体中可以访问外部已经存在的全局变量 str。

　　函数 showRed 是在函数 outputText 的函数体中定义的内部函数（inner function）。相对于函数 showRed，函数 outputText 是外部函数（outer function）。在内部函数 showRed 的函数体中可以访问外部函数 outputText 的参数 txt。

　　无论是在函数体中访问全局变量，还是在内部函数的函数体中访问外部函数的参数，都是闭包的具体形式，都可以理解为 JavaScript 函数可以"记住"它被创建时候的环境。

　　在 JavaScript 中，函数是一种特殊的类型——可以先定义函数再将函数名赋值给一个变量，JavaScript 的这一功能扩展了闭包的应用范围。

　　【例 15-22】　返回函数及闭包应用。XHTML 及 JavaScript 代码如下：

```
<!DOCTYPE html PUBLIC "-//W3C//DTD XHTML 1.0 Strict//EN"
 "http://www.w3.org/TR/xhtml1/DTD/xhtml1-strict.dtd">
<html xmlns="http://www.w3.org/1999/xhtml">
<head>
 <meta http-equiv="Content-Type" content="text/html; charset=gb2312"/>
 <title>返回函数及闭包应用</title>
</head>
<body>
 <script type="text/javascript">
   function makeAdder(x) {
     //函数 makeAdder 返回一个匿名函数，该匿名函数也是一个内部函数
     return function(y) {
       //在匿名函数的函数体中访问外部函数 makeAdder 的参数 x
       alert("x="+x+", y="+y);
       return x+y;
     };
   }

   var add5=makeAdder(5);    // x=5，变量 add5 的类型？

   alert(add5(2));   // y=2
 </script>
</body>
</html>
```

　　在本例的 JavaScript 中，首先定义了函数 makeAdder。函数 makeAdder 返回一个匿名函数，该匿名函数也是一个内部函数。在匿名函数的函数体中访问外部函数 makeAdder 的参数 x，或者说，外部函数 makeAdder 通过其参数 x 向内部的匿名函数提供了一个操作数，这是一个闭包应用。

　　然后，以函数调用的形式并通过一条赋值语句将函数 makeAdder 赋值给变量 add5，其中函数调用 makeAdder(5)中的实际参数 5 就是外部函数 makeAdder 向内部的匿名函数提供的操作数据，即 x=5。这样，add5 相当于一个函数名，并且表示上述的匿名函数。当然，

变量 add5 的类型也就是 function。这条赋值语句的作用等价于以如下形式定义函数 add5：

```
function add5(y) {
  alert("x="+5+", y="+y);
  return x+y;
}
```

在最后一条语句中，add5(2)可以看作是对上述匿名函数的调用，实际参数 2 对应匿名函数的形式参数 y。

## 15.6.4　表格数据排序

在了解对象数组排序、闭包和内部函数等基础知识之后，即可结合 jQuery 编程实现表格数据排序的功能。如图 15-5 所示，当用鼠标单击 Name 表头单元格时，表格体中的数据将按照 Name 的顺序重新布置；当单击 Birthday 表头单元格时，表格体中的数据将按照 Birthday 的顺序重新布置；当单击 Weight 表头单元格时，表格体中的数据将按照 Weight 的顺序重新布置。如果连续两次单击同一表头单元格，表格体中的数据将按照相反的顺序重新布置。

ROSTER

| Name | Birthday | Weight(kg) |
|---|---|---|
| James | Sep 16, 1993 | 111 |
| Tom | Nov 29, 1992 | 75 |
| Alice | Sep 15, 1992 | 60 |
| Edward | Nov 18, 1991 | 103 |
| Catherine | Dec 30, 1992 | 55 |

（a）初始的表格数据布置

ROSTER

| Name | Birthday | Weight(kg) |
|---|---|---|
| Alice | Sep 15, 1992 | 60 |
| Catherine | Dec 30, 1992 | 55 |
| Edward | Nov 18, 1991 | 103 |
| James | Sep 16, 1993 | 111 |
| Tom | Nov 29, 1992 | 75 |

（b）按 Name 排序后的表格数据布置

ROSTER

| Name | Birthday | Weight(kg) |
|---|---|---|
| Edward | Nov 18, 1991 | 103 |
| Alice | Sep 15, 1992 | 60 |
| Tom | Nov 29, 1992 | 75 |
| Catherine | Dec 30, 1992 | 55 |
| James | Sep 16, 1993 | 111 |

（c）按 Birthday 排序后的表格数据布置

ROSTER

| Name | Birthday | Weight(kg) |
|---|---|---|
| Catherine | Dec 30, 1992 | 55 |
| Alice | Sep 15, 1992 | 60 |
| Tom | Nov 29, 1992 | 75 |
| Edward | Nov 18, 1991 | 103 |
| James | Sep 16, 1993 | 111 |

（d）按 Weight 排序后的表格数据布置

**图 15-5　表格数据排序**

注意：表格体中的每行数据对应一个对象（人）的三个属性值（Name、Birthday 和 Weight）。

【例 15-23】表格数据排序。XHTML、JavaScript 及 jQuery 代码如下：

```
<!DOCTYPE html PUBLIC "-//W3C//DTD XHTML 1.0 Strict//EN"
 "http://www.w3.org/TR/xhtml1/DTD/xhtml1-strict.dtd">
<html xmlns="http://www.w3.org/1999/xhtml">
<head>
```

```
<meta http-equiv="Content-Type" content="text/html; charset=gb2312"/>
<title>表格数据排序</title>
<style type="text/css">
  table { margin:20px auto;  border-collapse:collapse; }
  th,td { padding:2px 10px;  border:1px solid; }
  th { cursor:pointer; }  /* 样式特性 cursor 定义光标形状（pointer） */
</style>
<script type="text/javascript" src="jquery.js"></script>
<script type="text/javascript">
  //表格中对应列的数据类型
  var dataTypes=["string","date","int"];

  //将字符串数据 stringData 转换为参数 dataType 所指定类型的数据
  function convert(stringData,dataType) {
    var reVal;

    switch(dataType) {
      case "date": reVal=new Date(stringData);
        break;
      case "int": reVal=parseInt(stringData);
        break;
      default: reVal=stringData.toString();
    }

    return reVal;
  }

  //定义比较函数，参数 col 对应表格中的列序号，列序号从 0 开始
  function compareFn(col) {
    return function (tr1,tr2) {
      var reVal;
      var key1=convert(tr1.cells[col].innerText,dataTypes[col]);
      var key2=convert(tr2.cells[col].innerText,dataTypes[col]);

      if (key1>key2) reVal=1;
      else
        if (key1==key2) reVal=0;
        else reVal=-1;

      return reVal;
    };
  }

  $(document).ready(function() {
    var table=$("#roster");
```

```
      var tbody=$("#roster tbody");
      var dataRows=$("#roster tbody tr");   //获取表格体中的所有数据行

      var trsArray=new Array;  //将所有数据行转存于 JavaScript 数组 trsArray
      for (var i=0;i<dataRows.length;i++) trsArray[i]=dataRows[i];

      //表格数据排序，col 表示对应列的序号（从 0 开始）
      $("#roster th").each(function(col) {
        $(this).click(function() {
          //判断连续两次是否按照同一个列排序
          if (table.lastSortCol==col)    //如果是同一列
            trsArray.reverse();     //颠倒数组中元素（行）的位置
          else   //如果不是同一列，调用 sort 方法（同时传递比较函数）
            trsArray.sort(compareFn(col));

          //将数组 trsArray 中的数据行加入表格体
          for (i=0;i<trsArray.length;i++) tbody.append(trsArray[i]);

          table.lastSortCol=col;    //记录最新一次排序的列序号
        })
      });
    });
  </script>
</head>
<body>
  <table id="roster">
    <caption>ROSTER</caption>
    <thead>
      <tr>
        <th>Name</th><th>Birthday</th><th>Weight(kg)</th>
      </tr>
    </thead>
    <tbody>
      <tr>
        <td>James</td><td>Sep 16, 1993</td><td>111</td>
      </tr>
      <tr>
        <td>Tom</td><td>Nov 29, 1992</td><td>75</td>
      </tr>
      <tr>
        <td>Alice</td><td>Sep 15, 1992</td><td>60</td>
      </tr>
      <tr>
        <td>Edward</td><td>Nov 18, 1991</td><td>103</td>
      </tr>
```

```
    <tr>
      <td>Catherine</td><td>Dec 30, 1992</td><td>55</td>
    </tr>
  </tbody>
 </table>
</body>
</html>
```

在本例内部样式表的第 3 条 CSS 规则中，样式特性 cursor 定义鼠标落在一个 th 元素边界范围内时的光标形状——指针（pointer）。这样，当鼠标落在表头单元格时，光标会变为指针形状。

在 HTML 文档头部的 JavaScript 中定义了如下全局变量和函数。

（1）全局变量 dataTypes 是一个字符串型数组，该数组定义了表格中对应列的数据类型——Name 列的数据类型为字符串（string），Birthday 列的数据类型为日期（date），Weight 列的数据类型为整数（int）。

（2）函数 convert(stringData,dataType)将字符串数据 stringData 转换为参数 dataType 所指定类型的数据。

（3）函数 compareFn 的参数 col 对应表格中的列序号——列序号从 0 开始，第 1 列 Name 的序号为 0，第 2 列 Birthday 的序号为 1，第 3 列 Weight 的序号为 2。函数 compareFn 的返回值又是在其内部定义的匿名函数的返回值。实际上，函数 compareFn 以及在其内部定义的匿名函数共同构成了一个比较函数，用于比较表格体中的两行数据，这两行数据分别存储于匿名函数的参数 tr1 和 tr2 中，每行数据又包含一个对象（人）的三个属性值（Name、Birthday 和 Weight）。而函数 compareFn 的参数 col 对应于对象（人）数据中的关键字——当参数 col 为 0 时，将按照关键字 Name 比较两行对象数据；当参数 col 为 1 时，将按照关键字 Birthday 比较两行对象数据；当参数 col 为 2 时，将按照关键字 Weight 比较两行对象数据。此外，在比较函数中调用函数 convert 时，第 1 个实际参数 tr1.cells[col].innerText 即是关键字，但是依据列序号 col 从 HTML 文档中提取的，因此其值是字符串数据，需要转换为第 2 个实际参数 dataTypes[col] 所指定类型的数据。

在作为 ready 方法参数的匿名函数中，局部变量 table、tbody 和 dataRows 指向通过调用 jQuery 构造函数$获取的 jQuery 对象，且依次指代表格、表格体和表格体中的所有数据行。而局部变量 trsArray 则指向一个 JavaScript 数组对象，并通过一个 for 循环将 dataRows 所指向 jQuery 对象中的所有数据行转存于 trsArray 所指向的 JavaScript 数组对象。这样，trsArray 也就是一个对象数组，其中的每个元素表示一个对象（人），每个对象（人）又拥有三个属性（Name、Birthday 和 Weight）及其属性值。换言之，数组 trsArray 中的每个元素是一项包含了三个属性值（Name、Birthday 和 Weight）的对象数据。

在作为 ready 方法参数的匿名函数中，最主要的是通过 jQuery 对象 $("#roster th") 调用 each(function(col) {...}) 方法，这样可以依次访问该 jQuery 对象所包装的 th 元素对象，同时为每个 th 元素对象执行匿名函数 function(col) {...}，其中的参数 col 表示 th 元素对象的下标（也是 th 元素对象对应的列序号）。在匿名函数 function(col) {...} 中，$(this)表示一个 th 元素对象。代码 $(this).click(function() {...}) 的含义及作用是：当用鼠标单击一个表头单元格时，将调用一个匿名的 click 事件处理函数。在该 click 事件处理函数中，首先判断是否连续两次按照同一列排序（即判断是否连续两次单击同一表头单元格）——如果是同一列（即连续两次单击同一表头单元格），则颠倒数组 trsArray 中元素（对象数据）的位置；如果不是同一列（即两次单击不同的表头单元格），则调用 sort 方法对数组 trsArray 中的元素（对象数据）进行排序；然后通过一个 for 循环将数组 trsArray 中新的数据行加入表格体；最后将最新一次排序的列序号赋值给 table 所指向 jQuery 对象的 lastSortCol 属性。

注意：

① 在定义比较函数 compareFn 时应用了闭包和内部函数——调用外部函数 compareFn，可以返回一个在其内部定义的匿名函数；在匿名函数的函数体中访问外部函数 compareFn 的参数 col。

② 在作为 ready 方法参数的匿名函数中，局部变量 dataRows 指向通过调用 jQuery 构造函数$获取的 jQuery 对象，因此不能通过 dataRows 调用 reverse 和 sort 方法。而局部变量 trsArray 则指向一个 JavaScript 数组对象，因此可以通过 trsArray 调用 reverse 和 sort 方法。

③ 当第 1 次执行语句 table.lastSortCol=col 时，实际上是首先为 table 所指向的 jQuery 对象添加 lastSortCol 属性，然后将 lastSortCol 属性赋值为 col。

④ 在 jQuery 编程中，经常既有纯 JavaScript 代码，又有 jQuery 代码。如在本例中，函数 convert 和 compareFn 中的代码就是纯 JavaScript 代码，而 $(document).ready(function() {...}) 中的代码主要是 jQuery 代码。

## 15.7  小结

jQuery 是一个"写得更少，做得更多"的 JavaScript 库（Library）。使用 jQuery API 提供的方法及其功能，能够在不同厂商的 Web 浏览器上轻松地完成事件处理、选取 HTML DOM 元素对象和 DOM 操作等任务，从而简化了 Web 前端开发工作。

作为一种函数式编程语言，在 JavaScript 中，不仅可以将函数当作变量使用，而且允许将一个函数作为参数传递给另一个函数，这也是从 JavaScript 转换到 jQuery 的起点。

jQuery 是一个兼容多种浏览器的 JavaScript 库。换言之，在一个厂商某个版本的 Web 浏览器上正常执行的 jQuery 程序在同一厂商不同版本或另一厂商的 Web 浏览器上大都能正常执行。

调用 jQuery 构造函数$的最主要目的就是，依据指定的选择器在 HTML 文档树中选取特定的 HTML DOM 元素对象，然后通过 jQuery 对象对所选取的 HTML DOM 元素对象进行相应的操作。此外，调用 jQuery 的构造函数$还可以创建包装 HTML 元素对象的 jQuery 对象。

选择器、操作、与事件关联的方法以及对应的事件处理函数构成了 jQuery 程序的基本要素。

为了实现用户与 Web 浏览器之间的交互，在 jQuery 中预定义了一些与事件及其处理有关的方法。通过 jQuery 对象（尤其是包装 HTML DOM 元素对象的 jQuery 对象）调用这些方法，可以将一个匿名函数与在特定的对象（尤其是 HTML DOM 元素对象）上发生的某个事件绑定在一起。

　　CSS 选择器、伪类以及结合符大都既可以在 CSS 样式表的规则中使用，也可以出现在 jQuery 构造函数$的参数中。

　　通过 jQuery 对象调用 each 方法，可以依次访问 jQuery 对象所包装的每个 HTML DOM 元素对象。

　　JSON 是一种在 Web 中广泛应用的、轻量级的数据组织和交换格式。

　　在 JavaScript 或 jQuery 程序中，可以使用 for 语句遍历数组中的数据（下标和元素），而使用 for-in 语句遍历对象中的数据（属性名和属性值）。

　　在 jQuery 编程中，通过数组对象调用 sort 方法，同时使用闭包和内部函数，可以实现表格数据排序的功能。

　　所谓闭包，简单地说就是在函数体中访问在定义该函数时已经存在的变量。无论是在函数体中访问全局变量，还是在内部函数的函数体中访问外部函数的参数，都是闭包的具体形式，都可以理解为 JavaScript 函数可以"记住"它被创建时候的环境。

　　在内部函数的函数体中访问外部函数的参数，也可以理解为外部函数通过其参数 x 向内部函数提供操作数。

　　在 JavaScript 中，函数是一种特殊的类型，既可以将匿名函数作为其外部函数的返回值，又可以先定义函数再将函数名赋值给一个变量，JavaScript 的这一功能扩展了闭包的应用范围。

## 15.8　习题

　　1. 使用分行且缩排的连缀编程模式改写【例 15-7】。

　　2. 完全使用 CSS 样式表实现【例 15-9】的表格数据隔行变色。

　　3. 在【例 15-9】中，能否将 CSS 样式表中的子元素结合符替换为后代结合符？为什么？请通过上机编程验证你的分析和判断。

　　4. 编写 jQuery 程序实现"在网页上漂浮的图片链接"。

　　5. 编写 jQuery 程序实现"自动切换的图片"。

　　6. 使用 for-in 语句和 for 语句输出以下用 JSON 格式表示和组织的数据（包含属性名和属性值）。

```
persons={
  "Programmers":[
    { "firstName":"Bill", "lastName":"Gates", "company":"Microsoft" },
    { "firstName":"Mark", "lastName":"Zuckerberg", "company":"Facebook" },
    { "firstName":"Steve", "lastName":"Jobs", "company":"Apple" }
  ],
  "Musicians":[
```

```
    { "name":"Beethoven", "nationality":"Germany", "works":"Ninth Symphony" },
    { "name":"Tchaikovsky", "nationality":"Russia", "works":"Swan Lake" },
    { "name":"Chopin", "nationality":"Poland" }
  ],
  "Authors":[
    { "name":"莫言", "book":"红高粱" },
    { "name":"苏童", "book":"妻妾成群" },
    { "name":"阿来", "book":"尘埃落定" }
  ]
};
```

7. 参照【例 15-17】，分析并判断下列哪几组语句能够创建表格框架（包括标题、表格头和表格体）？通过上机编程验证你的分析和判断。

（1）

```
$("<table></table>")
  .append("<caption></caption>")
  .append("<thead></thead>")
  .append("<tbody></tbody>");
$("table").appendTo("body");
```

（2）

```
tableNode=$("<table></table>")
  .append("<caption></caption>")
  .append("<thead></thead>")
  .append("<tbody></tbody>");
tableNode.appendTo("body");
```

（3）

```
$("body").append("<table></table>");
$("table").append("<caption></caption>");
$("caption").before("<thead></thead>");
$("<tbody></tbody>").insertAfter("thead");
```

（4）

```
$("body").append("<table></table>");
$("table").prepend("<tbody></tbody>");
$("<caption></caption>").after("<thead></thead>").prependTo("table");
```

8. 为【例 15-17】动态生成的表格添加表现，使表格数据隔行变色，可参考【习题 2】。

9. 参考【例 15-22】，分析以下 JavaScript 片段的作用，并判断其执行过程中各个警告框中的输出。通过上机编程验证你的分析和判断。

```
<script type="text/javascript">
  function makeAdder(x) {
    return function(y) {
```

```
      alert("x="+x+", y="+y);
      return x+y;
    };
  }

  var add10=makeAdder(10);
  alert(typeof add10);
  alert(add10(3));
</script>
```

10. 参考【例 15-23】，使用纯 JavaScript（不使用 jQuery）实现表格数据排序。

11. 在【例 15-23】表格数据排序的基础上，再实现表格数据隔行变色，可参考【习题 2】。

12. 分析并阐述【例 15-23】如何按照"分离"原则将"内容和结构""表现"与"行为"安排在 HTML 文档中的不同地方。

# 参 考 文 献

[1] Elisabeth Freeman, Eric Freeman. Head First HTML 与 CSS、XHTML. 北京：中国电力出版社，2008.

[2] Jonathan Chaffer, Karl Swedberg. jQuery 基础教程. 3 版. 李松峰，译. 北京：人民邮电出版社，2012.

[3] The jQuery Foundation. jQuery Learning Center. http://learn.jquery.com

[4] World Wide Web Consortium. Cascading Style Sheets Level 2 Revision 1 (CSS 2.1) Specification. http://www.w3.org/TR/CSS2

[5] World Wide Web Consortium. HTML 4.01 Specification. http://www.w3.org/TR/html401

[6] World Wide Web Consortium. Selectors Level 3. http://www.w3.org/TR/selectors

[7] World Wide Web Consortium. XHTML 1.0 The Extensible HyperText Markup Language. http://www.w3.org/TR/xhtml11

[8] Mozilla 开发者网络和各贡献者. Web 技术文档：JavaScript. https://developer.mozilla.org/zh-CN/docs/Web/JavaScript

[9] 刘瑞新，等. 网页设计与制作教程. 北京：机械工业出版社，2011.

[10] 唐四薪. 基于 Web 标准的网页设计与制作. 北京: 清华大学出版社，2011.

[11] 易枚根，等. Dreamweaver 8 网页设计与网站建设. 2 版. 北京：机械工业出版社，2007.

[12] 袁润非. DIV+CSS 网站布局案例精粹. 北京：清华大学出版社，2011.

# 图 书 资 源 支 持

感谢您一直以来对清华版图书的支持和爱护。为了配合本书的使用,本书提供配套的资源,有需求的读者请扫描下方的"书圈"微信公众号二维码,在图书专区下载,也可以拨打电话或发送电子邮件咨询。

如果您在使用本书的过程中遇到了什么问题,或者有相关图书出版计划,也请您发邮件告诉我们,以便我们更好地为您服务。

**我们的联系方式:**

地　　　址:北京海淀区双清路学研大厦 A 座 707

邮　　　编:100084

电　　　话:010－62770175－4604

资源下载:http://www.tup.com.cn

电子邮件:weijj@tup.tsinghua.edu.cn

QQ:883604(请写明您的单位和姓名)

**用微信扫一扫右边的二维码,即可关注清华大学出版社公众号"书圈"。**

书 圈